国家示范性高等职业教育电子信息大类“十二五”规划教材

数据库开发项目化教程(SQL Server)

主　审　杨　烨
主　编　杨　铭　战忠丽　肖玉朝
副主编　蔡　啸　王　强　律　佳　沈　美
参　编　戚　娜　曾新洲　杨　勇

华中科技大学出版社
中国·武汉

内 容 简 介

本书从数据库系统设计与开发者的角度出发，采用"任务驱动"的方式，详细深入地介绍了 SQL Server 数据库程序设计与开发的方法和技巧，内容包括设计教学成绩管理系统数据库、安装和使用 SQL Sever 2008、创建和维护数据库、创建和维护数据库中的表、教学成绩管理系统数据库的数据查询、教学成绩管理系统数据库的编程操作、管理教学成绩管理系统数据库存及图书管理系统的构建等。本书最后通过基于 C/S 和基于 B/S 的数据库应用系统开发，使读者快速掌握基于 SQL Server2008 数据库应用程序的开发过程。

本书可作为高职高专院校计算机及相关专业"数据库技术与应用""网络数据库"等课程的教材，也可供 SQL Server 2008 初学者及数据库开发人员学习参考。

为了方便教学，本书还配有电子课件等教学资源包，相关教师和学生可以登录"我们爱读书"网(www.ibook4us.com)免费注册并浏览，或者发邮件至 hustpeiit@163.com 索取。

图书在版编目(CIP)数据

数据库开发项目化教程：SQL Server/杨铭，战忠丽，肖玉朝主编. —武汉：华中科技大学出版社，2014.12
国家示范性高等职业教育电子信息大类"十二五"规划教材
ISBN 978-7-5609-9808-4

Ⅰ. ①数… Ⅱ. ①杨… ②战… ③肖… Ⅲ. ①关系数据库系统-高等学校-教材 Ⅳ. ①TP311.138

中国版本图书馆 CIP 数据核字(2014)第 289822 号

数据库开发项目化教程(SQL Server)　　　　杨　铭　战忠丽　肖玉朝　主编

策划编辑：康　序
责任编辑：康　序
封面设计：李　嫚
责任校对：张　琳
责任监印：张正林
出版发行：华中科技大学出版社(中国·武汉)　　电话：(027)81321913
　　　　　武汉市东湖新技术开发区华工科技园　　邮编：430223
录　　排：武汉正风天下文化发展有限公司
印　　刷：武汉科源印刷设计有限公司
开　　本：787mm×1092mm　1/16
印　　张：16.75
字　　数：461 千字
版　　次：2018 年 8 月第 1 版第 2 次印刷
定　　价：35.00 元

本书若有印装质量问题，请向出版社营销中心调换
全国免费服务热线：400-6679-118　竭诚为您服务
版权所有　侵权必究

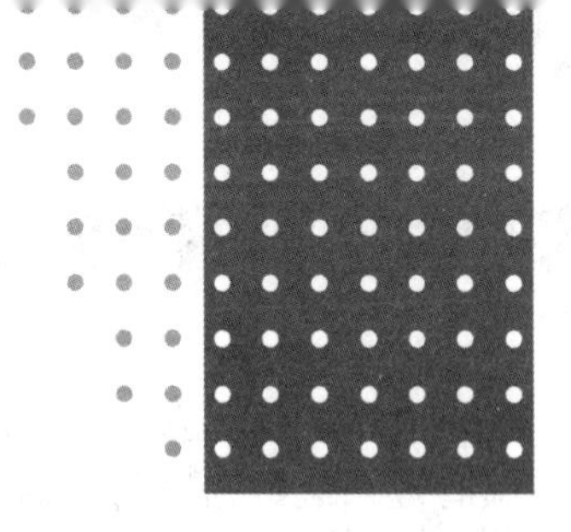

FOREWORD
前言

本书是关于数据库设计、管理和开发的基础教程，以微软公司 SQL Server 2008（企业版）为介绍对象。SQL Server 2008 数据库是微软公司开发的数据库管理系统，它在原有版本的基础上增加了很多新的功能。与其他数据库管理软件如 Oracle、DB2 等相比，SQL Server 2008 的管理界面更加直观、简洁，能很好地满足企事业单位构建网络数据库的需求，同时也非常适合作为数据库技术学习的入门工具。

本书由多年从事数据库技术教学的计算机教师开发编写，重点突出学生应用技术能力的提高。本书采用"工学结合、任务驱动"的编写模式，通过"教学成绩管理系统数据库"的项目实例，全面而详细地讲解了 SQL Server 2008 数据库应用技术。书中的内容注重营造企业化的学习情境，采用项目化的方式组织课程教学内容。本书适合于信息管理、软件技术等计算机专业的数据库技术教学，是 ASP. NET 程序设计、WEB 数据库开发技术等课程的前驱课程，建议设置学时数为 72 学时。

全书由一个教学成绩管理系统的设计、开发与实现贯穿始终，遵循数据库设计的基本流程，即需求分析、概念结构设计、逻辑结构设计、物理结构设计、数据库的实施和维护。本书彻底打破以知识传授为主的传统学科课程模式，并转变为以工作任务为核心的项目课程模式，将 SQL Server 2008 数据库管理系统的主要知识涵盖在项目开发的过程中，每个项目又分成若干个任务，包含知识梳理、任务描述、任务实施等。本书让学生通过完成具体的项目来构建相关理论知识，提高数据库技术的应用能力，发展自己的职业能力。

本书可作为高职高专院校相关课程的教材，也可供应用型本科院校使用，或作为广大 SQL Server 2008 数据库管理员和开发人员的参考资料。

全书的内容体系如下。

● 项目 1　设计教学成绩管理系统数据库。介绍了贯穿全书的教学成绩管理系统数据库的设计方法和步骤。

● 项目 2　安装和使用 SQL Server 2008。介绍了 SQL Server 2008 的安装和配置方法。

● 项目 3　创建和维护数据库。介绍了创建、修改、删除教学成绩管理系统数据库的方法，以及数据库的分离和附加。

● 项目 4　创建和维护数据库中的表。介绍了数据表的创建，并用约束、默认、规则等数据库对象实现了该数据库数据的完整性，以及教学成绩管理数据库中数据的增加、修改和删除操作。

● 项目5 教学成绩管理系统数据库的数据查询。介绍了如何使用 SELECT 语句对教学成绩管理系统数据库的数据进行简单查询、汇总查询、连接查询和子查询。

● 项目6 教学成绩管理系统数据库的编程操作。介绍了使用数据库编程的基本语法，引入了视图、存储过程、触发器等数据库对象。

● 项目7 管理教学成绩管理系统数据库。介绍了数据库的安全体系，以及数据如何进行备份、还原、导入和导出。

● 项目8 图书管理系统的设计与开发。介绍了使用 ASP. NET 和 SQL Server 2008 来实现图书管理系统前台与后台数据库的设计开发。

本书由吉林电子信息职业技术学院、长沙商贸旅游职业技术学院等院校承编，主编为吉林电子信息职业技术学院杨铭、战忠丽和长沙商贸旅游职业技术学院肖玉朝，副主编为济南职业学院蔡啸，吉林电子信息职业技术学院王强、大庆职业技术学院律佳和南通科技职院沈美，同时陕西工业职业技术学院戚娜、长沙商贸旅游职业技术学院曾新洲、吉林电子信息职业技术学院杨勇也参与了编写工作。各项目的分工为：项目 1 和项目 4 由沈美、王强编写，项目 2 和项目 5 由蔡啸编写、项目 3 和项目 6 由杨铭、王强、杨勇编写，项目 7 由律佳、杨铭编写，项目 8 由肖玉朝、战忠丽、曾新洲编写，全书由杨铭、战忠丽负责统稿。

为了方便教学，本书还配有电子课件等教学资源包，任课教师和学生可以登录“我们爱读书”网（www. ibook4us. com）免费注册并浏览，或者发邮件至 hustpeiit@163. com 索取。

尽管我们在本书的编写方面做了很多努力，但由于水平有限，加之时间紧迫，不当之处在所难免，恳请各位批评指正，并将意见和建议及时反馈给我们，以便下次修订时改进。

编　者
2018 年 7 月

CONTENTS

目录

项目1　设计教学成绩管理系统数据库

项目背景

在如今的高校日常管理当中，学生的成绩统计工作是学校教学工作中的一项非常繁重的任务。为了简化学校的烦琐的成绩管理工作，提高成绩管理水平和工作效率，为学校的信息管理提供一个良好的工具，本书设计并开发了一个教学成绩管理系统数据库，从而使学校的管理更加合理化、科学化。良好的管理信息系统可以节省大量的人力和物力，也避免了重复性的工作。

本数据库系统用于管理学生的学习成绩、教师的授课情况，以及完成教学成绩所有相关的计算，提高教务人员的工作效率。同时，本数据库系统可以统一进行安全认证和权限分配，同时也提高了系统的安全性。

任务1　教学成绩管理系统数据库需求分析

知识梳理

一、数据库的基本概念

1. 数据

数据(data)是数据库中存储的基本对象，是描述事物的符号记录。数据的种类有文本、图形、图像、音频、视频、学生的档案记录、货物的运输情况等。数据的特点是：数据与其语义是不可分的。

2. 数据库

数据库(database，DB)是一个长期存储在计算机内的、有组织的、共享的、统一管理的数据集合。它是一个按数据结构来存储和管理数据的计算机软件系统。

数据库的概念包括以下两层意思：①数据库是一个实体，它是能够合理保管数据的“仓库”，用户在该“仓库”中存放需要管理的事务数据，“数据”和“库”两个概念结合成为数据库；②数据库是数据管理的新方法和新技术，它能更快捷地组织数据、更方便地维护数据、更严密地控制数据和更有效地利用数据。

数据库的基本特征包括:能按一定的数据模型组织、描述和储存数据;可为各种用户共享;冗余度较小;数据独立性较高;易扩展。

3. 数据库管理系统

数据库管理系统(database manamgement system,DBMS)是位于用户与操作系统之间的一层数据管理软件,它是一个大型的复杂软件系统,用于科学地组织和存储数据、高效地获取和维护数据。具体功能如下。

(1) 数据定义,即对数据库中的数据对象进行定义。

(2) 数据操作,即实现对数据库的增、删、改、查的操作。

(3) 数据库的事务管理和运行,数据库的建立和维护。

(4) 数据库的并发控制与故障恢复。

4. 数据库系统

数据库系统(database system,DBS)是指在计算机系统中引入数据库后的系统。数据库系统由数据库、数据库管理系统(及其开发工具)、应用系统、数据库管理员(DBA)构成。数据库管理员负责的工作是数据库的设计与维护、改善系统性能、提高系统效率等。

二、数据库的发展

数据管理指的是对数据进行组织、编目、存储、检索和维护等操作,它是数据处理的中心问题。随着计算机技术的发展,数据管理也经历了由低级向高级的发展过程,大体上,可以分为如下三个阶段:①人工管理阶段(20 世纪 50 年代中期以前);②文件管理阶段(20 世纪 50 年代后期至 20 世纪 60 年代后期);③数据库系统阶段(20 世纪 70 年代以后)。

早期的数据管理是采用人工处理的方式,通过管理人员对数据进行组织、编目、存储、检索和维护等工作,需要管理人员对处理数据的物理结构了解清楚,这个阶段耗时费力,工作量非常大。

文件管理阶段与人工管理阶段相比,它通过文件系统来管理和使用各种设备介质上的信息,把信息的逻辑结构映象成设备介质上的物理结构,这样用户就不必过多地考虑物理细节,而将精力集中于算法。

文件系统中的文件基本上是对应于一个或几个应用程序的,或者说,数据是面向应用的。它仍然是一个不具有弹性的无结构信息集合,存在以下几个方面的问题。

(1) 冗余度大　文件系统下的用户各自建立自己的文件,相互之间数据不能共享,造成数据大量重复存储,不仅浪费存储空间,更严重的是容易造成数据的不一致。

(2) 数据独立性差　数据和程序相互之间的依赖仍较严重。

(3) 数据无集中管理　各个文件没有统一的管理机构,其安全性和完整性等无法得到保证。

所有这些问题,文件系统本身无法解决,这严重地阻碍了数据处理技术的发展,同时也成为数据库技术产生的原动力和背景。第一个商品化的数据库系统诞生于 20 世纪 60 年代,是由美国 IBM 公司开发的 IMS 系统(information management system)。

数据库系统的目标首先就是克服文件系统的这些弊病,用一个软件来集中管理所有的文件，以实现数据的共享，保证数据的完整性、安全性。

三、数据库系统的特点

与文件系统比较，数据库系统有以下特点。

1. 数据的结构化

在文件系统中，各个文件不存在相互联系。从单个文件来看，数据一般是有结构的；但是从整个系统来看，数据在整体上又是没有结构的。数据库系统则不同，在同一数据库中的数据文件是有联系的，并且在整体上服从一定的结构形式。

2. 数据共享

共享是数据库系统的目的，也是它的重要特点。一个数据库中的数据不仅可以为同一企业或机构之内的各个部门所共享，也可以为不同单位、地区甚至不同国家的用户所共享。而在文件系统中，数据一般是由特定的用户专用的。

3. 数据的独立性

在文件系统中，数据结构和应用程序相互依赖，一方的改变总是会影响另一方发生改变。数据库系统则力求减少这种相互依赖，以实现数据的独立性。虽然目前还未能完全做到这一点，但较之文件系统已大有改善。

4. 可控冗余度

数据专用时，每个用户拥有并使用自己的数据，难免有许多数据相互重复，这就是冗余。实现共享后，不必要的重复将全部消除，但为了提高查询效率，有时也保留少量重复数据，其冗余度可由设计人员控制。

下面以对照表的形式，列出了数据库系统与一般文件应用系统的主要性能差别，如表1-1所示。

表 1-1　数据库系统与一般文件应用系统的主要性能对照表

序号	一般文件应用系统	数据库系统
1	文件中的数据由特定的用户专用	数据库中的数据由多个用户共享
2	每个用户拥有自己的数据，导致数据重复存储	原则上可消除重复，为方便查询允许少量数据重复存储，但冗余度可以控制
3	数据从属于程序，二者相互依赖	数据独立于程序，强调数据的独立性
4	各数据文件彼此独立，从整体上看，为“无结构”的	各文件的数据相互联系，从总体上看，是“有结构”的

四、数据库系统的分类

1987 年，著名的美国数据库专家厄尔曼（J. D. Ullman）教授在一篇题为《数据库理论的过去和未来》的论文中，把数据库理论概括为 4 个分支，即关系数据库、分布式数据库、演绎数据库和面向对象数据库。今天,关系数据库理论已日趋成熟,在微机数据库系统中获得普遍的应用;关系数据库已发展为第三代数据库系统的主流。其余两个分支——分布式数据库和面向对象数据库也在近几年取得了不小的进展,扩大了应用范围。下面介绍几种常用的数据库系统。

1. 单用户数据库和多用户数据库

早期的微机数据库都是单用户系统,只能供一人使用。随着局域网应用的扩大,供网络用户共享的多用户数据库开始流行。Visual FoxPro 就是一种多用户数据库系统。在它之前,已有 dBase、FoxBASE+、FoxPro 等多用户数据库供微机用户选用。

多用户数据库的关键是保证"并发存取"的正确执行。例如,飞机订票系统允许乘客在多个售票点订票。当两个乘客在不同的售票点同时向某一航班订票时,若缺乏相应的措施,在数据库中可能仅反映一个乘客的订票,从而发生两人同订一票的错误。

2. 集中式数据库和分布式数据库

集中和分布,是对于数据存放地点而言的。分布式数据库分散存储于网络的多个节点上,彼此用通信线路连接。例如,一个银行有众多储户,如果他们的数据存放在一个集中式数据库中,所有的储户在存、取款时都要访问这个数据库,通信量必然很大。若改用分布式数据库,将众储户的数据分散存储在离各自住所最近的储蓄所,则大多数时候数据可就近存取,仅有少数数据需要远程调用,从而大大减少了网上的数据传输量。对于一个设计良好的数据库,用户在存取数据时不需要指明存放地点。换句话说,它能使用户像对集中式数据库访问时一样方便。

分布式数据库和多用户数据库都是在网络上使用的。但多用户数据库并非都是分布存储的。例如,上述的飞机订票系统,其售票数据通常是集中存放的,并不分散存放在各个售票点上。

3. 传统数据库和智能数据库

传统数据库存储的数据都代表已知的事实,智能数据库除了存储事实外,还能存储用于逻辑推理的规则。所以后者也称为"基于规则的数据库"。

例如,某智能数据库存储有"科长领导科员"的规则。如果它同时存有"甲是科长""乙是科员"等数据,它就能推理得出"甲领导乙"的新事实。随着人工智能不断走向实用化,对智能数据库的研究日趋活跃,演绎数据库、专家数据库和知识库系统,都属于智能数据库的范畴。它们的关键之处是逻辑推理,如果推理模式出了问题,就可能导致荒诞的结果。

任务描述

根据前文描述的项目背景,该项目将用于管理学生的基本信息、学生成绩以及课程信息等情况。接下来要对教学成绩管理系统数据库进行需求分析。

数据库设计人员通过对学校用户需求的调查,从以下方面进行分析。

任务实施

教学成绩管理系统应该完成三个方面的内容：学生基本信息的管理、学生成绩的管理和课程的管理。

（1）学生基本信息管理模块：学生基本信息管理模块用于管理学生的基本信息，包括学号、姓名、所在系、专业名、性别、出生日期、民族、联系电话和照片等相关信息。

（2）课程管理模块：课程管理模块用于管理课程的信息，包括课程号、课程名、授课教师、开课学期和学分等。

（3）成绩管理模块：成绩管理模块用于管理学生的成绩，包括学号、课程号、成绩、是否重修等。

任务2 设计教学成绩管理系统的E-R图

根据需求分析阶段收集到的材料，首先，利用分类、聚集、概括等方法抽象出实体，对列举出来的实体，一一标注出其相应的属性；其次，确定实体间的联系类型（如一对一、一对多、多对多等）；最后使用 ER-Designer 工具画出 E-R 图。

知识梳理

一、概念数据模型的含义

概念数据模型用于信息世界（现实世界在人脑中的反映）的建模，是现实世界到信息世界的第一次抽象，是数据库设计人员进行数据库设计的有力工具，也是设计人员与用户之间交流的语言，如图 1-1 所示。

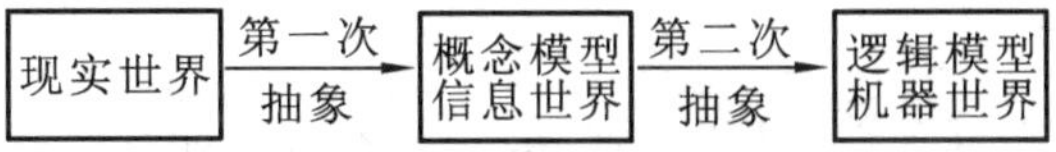

现实世界 —第一次抽象→ 概念模型 信息世界 —第二次抽象→ 逻辑模型 机器世界

图 1-1 数据的转换

概念数据模型用实体联系图（E-R 图）来表示。它通过画图将实体以及实体间的联系刻画出来，为客观事物建立概念数据模型。

二、数据模型中的基本概念

1. 实体、属性

客观世界的万事万物在数据库领域内被称为实体（entity）。实体可以是实实在在的客观存在，如工人、学生、商店、医院等；也可以是一些抽象的概念或地理名词，如哮喘病、上海市等。实体的特征（外在表现）称为属性（attribute），属性的差异能使我们区分同类实体。例如，一个人可以具备下列属性：姓名、年龄、性别、身高、肤色、发式和穿着等。根据这些属性我们能在熙熙攘攘的人群中认出这个人。

实体本身并不能被装进数据库，要保存客观世界的信息，必须将描述事物外在特征的属性保存在数据库中，属性就是实体所具有的特性。例如，要管理学生信息，可以找出学生所具有的特性，如学生的学号、姓名、性别、出生年月、出生地、家庭住址、各科成绩等，其中学号是人为添加的一个属性，用于区分两个或多个因巧合而属性完全相同的学生。在数据库理论中，这些学生属性的集合被称为实体集（entity set），在数据库应用中，实体集以数据表的形式呈现。

2. 联系

客观事物往往不是孤立存在的，相关事物之间保持着各种形式的联系。在数据库理论中，实体（集）之间同样也保持着联系，这些联系同时也制约着实体属性的取值方式与范围。联系是指现实世界中事物的内部以及事物之间的关系。下面以“系”表和“导师”表为例进行说明，如表 1-2 和表 1-3 所示。

表 1-2 “系”表

系编号	系名	电话
D01	计算机系	34358750
D02	社科系	76853212
D03	生物系	86238931

表 1-3 “导师”表

导师编号	姓名	性别	职称	系编号
101	陈平林	男	教授	D02
102	李向明	男	副教授	D01
103	马大可	女	研究员	D03
104	李小严	女	副教授	D02

假如问及李小严在哪个系任教，可以检索“导师”表的“姓名”属性，得到李小严的系编号是“D02”。至于“D02”究竟是何系，就必须再查阅“系”表，得知“D02”代表社科系。这个例子说明，实体集（数据表）之间是有联系的，“导师”表依赖于“系”表，“系编号”是联系两个实体集的纽带，离开了“系”表，则导师的信息不完整。在数据库技术的术语中，两个实体集共有的属性称为公共属性。

3. 实体的联系方式

实体的联系方式通常有 3 种，包括一对一、一对多和多对多。

1）一对一

“一对一”联系方式定义为：如果对于实体集 A 中的每一个实体，实体集 B 中至多有一个（也可以没有）实体与之联系，反之亦然，则称实体集 A 与实体集 B 具有一对一联系，记为1∶1。

“一对一”的情况较为少见。例如，班级和正班长的联系，一个班级只有一个正班长，一个正班长只在一个班级中任职。

2）一对多

“一对多”联系方式定义为：如果对于实体集 A 中的每一个实体，实体集 B 中有 n 个实体($n≥0$)与之联系，反之，对于实体集 B 中的每一个实体，实体集 A 中至多只有一个实体与之联系，则称实体集 A 与实体集 B 有一对多联系，记为 $1:n$。

“一对多”联系方式是关系型数据库系统中最基本的联系形式，上面例子中的“系”表与“导师”表这两个实体集的联系方式就属于“一对多”关系，即一个系可以有多名导师，但一名导师只能属于一个系。如果一个公司管理数据库中有“部门”表和“职工”表两个实体集，则两个表之间的联系也是“一对多”联系，也就是一名职工只能隶属于一个部门，而一个部门则可以有许多名职工。

3）多对多

“多对多”联系方式定义为：如果对于实体集 A 中的每一个实体，实体集 B 中有 n 个实体($n≥0$)与之联系，反之，对于实体集 B 中的每一个实体，实体集 A 中也有 m 个实体($m≥0$)与之联系，则称实体集 A 与实体 B 具有多对多联系，记为 $m:n$。

“多对多”联系类型是客观世界中事物间联系的最普遍形式，实际生活中“多对多”联系的实例可以说比比即是。例如：在一个学期中，一名学生要学习若干门课程，而一门课程要让若干名学生来学习；一名顾客要逛若干家商店才能买到称心的商品，而一家商店必须有许多顾客光顾才能得以维持；一个建筑工地需要若干名电工协同工作才能完成任务，反之，一名电工一生中需要到许多个建筑工地工作等。上述的例子中，学生与课程之间、顾客与商店之间、电工与建筑工地之间的关系均为“多对多”联系。

三、E-R 图的表示方法

E-R 图的表示方法如表 1-4 所示。

表 1-4 E-R 图的表示方法

对象类型	表 示 方 法	E-R 图表示图示
实体	用矩形框表示，矩形框内标实体名称	实体名
属性	用椭圆表示，椭圆内标属性名称，并用无向边将其与实体相连	属性名
联系	用菱形框表示，联系名写在菱形框内，并用连线将联系框与它所描述的实体联系起来，并在连线旁标注联系的类型(1、m、n)。联系也可有属性，若有，则这些属性也用连线与该联系连接	联系名

例如：学生和课程之间存在多对多的联系，如图 1-2 所示。

四、ER_Designer 工具简介

ER_Designer 是专门用来画 E-R 图的小工具软件，本书使用的是由东北师范大学软件学院开发的软件。在 CSDN 等一些专业论坛网站上都可以下载。此软件不需要安装，打开就可以用，非常方便快捷。

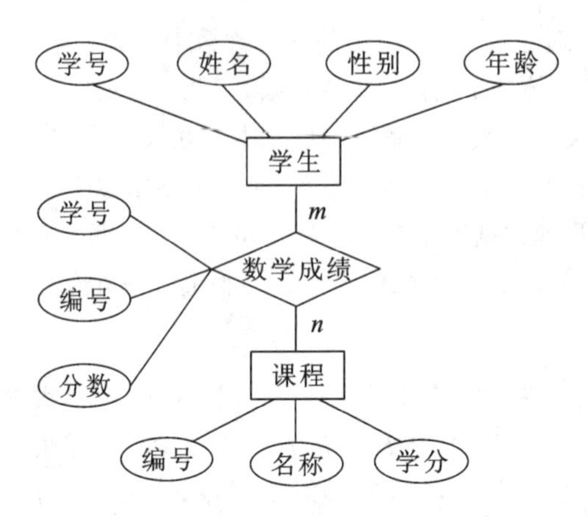

图 1-2　实体联系图(学生和课程之间)

任务描述

分析教学成绩管理系统，对现实世界进行第一次抽象，找出系统中的实体。用属性来描述实体，再找出实体之间的关系，也就是为客观事物建立概念数据模型，即实体联系图(E-R图)。通过画 E-R 图将实体与其属性联系起来，以及描述出实体之间的联系。

任务实施

一、E-R 图制作步骤

实体联系图(E-R 图)是抽象描述现实世界的有力工具。它通过画图将实体及实体间的联系刻画出来，为客观事物建立概念模型。下面介绍建立教学管理系统的实体联系图的方法。

(1) 第一步：确定现实系统可能包含的实体。假设该教学成绩管理系统所涉及的实体有教师、学生、课程。

(2) 第二步：确定每个实体的属性。教学成绩管理系统的实体包含属性如下。

① 对教师实体，其属性有教师号、姓名、性别、年龄、职称和专业，其中教师号是码。

② 对学生实体，其属性有学号、姓名、性别、年龄、籍贯和专业，其中学号是码。

③ 对课程实体，其属性有课程号、课程名、学时数、学分和教材。

(3) 第三步：确定实体间可能有的联系，并结合实际情况给每个联系命名。在教学成绩管理系统中实体间存在如下联系。

① 一个教师可以讲授多门课程，一门课程可以被多位教师讲授，教师与课程间存在讲授的联系。

② 一个学生可以选修多门课程，一门课程可以被多位学生选修，学生和课程间存在选

修的联系。

③ 在某个时间和地点，一位教师可以指导多位学生，但每个学生在某个时间和地点只能被一位教师指导，教师和学生间存在指导的联系。

(4) 第四步：确定每个联系的种类和属性。根据该系统的实体间的联系情况，可以确定教师和课程间的讲授联系是 $m:n$；学生和课程间的选修联系是 $m:n$，为了更好地描述选修的结果，可为选修联系指定成绩属性；教师和学生间的指导联系是 $1:n$，为了更好地描述指导的环境因素，可为指导联系指定时间和地点属性。

(5) 第五步：画 E-R 图，建立概念模型，完成现实世界到信息世界的第一次抽象。

具体绘制过程如下。

(1) 双击“ER_Designer＋2.0”图标，启动后的初始界面如图 1-3 所示。

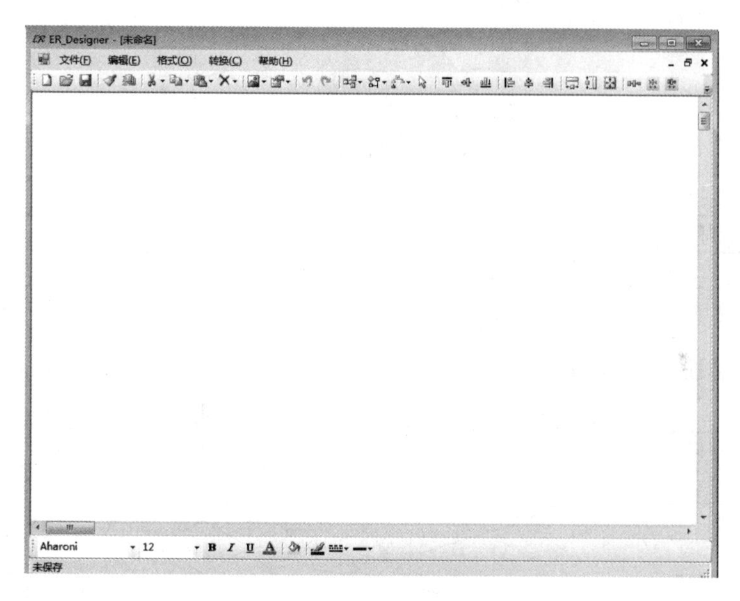

图 1-3 “ER_Designer＋2.0”的启动界面

(2) 使用工具栏上的“添加实体”“添加联系”和“添加属性”这三个图标工具来完成 E-R 图的绘制。

二、E-R 图的设计原则

E-R 图的设计原则是先局部后整体，即先设计局部 E-R 图，把实体类型和联系类型组合成局部 E-R 图，然后将局部 E-R 图综合成全局 E-R 图。教学成绩管理系统数据库的局部 E-R图如图 1-4 所示，合并后的最终 E-R 图如图 1-5 所示。

具体合并步骤如下。

(1) 合并局部 E-R 图，消除冲突(属性、结构和命名冲突)，生成初步 E-R 图。

(2) 消除初步 E-R 图的数据冗余和联系冗余，生成基本 E-R 图。

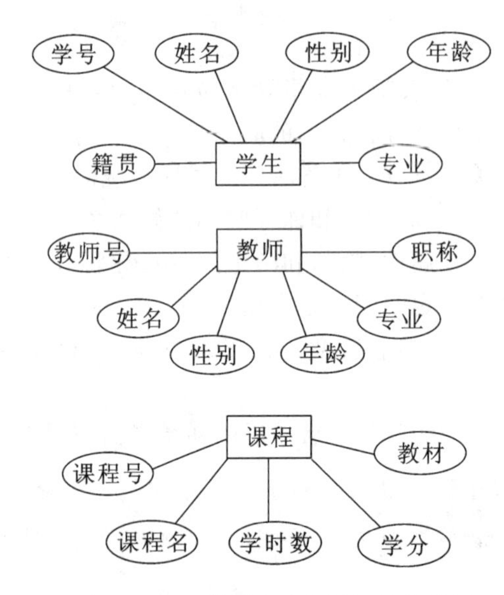

图 1-4　E-R 模型中实体及属性的表示

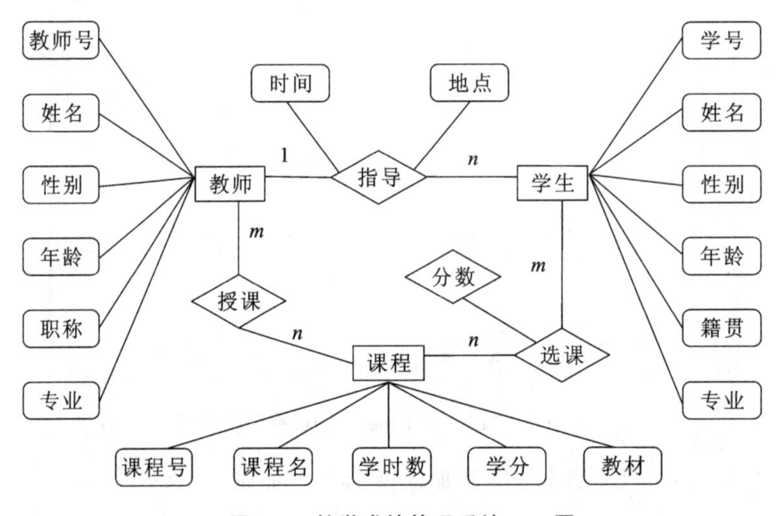

图 1-5　教学成绩管理系统 E-R 图

任务 3 设计教学成绩管理系统的关系模式

知识梳理

关系数据模型将概念模型中实体以及实体之间的各种联系均用关系来表示。从用户的观点来看，关系模型中数据的逻辑结构是一张二维表，它由行、列构成。

一、关系模型的基本概念

1. 关系

每一个关系用一张二维表来表示，常简称为表。每一个关系表都有一个区别于其他关系表的名字，称关系名。关系是概念模型中同一类实体以及实体之间联系集合的数据模型表示。图 1-6 所示的是员工人事数据表。

员工编号	姓名	年龄	性别	部门号
430425	王天喜	25	男	Deno1
430430	莫玉	27	女	Deno2
430211	肖全剑	33	男	Deno3
430121	杨琼英	23	女	Deno2
430248	赵继平	41	男	Deno3

图 1-6 员工人事数据表

2. 属性

二维表中的每一列即为一个属性，每个属性都有一个显示在每一列首行的属性名。在一个关系表当中不能有两个同名属性。图 1-6 中有 5 列，分别对应 5 个属性(包括员工编号、姓名、年龄、性别和部门号)。关系的属性对应概念模型中实体型以及联系的属性。

3. 域

关系中每个属性的值是有一定变化范围的，图 1-6 所示的员工人事数据表，其中属性"员工编号"的变化范围是 10 位字符，属性"姓名"的变化范围是 15 位字符，属性"年龄"的变化范围是 20～70 岁，属性"性别"的变化范围只能是男、女两个值，属性"部门号"的变化范围是所有可能的部门集合。每一个属性所对应的变化范围称为属性的变域，简称域，它是属性值的集合，关系中所有属性的实际取值必须来自于它对应的域。例如，属性"员工编号"的域是 10 位字符，因此"员工编号"中出现的所有取值的集合必须是该域中的一个子集。

4. 元组

二维表中的每一行数据总称为一个元组或记录。一个元组对应概念模型中一个实体的所有属性值的总称。图 1-6 所示的表中有 5 行数据，也就有 5 个元组。由若干个元组就可构成一个具体的关系，一个关系中不允许有两个完全相同的元组。

5. 关系模式

二维表的表头那一行称为关系模式，它是一个关系的关系名及其全部属性名的集合。关系模式是概念模型中实体型以及实体型之间联系的数据模型表示。一般表示如下。

关系名(属姓名 1，属性名 2，…，属性名 n)

图 1-6 所示的员工人事数据表中的关系模式如下。

```
员工信息表(员工编号，姓名，年龄，性别，部门号)
```

关系模式和关系是型与值的联系。关系模式指出了一个关系的结构,而关系则是由满足关系模式结构的元组构成的集合。因此,关系模式决定了关系的变化形式,只要关系模式确定了,由它所产生的值——关系也就确定了。关系模式是稳定的、静态的,而关系则是随时间变化的、动态的。但通常在不引起混淆的情况下,两者可都称为关系。

一个具体的关系数据库是一个关系的集合,而关系数据库模式则是关系模式的集合。

6. 关键字

在关系数据库中,对每个指定的关系经常需要根据某些属性的值来唯一地操作一个元组,也就是要通过某个或某几个属性来唯一地标识一个元组,我们将这样的属性或属性组称为指定关系的关键字或码。

如果在一个关系中,存在多个属性(或属性的组合)都能用来唯一标识该关系中的元组,这些属性(或属性的组合)都称为该关系的候选键。

二、将 E-R 图转化为数据模型

将 E-R 图转化为关系数据模型,一般应遵循以下原则。

(1) 每个实体转换为一个关系。实体的属性就是关系的属性,实体的码作为关系的码。

(2) 每个联系也转换成一个关系。将与关系相连的各个实体的码、联系的属性转换成关系的属性。关系的码如下。

① 对于 1∶1 的联系,每个实体的码均是该联系的候选码。

② 对于 1∶n 的联系,关系的码是 n 端实体的码。

③ 对于 m∶n 的联系,关系的码是诸实体码的组合。

④ 有相同码的关系可以合并。

任务描述

分析图 1-5 所示教学成绩管理系统 E-R 图,对现实世界进行第二次抽象,由信息世界转化为机器世界的逻辑模型,即关系模式和表。

任务实施

将图 1-5 所示的教学成绩管理系统 E-R 图转化为关系模式和表,并写出主关键字。具体转化如下。

教师(教师号,姓名,性别,年龄,职称,专业)	主关键字:教师号
学生(学号,姓名,性别,籍贯,年龄,专业)	主关键字:学号
课程(课程号,课程名,学时数,学分,教材)	主关键字:课程号
选课(学号,课程号,成绩)	主关键字:学号+课程号
授课(教师号,课程号)	主关键字:教师号+课程号
指导(学号,教师号,时间,地点)	主关键字:学号+教师号

通过将 E-R 图转化为关系数据模型,实现了信息世界到机器世界的第二次抽象。

任务4 关系的规范化

知识梳理

关系的规范化用于数据库的设计过程中。一个好的数据库应该没有冗余且查询效率较高，其检验标准就是看数据库是否符合范式(normal forms，NF)。范式可分为第一范式、第二范式和第三范式。在这三个范式中，以第一范式的要求为最低，第三范式的要求为最高。

一、第一范式

第一范式(1NF)规定了表中任意字段的值必须是不可分的，即每个记录的每个字段中只能包含一个数据，不能将两个或两个以上的数据“挤入”到一个字段中。例如，假设部分系办公室有两个电话号码，则表1-5是错误的。如果一些系确实需要两个电话，可以再增加一个字段保存第二个电话号码，如表1-6所示。

注意

两个电话号码的字段名不能相同。

表1-5 有错误的“系”表

系编号	系　名	电　话
D01	计算机系	34358750、34358751
D02	社科系	76853212
D03	生物系	86238931、13922449900

表1-6 修改后的“系”表

系编号	系　名	电话1	电话2
D01	计算机系	34358750	34358751
D02	社科系	76853212	
D03	生物系	86238931	13922449900

二、第二范式

仅仅满足第一范式是不够的，当一个表中所有非主键字段完全依赖于主键字段时，称该表满足第二范式(2NF)。观察表1-7所示的“工作量”表。

表1-7 出现数据冗余的“工作量”表

职工号	工地编号	名　称	位　置	造价/万元	工作量
M01	HK03	临江花园	虹口	1 500	80
M01	PT17	兰亭小区	普陀	1 800	73
M02	HK03	临江花园	虹口	1 500	103
M02	ZB21	桃源新苑	闸北	2 100	98
M02	PT17	兰亭小区	普陀	1 800	82

“工作量”表的主键由两个字段组合而成，表中的“名称”字段与“职工号”无关，它只依赖于“工地编号”，而不是依赖于主键“职工号＋工地编号”，因此该表不符合第二范式的要求。可以想象，如果“临江花园”工地需要100名职工，则该数据将在表中出现100次，这是不该出现的数据冗余。解决这类问题的办法是将该表分解成“工作量”表与“工地”表，使得两个表中的非主键字段依赖各自的主键“职工号＋工地编号”和“工地编号”，如表1-8和表1-9所示。

表1-8 “工作量”表

职工号	工地编号	工作量
M01	HK03	80
M01	PT17	73
M02	HK03	103
M02	ZB21	98
M02	PT17	82

表1-9 “工地”表

工地编号	名称	位置	造价/万元
HK03	临江花园	虹口	1 500
PT17	兰亭小区	普陀	1 800
ZB21	桃源新苑	闸北	2 100

当一个表的主键是由两个或两个以上字段组合而成的复合主键时，要特别注意该表是否满足第二范式。

三、第三范式

在满足第二范式的前提下，如果一个表的所有非主键字段均不传递依赖于主键，则称该表满足第三范式。

假设表中有A、B、C三个字段，所谓传递依赖是指表中B字段依赖于主键A字段，而C字段依赖于B字段，称字段C传递依赖于A字段，这种情况应该避免。观察表1-10所示的“导师”表。

表1-10 有传递依赖的“导师”表

导师编号	姓　名	性　别	职　称	系编号	系　名	电　话
101	陈平林	男	教授	D02	社科系	76853212
102	李向明	男	副教授	D01	计算机系	34358750
103	马大可	女	研究员	D03	生物系	86238931
104	李小严	女	副教授	D02	社科系	76853212

“导师”表的主键是“导师编号”，“系编号”等非主键字段均依赖于它，但“系名”和“电话”字段却与“导师编号”无关，而仅仅依赖于“系编号”，从而形成传递依赖，造成系名和电话数据的重复。解决方法是将该表分解成“导师”表与“系”表，如表1-11和表1-12所示。

表1-11 “导师”表

系编号	导师编号	姓　名	性　别	职　称
101	陈平林	男	教授	D02
102	李向明	男	副教授	D01
103	马大可	女	研究员	D03
104	李小严	女	副教授	D02

表1-12 “系”表

系编号	系　名	电　话
D01	计算机系	34358750
D02	社科系	76853212
D03	生物系	86238931

单元习题1

1. 选择题

(1)“商品”与“顾客”两个实体集之间的联系一般是(　　)。

(A)一对一　　(B)一对多　　(C)多对一　　(D)多对多

(2) 数据库DB、数据库系统DBS、数据库管理系统DBMS之间的关系是(　　)。

(A)DB包含DBS和DBMS　　(B)DBMS包含DB和DBS

(C)DBS包含DB和DBMS　　(D)没有任何关系

(3) 下列关于数据库系统,说法正确的是(　　)。

(A)数据库中只存在数据项之间的联系

(B)数据库中只存在记录之间的联系

(C)数据库中数据项之间和记录之间都存在联系

(D)数据库中数据项之间和记录之间都不存在联系

2. 简答题

(1) 说出下列实体间的联系类型。

班级与班长(正)　　班级与班委　　班级与学生

院系和班级　　商店和顾客　　工厂和产品

出版社和作者　　商品和超市

(2) 假设有商店和顾客两个实体。

“商店”有如下属性:商店编号、商店名、地址和电话。

“顾客”有如下属性:顾客编号、姓名、地址、年龄和性别。

假设一个商店有多个顾客购物,一个顾客可以到多个商店购物,顾客每一次去商店购物有一个消费金额和日期。

试画出其E-R图,并注明属性和联系类型。

(3) 某个企业集团有若干工厂,每个工厂生产多种产品,并且每一种产品可以在多个工厂生产,每个工厂按照固定的计划数量生产产品;每个工厂聘用多名职工,并且每名职工只能在一个工厂工作,工厂聘用职工有聘用期和工资。工厂的属性有工厂编号、厂名、地址,产品属性有产品编号、产品名、规格,职工的属性有职工号、姓名。

① 根据上述语义画出E-R图。

② 将E-R模型转换成关系模型,并指出每个关系模式的主键和外键。

项目2　安装和使用SQL Server 2008

任务1
安装 SQL Server 2008

知识梳理

一、SQL Server 2008

SQL Server 2008 是微软公司开发的数据库管理系统，用于大规模联机事务处理(OLTP)、数据仓库和电子商务应用的数据库和数据分析平台。

SQL Server 2008 是一个数据平台，相较于之前的版本推出了许多新的特性和关键性能的改进，是一个全面的、集成的、端到端的数据解决方案，可以为用户提供一个高安全性、可靠性和可扩展性并且高效的平台。

为了更好地满足每一个客户的需求，微软公司重新设计了 SQL Server 2008 的产品家族，将其分为 7 个新的版本：企业版、标准版、工作组版、Web 版、开发者版、Express 版、Compact 3.5 版。其中，SQL Server 2008 Express 版是免费版本。SQL Server 2008 产品系列的各个版本的功能和作用各不相同，各个版本主要是针对不同的具体应用需求而设计的，不同版本能够满足企业和个人独特的性能、运行以及价格需求。需要安装哪些 SQL Server 2008 组件也要根据企业或个人的需求而做出最佳选择。

(1) 企业版：SQL Server 2008 企业版是一个全面的数据管理和业务智能平台，为关键业务应用提供了企业级的可扩展性、数据仓库、安全、高级分析和报表支持。这一版本将为企业用户提供更加坚固的服务器和执行大规模在线事务处理。

(2) 标准版：SQL Server 2008 标准版是一个完整的数据管理和业务智能平台，为部门级应用提供了最佳的易用性和可管理性。

(3) 工作组版：SQL Server 2008 工作组版是一个值得信赖的数据管理和报表平台，用于实现安全的发布、远程同步和对运行分支应用的管理能力。这一版本拥有核心的数据库特性，可以很容易地升级到标准版或企业版。

(4) Web 版：SQL Server 2008 Web 版是针对运行于 Windows 服务器中的要求具有高可用性、面向 Internet Web 服务的环境而设计的。这一版本为实现低成本、大规模、高可用性的 Web 应用或客户托管解决方案提供了必要的支持工具。

(5) 开发者版：SQL Server 2008 开发者版允许开发人员构建和测试基于 SQL Server

的任意类型应用。这一版本拥有所有企业版的特性，但只限于在开发、测试和演示中使用。基于这一版本开发的应用和数据库可以很容易地升级到企业版。

(6) Express版(简易版)：SQL Server 2008 Express版是SQL Server的一个免费版本，它拥有核心的数据库功能，其中包括了SQL Server 2008中最新的数据类型，但它是SQL Server的一个微型版本。这一版本是为了学习、创建桌面应用和小型服务器应用而发布的，也可供ISV再发行使用。

(7) SQL Server Compact 3.5版：SQL Server Compact是一个针对开发人员而设计的免费嵌入式数据库，这一版本的意图是构建独立的、仅有少量连接需求的移动设备、桌面和Web客户端应用。SQL Server Compact可以运行于所有的微软Windows平台之上，包括Windows XP和Windows Vista操作系统，以及Pocket PC和Smart Phone设备。

二、SQL Server 2008的体系结构

在SQL Server 2005的基础上，SQL Server 2008一方面对管理工具进行了升级和功能改进，另一方面加强了多项组件的功能。通过它，用户不仅可以非常方便地使用各种数据应用和服务，而且可以很容易地创建、管理和使用自己的数据应用和服务，提高了程序员的开发能力和工作效率。其体系结构的具体内容如下。

(1) 集成服务(integration services)：集成服务是用于生成企业级数据集成和数据转换解决方案的平台，利用它可以从不同的源中提取、转换及合并数据，并将其加载至单个或多个目标。

(2) 数据库引擎(SQL Server database engine)：数据库引擎是SQL Server最核心的组件，用于存储、处理和保护数据的服务。利用数据库引擎，可控制访问权限并快速处理事务，从而满足要求极高而且需要处理大量数据的企业应用需要。数据库引擎在保持高可用性方面也提供了有力的支持。

(3) 报表服务(reporting services，RS)：报表服务可以从多种数据源中获取报表的内容，能用不同的格式创建报表，并通过Web连接来查看和管理这些报表。

(4) 分析服务(analysis services，AS)：分析服务为商业智能应用程序提供联机分析处理和数据挖掘功能。通过AS可以将数据仓库的内容以更有效率的方式提供给决策分析者。

(5) 服务代理(service broker)：服务代理是用于生成可靠的、可伸缩的且安全的数据库应用程序的技术，对数据库引擎中的消息和队列提供了本机支持。

(6) 复制(replication)：复制用于实现数据和数据库对象从一个数据库分发到另一个数据库，然后在数据库之间同步，以保持一致性。

(7) 全文搜索：全文搜索用于对SQL Server表中纯字符的数据以词或短语的形式执行全文搜索。

(8) 数据挖掘(data mining)：数据挖掘提供了既采用传统方式处理数据挖掘，又能采用新的方式进行数据挖掘工作的功能。

(9) 通知服务(notification services)：通知服务是用于生成并发送通知的应用程序的开发和部署平台，它可以生成个性化的消息，并将其发送给所有的订阅方，也可以向各种设备传送消息。

三、SQL Server 2008 的新功能

SQL Server 2008 除了提供核心关键任务应用程序的功能外,还提供了更为方便的数据库管理功能。

1. 增强系统可靠性

1) 数据安全管理

(1) 简单的数据加密管理。SQL Server 2008 可以对整个数据库、数据文件和日志文件进行加密,而不需要改动应用程序。简单的数据加密的好处包括使用任何范围或模糊查询搜索加密的数据、加强数据安全性以防止未授权的用户访问,这些可以在不改变已有的应用程序的情况下进行。

(2) 外键管理。SQL Server 2008 为加密和密钥管理提供了一个全面的解决方案。为了满足不断发展的对数据中心的信息的更强安全性的需求,SQL Server 2008 通过支持第三方密钥管理和硬件安全模块(HSM)产品为这个需求提供了很好的支持。

(3) 数据审查管理。SQL Server 2008 可以审查数据的操作。审查不只包括对数据修改的所有信息,还包括对数据进行读取的信息。具有类似于服务器中审查的配置和管理功能,可以满足用户对数据库的各种规范需求。SQL Server 2008 还可以定义每一个数据库的审查规范,可以为每一个数据库单独进行设置,使审查的执行性能更好,配置的灵活性也更高。

2) 数据库镜像管理

(1) 页面自动修复功能。SQL Server 2008 通过请求获得一个从镜像合作计算机上得到的出错页面的重新复制的文件,使主要的和镜像的计算机可以透明地修复数据页面上的错误。

(2) 镜像优化性能。SQL Server 2008 压缩了输出的日志流,使数据库镜像所要求的网络带宽达到最小。

3) 系统的管理

(1) 监测管理　SQL Server 2008 新增加了执行计数器,可以更细粒度地对数据库管理系统日志记录的不同阶段所耗费的时间进行计时监测。

(2) 视图管理　SQL Server 2008 包括动态管理视图(dynamic management view)和对现有的视图的扩展,以此来显示镜像会话的更多信息。

(3) CPU 管理　SQL Server 2008 可以在线添加内存资源,以扩展对 SQL Server 中的已有的支持;在线添加 CPU 使数据库可以按需扩展。事实上,CPU 资源可以添加到 SQL Server 2008 所在的硬件平台上而不需要停止应用程序。

2. 系统开发方面

1) ADO. NET 实体框架

ADO. NET 实体框架可以使用户以实体来设计关系数据,充分利用实体关系建模。用

户可以将实体匹配到数据库中的表和字段，来显示其背后的数据。通过使用 ADO. NET 管理的公共语言运行时(CLR)对象对数据库进行编程，可实现作为公共语言运行时的数据持续使用。

2）高级语言集成查询

微软的语言级集成查询能力(LINQ)，使用户可以通过使用管理程序语言如 C# 或 Visual Basic. NET，对数据进行查询。用. NET 框架语言编写的面向集合的查询运行于 ADO. NET(LINQ to SQL)，ADO. NET 数据集(LINQ 到数据集)，ADO. NET 实体框架(LINQ 到实体)和到实体数据匹配。SQL Server 2008 提供了一个新的 LINQ 到 SQL 供应商，使得用户可以直接将 LINQ 用于 SQL Server 2008 的表和字段。

3）Service Broker 可扩展性

SQL Server 2008 继续加强了 Service Broker 的能力，主要体现在会话优先权上，可以配置优先权，使得最重要的数据会第一个被发送和进行处理；同时，诊断工具提高了开发、配置和管理使用了 Service Broker 的解决方案的能力。

4）T-SQL 的改进

SQL Server 2008 通过改进增强了 T-SQL 编程功能，主要体现在数据传递的方式更加简单和对对象相关性的改进。

5）新型的日期时间函数

(1) DateTimeOffset：一个可辨别时区的日期/时间类型。

(2) DateTime2：一个具有比现有的 DATETIME 类型更精确的秒和年范围的日期/时间类型。

6）非关系数据类型支持

SQL Server 2008 基于过去对非关系数据的强大支持，提供了新的数据类型使得用户可以有效地存储和管理非结构化数据，如文档和图片等，还增加了对管理高级地理数据的支持。

(1) Hierarchy ID　Hierarchy ID 是一个新的系统类型，它可以存储一个层次树中显示的节点的值。这个新的类型提供了一个灵活的编程模型。它作为一个 CLR 用户定义的类型(UDT)来执行，它提供了几种用于创建和操作层次节点的有效的及有用的内置方法。

(2) FileStream　FileStream 数据类型使大型的二进制数据，如文档和图片等可以直接存储到一个 NTFS 文件系统中，通过使用一个 NTFS 流 API 进行访问。使用 NTFS 流 API 使普通文件操作可以有效地执行，同时提供所有丰富的数据库服务，包括安全和备份。

(3) 集成的全文检索　集成的全文检索使得在全文检索和关系数据之间可以无缝地转换，同时使全文索引可以对大型文本字段进行高速的文本检索。

(4) 稀疏列　这个功能使 NULL 数据不占物理空间，它提供了一个非常有效的管理数据库中的空数据的方法。例如，稀疏列使得一般包含很多要存储在一个 SQL Server 2008 数据库中的空值的对象模型不会占用很大的空间。稀疏列还允许管理员创建 1024 列以上的表。

(5) 大型的用户定义的类型　SQL Server 2008 删除了对用户定义的类型的 8 000 字节

的限制,使用户可以显著地扩大它们的 UDT 的规模。

(6) 地理信息 SQL Server 2008 为在基于空间的应用程序中消耗、扩展和使用位置信息提供了广泛的空间支持。

(7) 地理数据类型 这个功能使用户可以存储符合行业空间标准,如开放地理空间联盟(OGC)的平面的空间数据。这使得用户可以通过存储与设计的平面表面和自然的平面数据,如内部空间等相关联的多边形、点和线来实现"平面地球"的解决方案。

(8) 几何数据类型 这个功能使用户可以存储地理空间数据并对其执行操作。使用纬度和经度的组合来定义地球表面的区域,并结合了地理数据和行业标准椭圆体。

三、SQL Server 2008 的新特点

SQL Server 2008 推出了许多新的功能特性和关键功能的改进,提供了一套综合的能满足不断增长的企业业务需求的数据管理与分析平台,还可以帮助用户运行关键业务型应用程序,提供对超越关系型数据的支持,降低应用程序部署和管理所需的时间和成本,并在整个企业范围内提供全面且易操作的平台。该平台有以下特点。

(1) 可信赖性 用户可以以很高的安全性、可靠性和可扩展性来运行他们最关键的任务的应用程序。

(2) 高效率 用户可以降低开发和管理他们的数据基础设施的时间和成本。

(3) 智能化 提供了一个全面的平台,可以在用户需要的时候给其发送观察和信息。

四、SQL Server 2008 的安装要求

1. SQL Server 2008 的系统要求

建议在 NTFS 文件格式的计算机上运行 SQL Server 2008。但针对升级到 SQL Server 2008 的情况,不阻止使用 FAT32 文件系统。SQL Server 2008 运行在 32 位平台上的要求与运行在 64 位平台上的要求不同,详细情况可查看联机文档。

1) 硬件要求

硬件配置的高低会直接影响软件运行速度的快慢。在通常情况下,对硬件性能的要求如下。

(1) 硬盘:SQL Server 2008 需要比较大的硬盘空间,如果不考虑要添加数据文件,完全安装 SQL Server 将需要用 1 GB 以上的空间,但是考虑到 Windows 安装程序会在系统驱动器中创建临时文件,以及数据库的扩展,一般要求至少有 10 GB 的可用硬盘空间。

(2) CPU:所有版本的 SQL Server 2008 对计算机 CPU 的要求为主频最低要求 1.0 GHz,建议 2.0 GHz 以上。

(3) 内存:SQL Server 2008 对内存的最小要求为 512 MB(Express Edition 的最小要求 256 MB),微软推荐 1GB 或更大的内存。

如果要运行企业版,特别是想要使用更高级的特性时,实际上内存大小至少应该是推荐内存大小的两倍,即至少需要 1 GB,建议 2 GB 以上。

(4) CD 或 DVD 驱动器:安装时需要相应的 CD 或 DVD 驱动器。

2）软件要求

（1）操作系统要求。SQL Server 2008 可以运行在 Windows Vista Home Basic 及更高版本上，也可以在 Windows XP 上运行。但是如果安装 SQL Server 2008 企业版要求操作系统为 Windows Server 2003 SP2 以上版本，不能安装在 Windows XP 操作系统之上，而对于其他版本，基本上能安装在 Windows XP Professional SP2 操作系统及其之后推出的操作系统之上。

（2）网络软件要求。SQL Server 2008 64 位版本的网络软件要求与 32 位版本的要求相同。例如：Windows Server 2003、Windows XP 和 Windows 2000 内置的网络软件 IIS。

（3）其他软件要求。SQL Server 安装程序需要 Microsoft Windows Installer 4.5 或更高版本以及 Microsoft 数据访问组件（MDAC）3.5 SP1 或更高版本。SQL Server 安装程序安装该产品还需以下组件：Microsoft Windows. NET Framework 3.5、Microsoft SQL Server 本机客户端、Windows PowerShell 2.0、Microsoft SQL Server 安装程序支持文件。这些组件需要分别安装。在安装完成所需组件之后，SQL Server 安装程序将验证计算机是否满足成功安装 SQL Server 所需的所有其他要求。

3）其他要求

一般要求 IE6.0 SP1 以及更高版本。

任务描述

了解一台计算机符合安装 SQL Server 2008 的版本，正确安装，并理解各个选项及设置的意义。

任务实施

完成了准备工作，就可以安装 SQL Server 2008 了，在安装过程中 SQL Server 2008 提出了一系列选项和服务器配置问题，根据安装向导的提示即可安装。SQL Server 2008 安装分为本地安装、命令行安装和远程安装三种方式。

下面以本地安装为例，介绍 SQL Server 2008 R2 的具体安装步骤。

（1）先将光盘放入光驱中，自动运行后出现“SQL Server 安装中心”窗口，如图 2-1 所示。

（2）选择窗口左侧的“安装”选项，如图 2-2 所示。

（3）单击“全新 SQL Server 独立安装或现有安装添加功能”选项，出现“安装程序支持规则”窗口，此时安装程序将对系统进行常规检测，如图 2-3 所示。

（4）待全部规则检测通过后，单击“确定”按钮进入“产品密钥”窗口，如图 2-4 所示，在其中输入购买的产品密钥。如果使用的是体验版本，在下拉列表框中选择“Enterprise Evaluation”选项，这是 Microsoft 提供的一个 180 天的免费的 Enterprise Evaluation（企业评估版），该版本包含所有 Enterprise Evaluation（企业评估版）的功能，随时可以直接激活为正式版本，然后单击“下一步(N)”按钮。

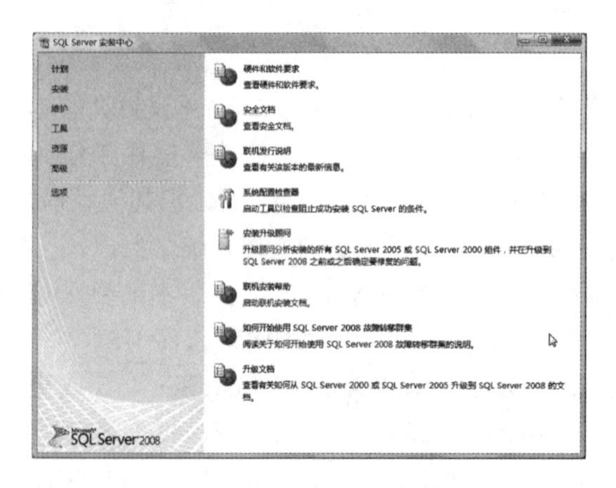

图 2-1 “SQL Server 安装中心”窗口

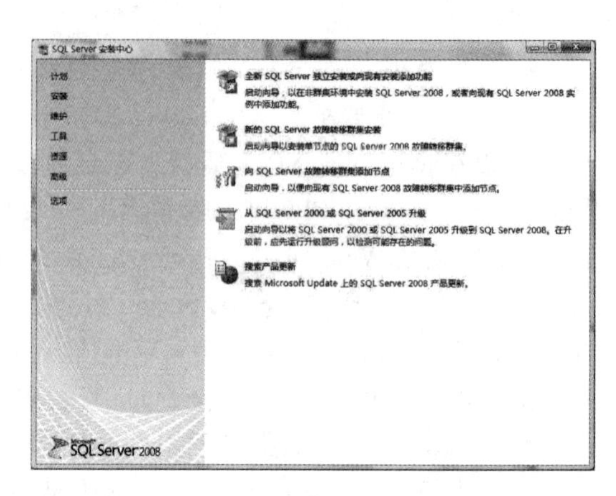

图 2-2 选择“安装”选项

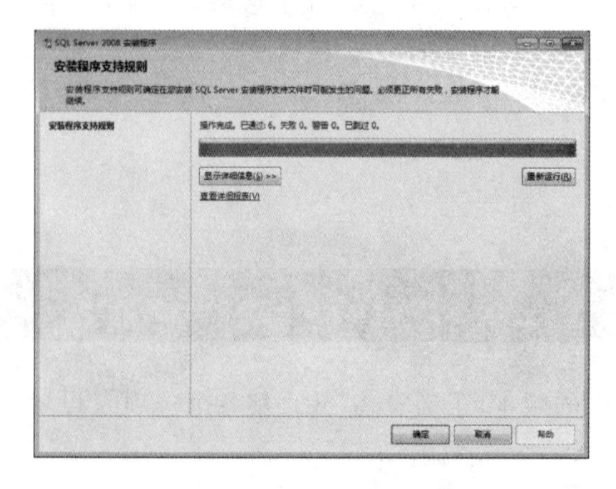

图 2-3 “安装程序支持规则”窗口(一)

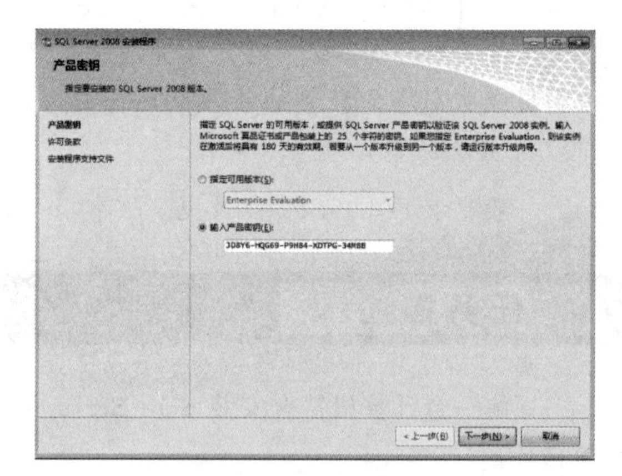

图 2-4 “产品密钥”窗口

(5) 进入“许可条款”窗口，如图 2-5 所示。选择“我接受许可条款(A)”复选框，然后单击“下一步(N)”按钮。

(6) 进入“安装程序支持文件”窗口，如图 2-6 所示。单击“安装(I)”按钮，该步骤将安装 SQL Server 所需要的组件。

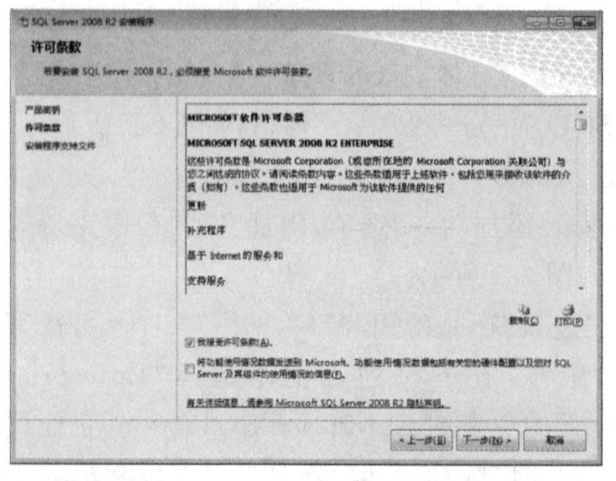

图 2-5 “许可条款”窗口

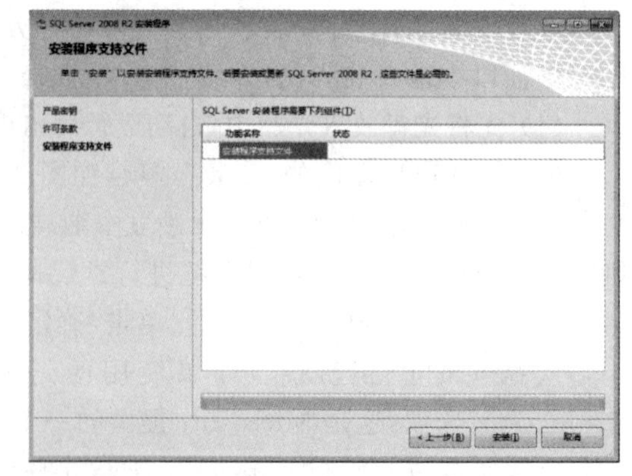

图 2-6 “安装程序支持文件”窗口(二)

(7) 安装完程序文件后，安装程序将自动进入第二次支持规则的检测，如图 2-7 所示。待全部检测通过后，单击“下一步(N)”按钮。

(8) 进入“设置角色”窗口，选择“具有默认值的所有功能(D)”单选框，如图 2-8 所示。然后单击“下一步(N)”按钮。

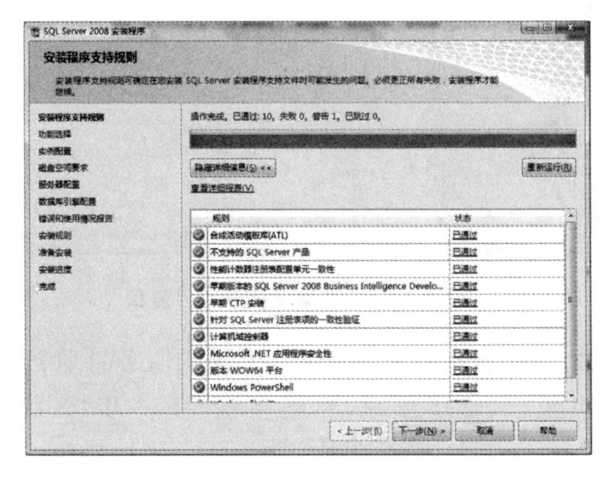

图 2-7 “安装程序支持规则”窗口(三)

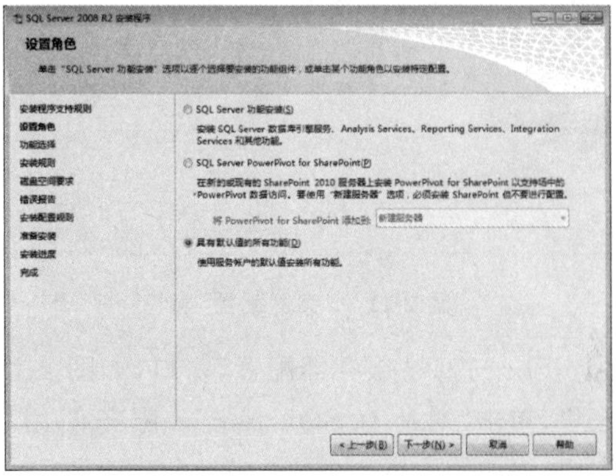

图 2-8 “设置角色”窗口

(9) 进入“功能选择”窗口，如图 2-9 所示。一般在该窗口中只修改安装地址，其他的一般不需改动。然后单击“下一步(N)”按钮。

(10) 进入“安装规则”窗口，如图 2-10 所示。该步骤是重新检查系统，不能有失败项。待检测通过后，然后单击“下一步(N)”按钮。

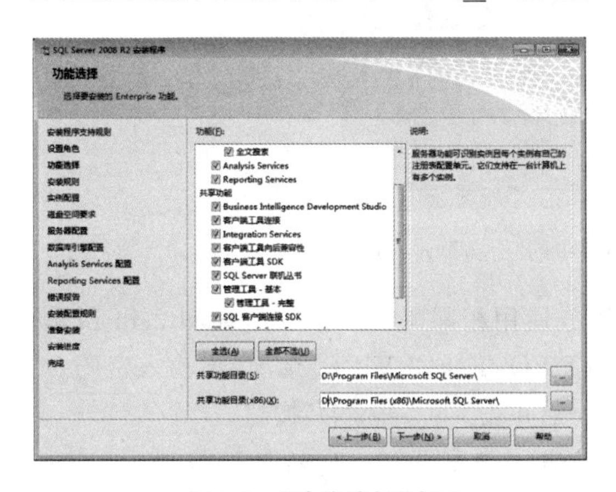

图 2-9 “功能选择”窗口

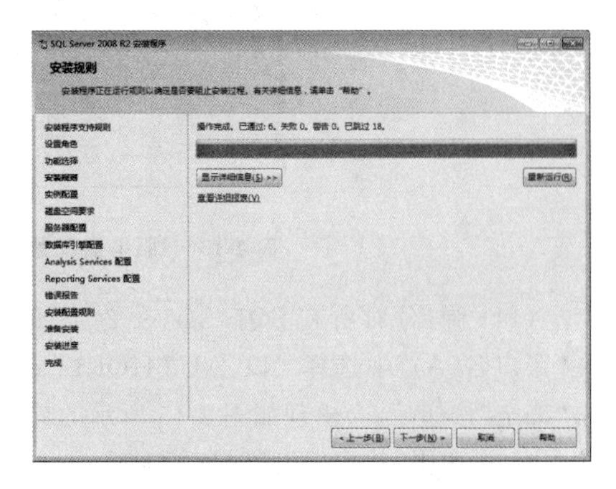

图 2-10 “安装规则”窗口

(11) 进入“实例配置”窗口，如图 2-11 所示。在安装 SQL Server 的系统中可以配置多个实例，每个实例必须有唯一的名称。选择“默认实例(D)”单选按钮，单击“下一步(N)”按钮。

(12) 进入“磁盘空间要求”窗口，如图 2-12 所示。该步骤是对硬件的检测，然后单击“下一步(N)”按钮。

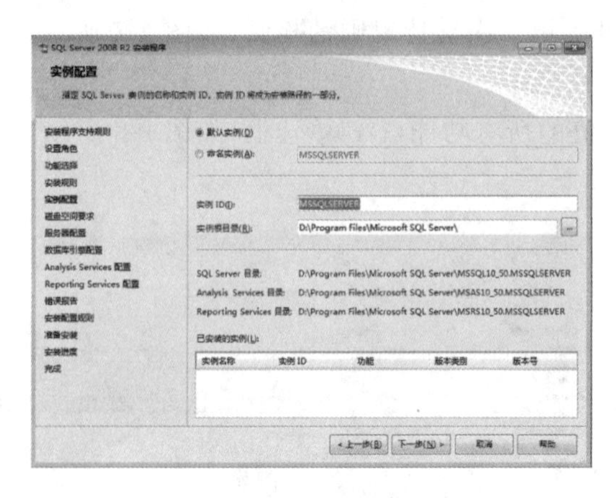

图 2-11 “实例配置”窗口

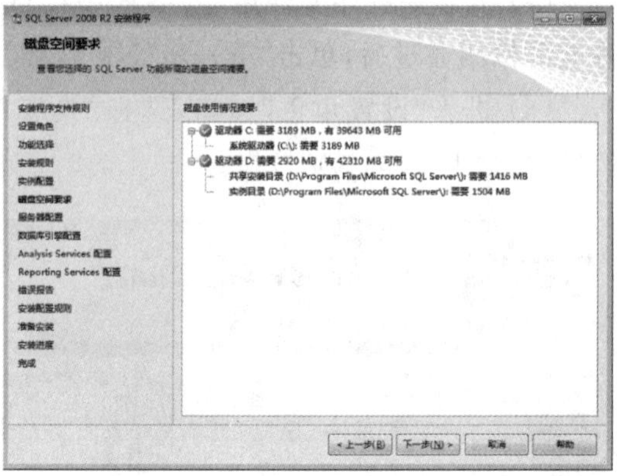

图 2-12 “磁盘空间要求”窗口

（13）进入“服务器配置”窗口，如图 2-13 所示。在“服务账户”选项卡中输入服务器管理账户，单击“对所有 SQL Server 服务使用相同的账户(U)”按钮，然后单击“下一步(N)”按钮。

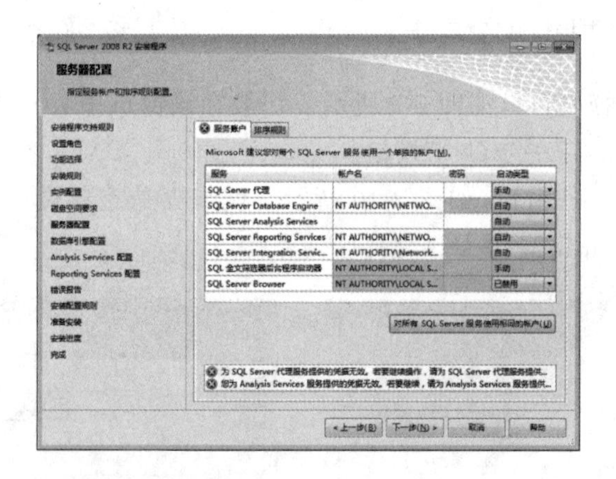

图 2-13 “服务器配置”窗口中的“服务账户”选项卡

（14）弹出“对所有 SQL Server 2008 R2 服务使用相同账户”对话框，如图 2-14 所示。在“账户名(A)”中选择“NT AUTHORITY\NETWORK SERVICE”选项，不输入密码，单击“确定”按钮后，会出现如图 2-15 所示的界面，然后单击“下一步(N)”按钮。

（15）单击“数据库引擎配置”选项，进入“数据库引擎配置”窗口，如图 2-16 所示。选中“混合模式(SQL Server 身份证和 Windows 身份验证)(M)”单选框，在“为 SQL Server 系统管理员(Sa)账户指定密码。”栏中输入并确认密码。然后单击“下一步(N)”按钮。

图 2-14 “对所有 SQL Server 2008 R2 服务使用相同账户”界面

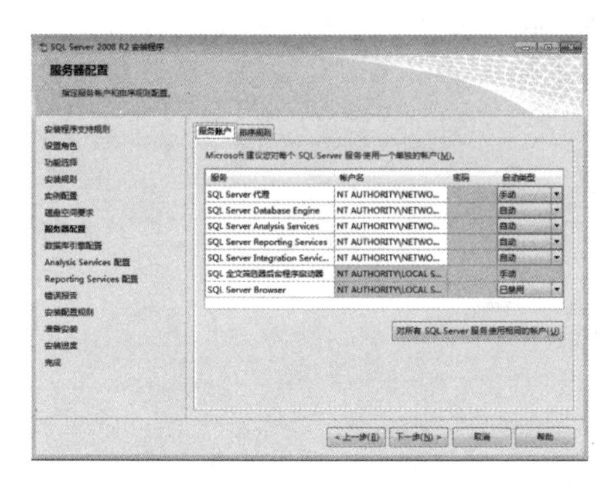

图 2-15 “服务器配置”窗口

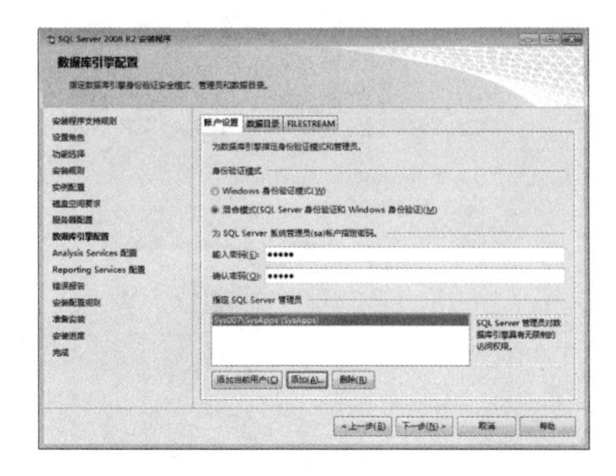

图 2-16 “数据库引擎配置”窗口中的“账户设置”选项卡

该窗口中包括以下两种身份验证模式。

① Windows 身份验证模式:用户可以通过 Windows 账户连接数据库服务器。

② 混合模式(SQL Server 身份验证和 Windows 身份验证):用户可以使用 Windows 身份验证,也可以使用 SQL Server 身份验证与 SQL Server 实例连接。

如果操作系统为 Windows XP 或 Windows 2000 Professional 等非服务器操作系统版本,则应选择“混合模式(SQL Server 身份验证和 Windows 身份验证)(M)”选项。

(16) 进入“Analysis Services 配置”窗口,如图 2-17 所示。在其中选择“账户设置”选项卡,可以选择多个账户名称。在“账户设置”选项卡中,单击“添加当前用户(C)”按钮,其他项不用修改,然后单击“下一步(N)”按钮。

(17) 进入“Reporting Services 配置”窗口,如图 2-18 所示。选择“安装本机模式默认配置(I)”选项,然后单击“下一步(N)”按钮。

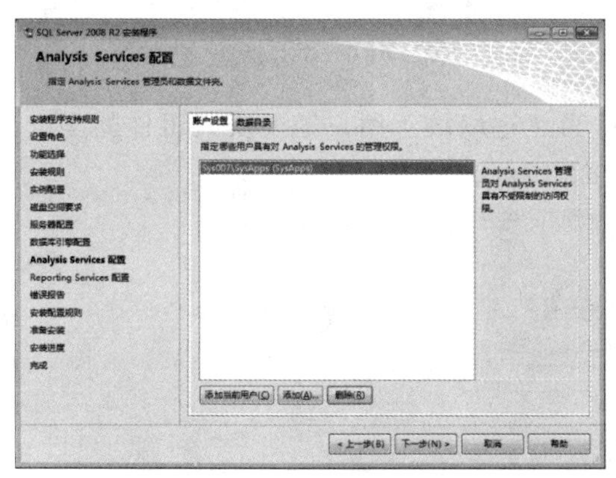

图 2-17 “Analysis Services 配置”窗口

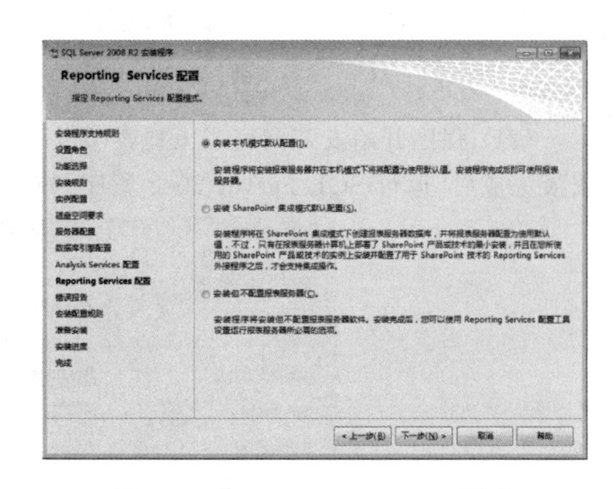

图 2-18 “Reporting Services 配置”窗口

(18) 进入“错误报告”窗口,如图 2-19 所示。然后单击“下一步(N)”按钮。

(19) 进入“安装配置规则”窗口,如图 2-20 所示。检测安装配置规则,要求无失败项,然后单击“下一步(N)”按钮。

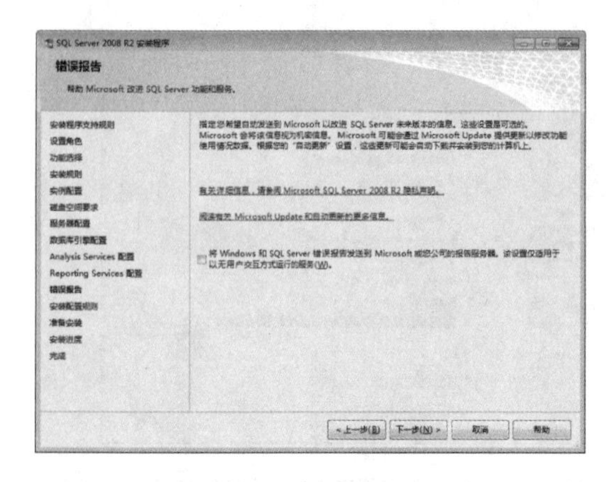

图 2-19 “错误报告”窗口

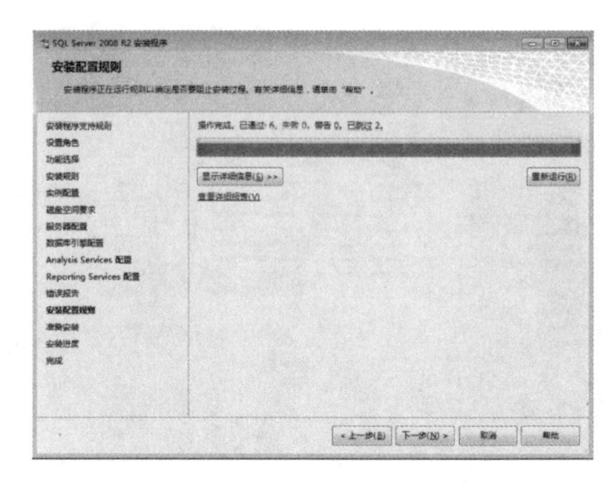

图 2-20 “安装配置规则”窗口

（20）进入“准备安装”窗口，如图 2-21 所示。单击“安装(I)”按钮，程序进入安装阶段，如图 2-22 所示。

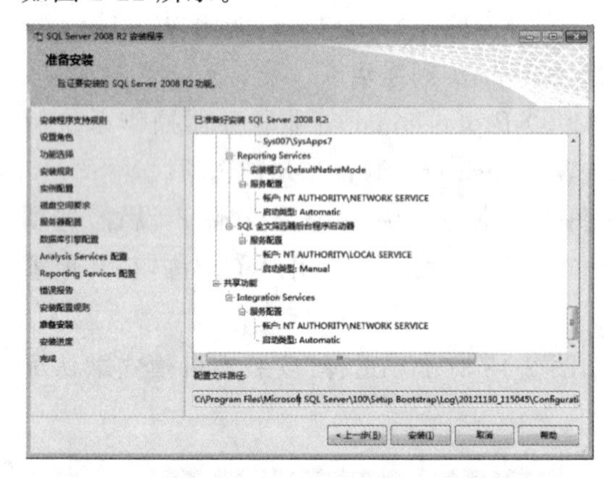

图 2-21 “准备安装”窗口

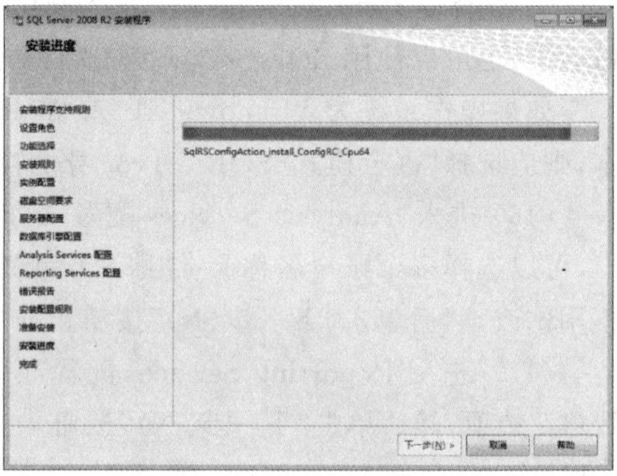

图 2-22 “安装进度”窗口

（21）程序开始安装到完成大概需要 1 小时，当然这取决于用户需要安装组件的多少。安装完成后，运行 SQL Server 2008 程序，如图 2-23 所示。

图 2-23 “连接到服务器”窗口

任务 2 SQL Server 2008 的使用

知识梳理

完成 SQL Server 2008 的安装后，首要的问题就是配置 SQL Server 2008。在 SQL Server 2008 中可使用图形工具和命令行工具进行配置，如网络配置、服务配置、外围应用配置等，由于不同的应用环境和应用需求对于配置的要求不尽相同，因此，SQL Server 2008 安装后，还需根据企业和应用系统的特点和要求，对如管理、集成、服务和性能等内容，进行适当的配置，以便发挥 SQL Server 2008 的潜在功能和应用能力。

SQL Server 2008 服务器的配置主要由 SQL Server 管理器完成，需要配置的项目如下。

- SQL Server 服务。
- SQL Server 网络配置。
- SQL Native Client 10.0 的配置。

任务描述

对已安装了 SQL Server 2008 的计算机，根据系统的特点和用户的需求，对 SQL Server 2008 要进行正确的配置，使其正常运行。

任务实施

1. 配置 SQL Server 服务

选择"开始"→"Microsoft SQL Server 2008"→"配置工具"→"SQL Server Configuration Manager"命令，运行 SQL Server 配置管理器，然后双击配置管理器窗口左侧的"SQL Server 配置管理器(本地)"并将其展开，如图 2-24 所示。

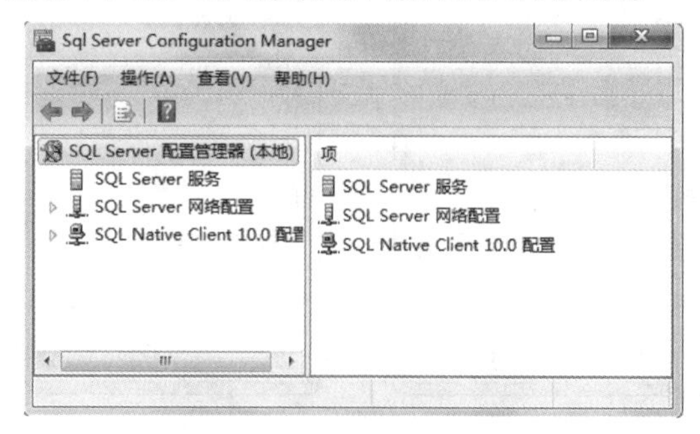

图 2-24 Server 配置管理器窗口

配置 SQL Server 2008 服务的步骤如下。

(1) 在如图 2-24 所示的 SQL Server 配置管理器主窗口中，单击“SQL Server 服务”选项并将其展开，如图 2-25 所示。在图 2-25 所示窗口右侧的列表框中列出了当前可配置的 SQL Server 服务项目。

(2) 右击要设置的服务项，在弹出的右键快捷菜单中选择“属性(R)”命令，如图 2-26 所示。

图 2-25　“SQL Server 服务”选项

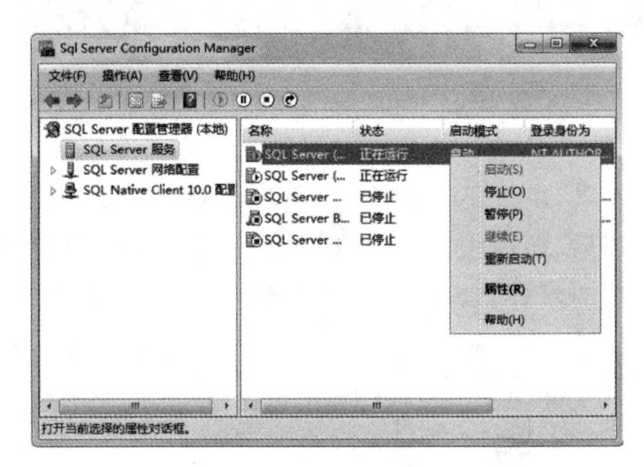

图 2-26　选择服务项的“属性(R)”命令

(3) 弹出“SQL Server(SQLEXPRESS)属性”窗口，如图 2-27 所示。在该属性窗口中有四个选项卡，分别为“登录”选项卡、“服务”选项卡、“FILESTREAM”选项卡和“高级”选项卡。“登录”选项卡可以为服务指定登录身份，其中的“内置账户”是 Windows 绑定的账户，其账户名和密码由 Windows 确定。本账户由 SQL Server 管理，需指定登录账户名和密码。

(4) 选择“服务”选项卡，其中可配置服务的“手动”“自动”“已禁用”三种启动模式，如图 2-28 所示。

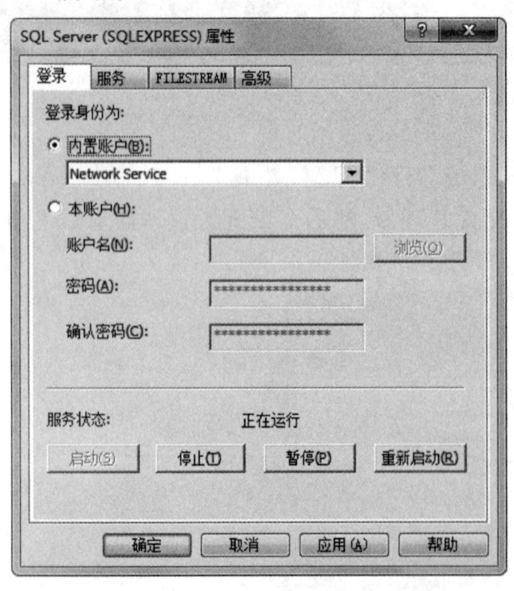

图 2-27　服务属性的“登录”选项卡

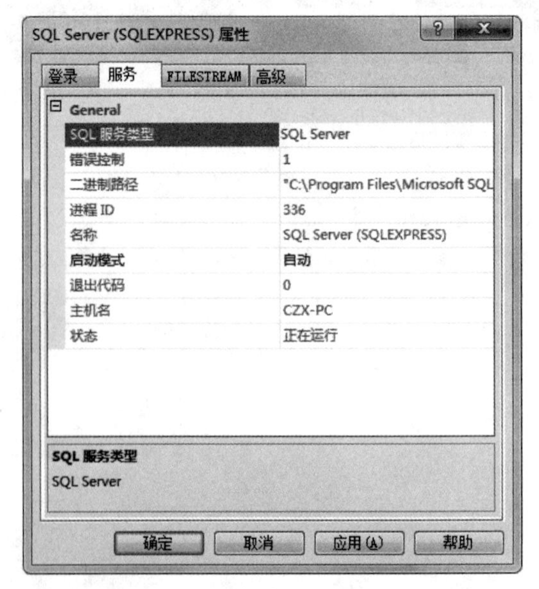

图 2-28　服务属性的“服务”选项卡

2. 配置 SQL Server 2008 网络

在 SQL Server 2008 配置管理器中，双击“SQL Server 网络配置”选项将其展开，然后双击“SQLEXPRESS 的协议”选项，窗口右侧的列表框中显示出了当前可用的协议名称及其运行状态，如图 2-29 所示。

如果要启用列表框中的某一项网络协议，可以右击该选项，然后在弹出的右键快捷菜单中选择“启用(E)”命令即可，相反，如要取消某一项网络协议时，使用相同的方法，选择“禁用(I)”命令即可，如图 2-30 所示。

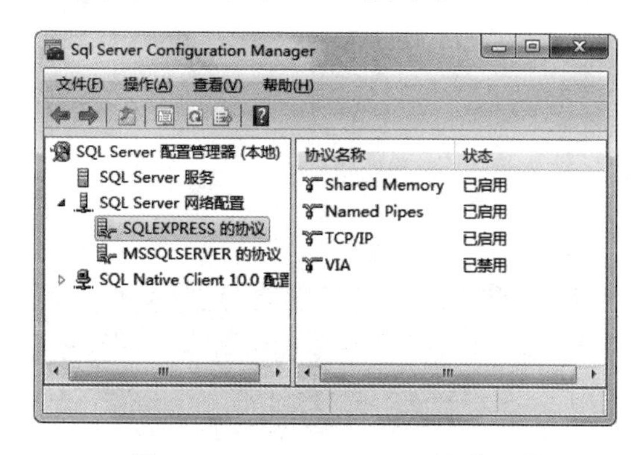

图 2-29 SQL Server 2008 网络配置

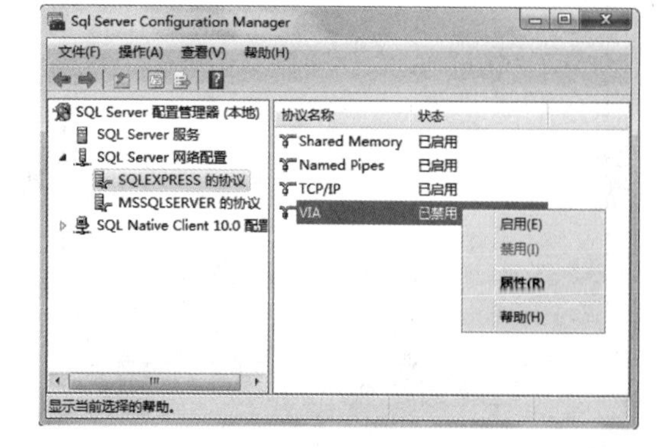

图 2-30 禁用网络协议

3. 配置 SQL Server 2008 本机客户端

在“SQL Native Client 10.0 配置”中配置的内容将在运行客户端程序的计算机上使用。在运行 SQL Server 的计算机上配置这些设置时，它们仅影响那些运行在服务器上的客户端程序。如图 2-31 所示，SQL Server 2008 本机客户端同样支持四种协议，即 Shared Memory、TCP/IP、Named Pipes 和 VIA。这几种协议的设置方法与“SQLEXPRESS 的协议”的设置方法相同。

“别名”选项是用于连接的备用名称。“别名”中封装了连接字符串所必需的元素，并使用用户所选择的名称显示这些元素。右击“别名”选项，并在弹出的右键快捷菜单中选择“新建别名…”命令，如图 2-32、图 2-33 所示。

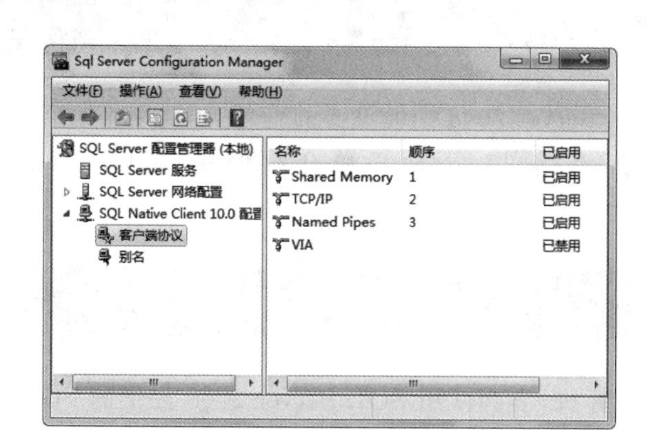

图 2-31 本机客户端支持的协议

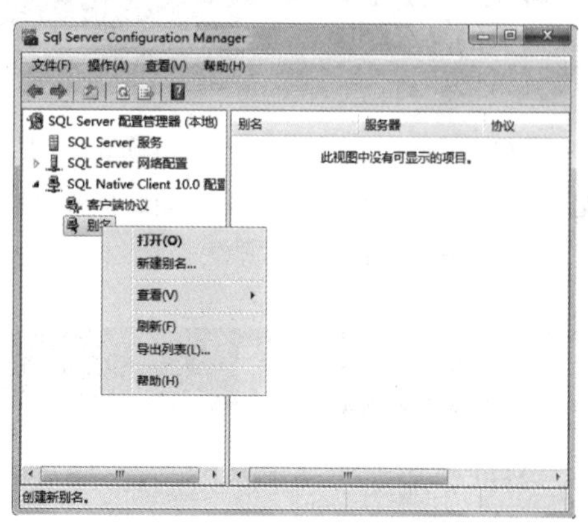

图 2-32 新建别名

如果需要查询或更改客户端协议，则可以右击“客户端协议”选项，然后从弹出的右键快捷菜单中选择“属性(R)”命令，在弹出的“客户端协议 属性”窗口中的“顺序”选项卡中可以查看和启用客户端协议，如图 2-34 所示。

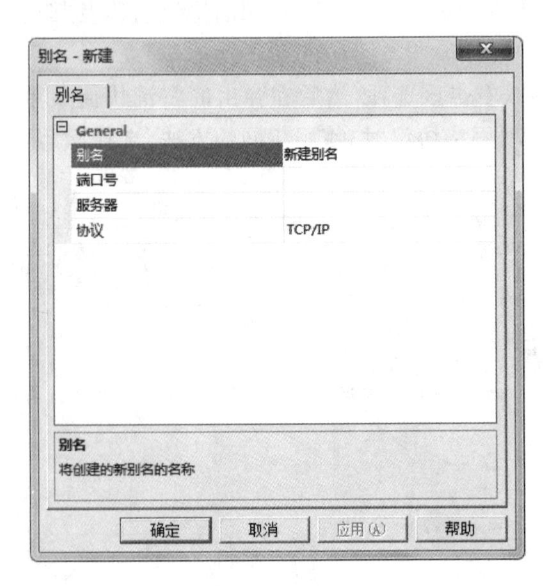

图 2-33　别名设置

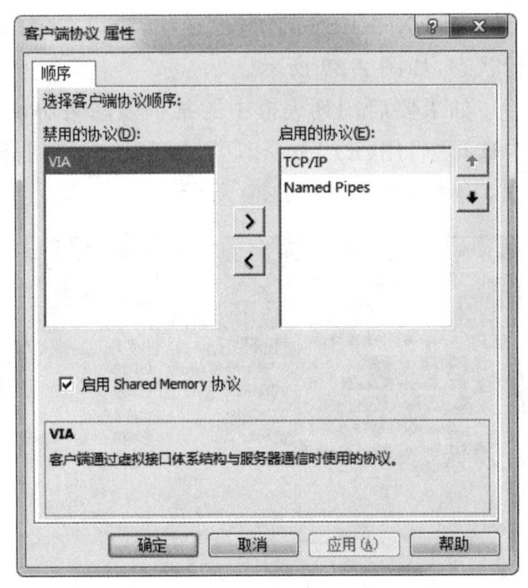

图 2-34　客户端协议设置

这样，我们就完成了 SQL Server 2008 服务器的配置，接下来就可以开始使用 SQL Server 2008 了。

任务 3
连接到 SQL Server 2008

知识梳理

SQL Server Management Studio 是 SQL Server 2008 中最重要的管理工具，用于访问、配置、控制、管理和开发 SQL Server 的所有组件。下面简单介绍使用 SQL Server Management Studio 的方法。

任务描述

对已完成配置的 SQL Server 2008 的计算机，学会使用 SQL Server 2008 提供的 SQL Server Management Studio，来创建和维护我们的数据库。

任务实施

(1) 选择“开始”→“Microsoft SQL Server 2008”→“Microsoft SQL Server Management Studio”命令，弹出“连接到服务器”对话框，如图 2-35 所示。

(2) 在图 2-35 所示的对话框中单击“连接(C)”按钮，验证成功后进入 SQL Server Management Studio(SSMS)的主界面，图 2-36 所示。

图 2-35　连接服务器登录界面

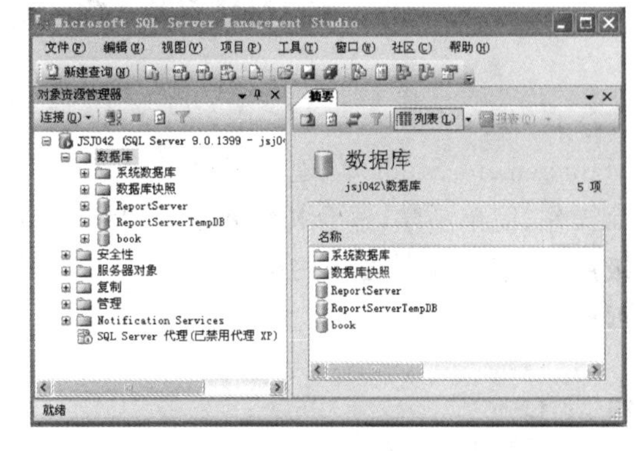

图 2-36　SQL Server Management Studio 主界面

这样，我们就完成了 SQL Server 2008 服务器的配置，接下来就可以使用 SQL Server 2008 来创建和维护我们的数据库了。

单元习题 2

1. 选择题

(1) 下面的叙述中(　　)是当前流行的数据库管理系统所使用的数据库模型。

(A)关系模型　　(B)面向对象模型

(C)层次模型　　(D)网状模型

(2) SQL Server 2008 身份验证方式有(　　)种。

(A)2　　(B)3　　(C)4　　(D)1

(3) 默认情况下安装 SQL Server 2008 后，系统会自动建立(　　)个系统数据库。

(A)2　　(B)3　　(C)4　　(D)5

(4) 下面不属于 SQL Server 2008 的系统数据库的是(　　)。

(A)Master　　(B)tempdb　　(C)DBMS　　(D)Model

2. 简答题

(1)简要叙述 SQL Server 2008 中新增加的数据类型及其特点。

(2)简要叙述 SQL Server 2008 中的常用版本。

(3) SQL Server 2008 包含哪些组件？其功能各是什么？

项目3 创建和维护数据库

任务1 创建教学成绩管理系统数据库

在 SQL Server 2008 中，创建数据库的方法有两种：一种是使用 SQL Server Management Studio 创建数据库，另一种是使用 T-SQL 语句创建数据库。前者是图形化界面操作，简单易学，适合初学者学习；后者需要对 T-SQL 语法非常熟悉，难度稍大，但对于高级用户，第二种方法使用起来更加得心应手。本项目要求读者掌握使用两种方法创建数据库。

子任务1.1 在 SQL Server Management Studio 中创建数据库

知识梳理

一、数据库文件

在 SQL Server 2008 系统中，一个数据库在磁盘上可以保存为一个或多个文件，我们把这些文件称为数据库文件。数据库文件分成三类：主数据库文件、次数据库文件和事务日志文件。

1. 主数据库文件

主数据库文件包含数据库启动信息，并指向数据库中的其他文件。用户数据库和对象可以存储在该文件中。每个数据库只能有一个主数据库文件，文件扩展名为. mdf。

2. 次数据库文件

次数据库文件是可选的，次数据库文件可用于将数据库分散存储到多个磁盘中，每个数据库可以有零个或多个次数据库文件，次数据库文件的扩展名为. ndf。

3. 事务日志文件

事务日志文件用于记录对数据库的各种操作情况，对数据库进行操作时，对数据库内容的更改将自动记录到该文件中。事务日志文件的扩展名为. ldf，一个数据库可以有一个或多个事务日志文件。

提示

一个数据库至少应包含一个主数据库文件和一个事务日志文件，而且主数据库文件只有一个。

二、数据库文件组

为了方便管理，可以将多个数据库文件组织成为一组，称为文件组。每个文件组对应一个组名。可以将文件组中的文件存放在不同磁盘中，以便提高数据库的访问性能。

在 SQL Server 2008 中，文件组有主文件组和次文件组两种类型。

1. 主文件组

主数据库文件所在的组称为主文件组。在创建数据库时，如果用户没有定义文件组，系统会自动建立主文件组。当数据文件没有指定文件组时，默认都存储在主文件组中。

2. 次文件组

用户定义的文件组称为次文件组。如果次文件组中的文件被填满，那么只有该文件组中的用户表会受到影响。

在创建表时，不能指定将表放在某个文件中，只能指定将表放在某个文件组中。因此，如果希望将某个表放在特定的文件中，必须通过创建文件组来实现。

数据库文件和文件组必须遵循以下的规则。

- 一个文件或文件组只能被一个数据库使用。
- 一个文件只能属于一个文件组。
- 事务日志文件不能属于文件组。

三、系统数据库

在 SQL Server 系统中，数据库可分为系统数据库和用户数据库两大类。用户数据库是用户自行创建的数据库；系统数据库则是 SQL Server 内置的，它们主要用于系统管理。SQL Server 2008 中包括以下的系统数据库。

1. master 数据库

master 数据库记录 SQL Server 系统级的信息，包括系统中所有的登录账号、系统配置信息、所有数据库的信息及所有用户数据库的主文件地址等。另外，master 数据库还记录了 SQL Server 2008 的初始化信息。因此，如果 master 数据库不可用，则 SQL Server 2008 将无法启动。

2. tempdb 数据库

tempdb 数据库用于存放所有连接到系统的用户临时表和临时存储过程，以及 SQL Server 产生的其他临时性的对象。tempdb 是 SQL Server 中负担最重的数据库，因为几乎所有的查询都可能需要使用它。

在 SQL Server 关闭时，tempdb 数据库中的所有对象都被删除，每次启动 SQL Server 时，tempdb 数据库总是空的。

默认情况下，SQL Server 在运行时 tempdb 数据库会根据需要自动增长。不过，与其他数据库不同，每次启动数据库引擎时，它会重置为其初始大小。

3. model 数据库

model 数据库是系统所有数据库的模板，这个数据库相当于一个模板，所有在系统中创建的新数据库的内容，在刚创建时都与 model 数据库完全一样。

如果 SQL Server 专门用于一类应用，而这类应用都需要某个表，甚至在这个表中都要包括同样的数据，那么就可以在 model 数据库中创建这样的表，并向表中添加那些公共的数据，以后每一个新创建的数据库中都会自动包含这个表和这些数据。当然，也可以向 model 数据库中增加其他数据库对象，这些对象都能被以后创建的数据库所继承。

4. msdb 数据库

msdb 数据库由 SQL Server 代理(SQL Server agent)来安排报警、作业，并记录操作员。

5. resource 数据库

resource 数据库是一个只读数据库，它包含了 SQL Server 2008 中的所有系统对象。SQL Server 系统对象(如 sys. objects)在物理上存储于 resource 数据库中，但逻辑上它们出现在每个数据库的 sys 架构中。

四、数据库的命名规则

在 SQl Server 2008 中，数据库的命名规则如下。

(1) 名称长度不能超过 128 个字符，本地临时表的名称不能超过 116 个字符。

(2) 名称的第一个字符必须是英文字母、中文、下画线、@、# 等符号；除第一个字符之外的其他字符，还可以包括数字和 $ 。

(3) 名称中间不允许有空格或其他特殊字符。

(4) 名称不能是保留字。

说明：在 T-SQL 中，“@”开头的变量表示局部变量，以“@@”开头的变量表示全局变量，以“#”开头的变量表示局部临时对象，以“##”开头的变量表示全局临时对象，所以，用户在命名数据库时最好不要以这些字符开头，以免引起混乱。

任务描述

使用 SQL Server Management Studio 创建 jxgl 数据库。本数据库中包含一个主数据库文件、一个次数据库文件和一个事务日志文件，可以对文件属性做适当设置。

任务实施

在 SSMS 中创建数据库的步骤如下。

(1) 选择“开始”→“程序”→“Microsoft SQL Server 2008”→“SQL Server Management Studio”命令,打开“Microsoft SQL Server Management Studio”窗口。

(2) 在“对象资源管理器”面板中展开服务器,然后选择“数据库”选项。

(3) 右击“数据库”选项,从弹出的右键快捷菜单中选择“新建数据库(N)”命令,如图 3-1 所示。

(4) 此时会弹出“新建数据库”对话框,如图 3-2 所示。

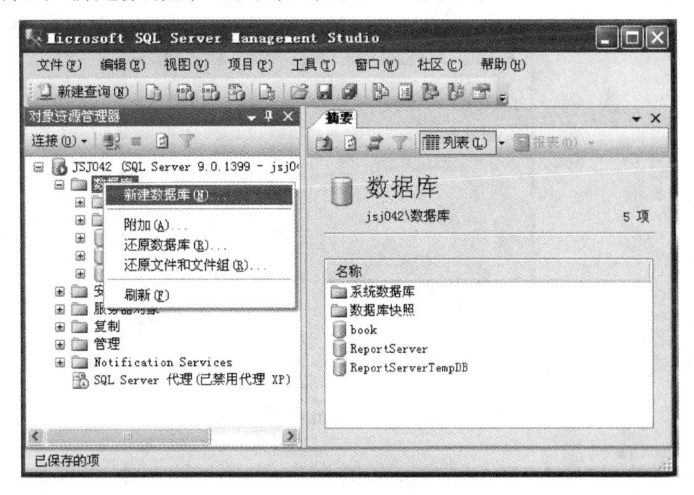

图 3-1 选择“新建数据库(N)”命令

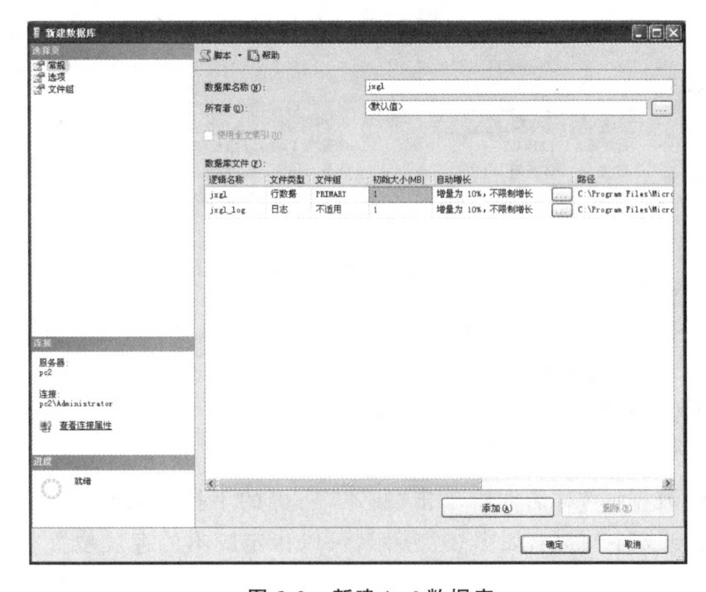

图 3-2 新建 jxgl 数据库

(5) 在“数据库名称(N)”文本框中输入“jxgl”，再在“所有者(O)”文本框中输入所有者名称，可以使用默认，也可以通过单击文本框右边的“...”按钮来选择所有者。数据库文件列表中列出了该数据库的文件，SQL Server 2008 系统会默认产生数据库文件 jxgl. mdf 和事务日志文件 jxgl_log. ldf，并显示出文件的默认属性。用户可以自行修改这些默认设置。

(6) 修改主数据库文件 jxgl. mdf 的逻辑文件名为 jxgl_data，初始大小为 3MB；单击“自动增长”栏后的“...”按钮，弹出“更改 jxgl_data 的自动增长设置”对话框，在这里可以选择文件的增长方式和最大文件大小。此处设置文件每次增长 1 MB，选择“不限制文件增长(U)”单选项，单击“确定”按钮完成设置，如图 3-3 所示。

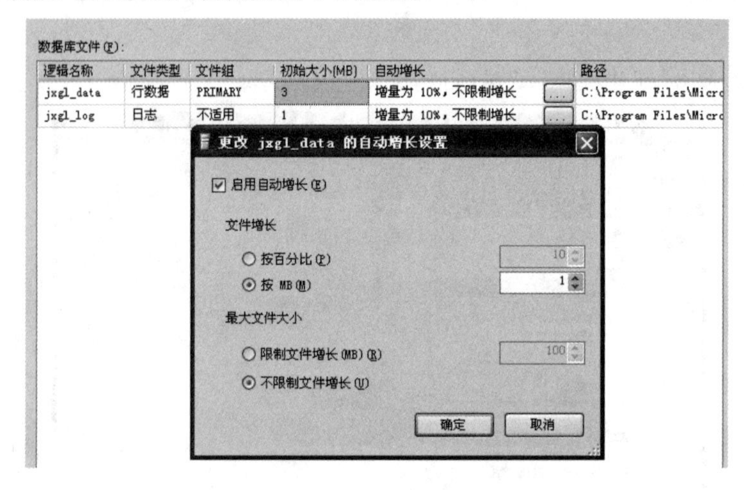

图 3-3　更改 jxgl_data 的自动增长设置

(7) 在图 3-2 中单击“添加(A)”按钮，可增加数据库文件和事务日志文件，其数据库文件是次数据库文件，因为一个数据库有且仅有一个主数据库文件。如图 3-4 所示，添加次数据库文件 jxgl_data1，同样地，可以修改这些文件的属性，如文件组、初始大小和路径等。

数据库文件(F):

逻辑名称	文件类型	文件组	初始大小(MB)	自动增长		路径
jxgl_data	行数据	PRIMARY	3	增量为 1 MB，不限制增长	...	C:\Program Files\Micr
jxgl_log	日志	不适用	1	增量为 10%，不限制增长	...	C:\Program Files\Micr
jxgl_data1	行数据	PRIMARY	3	增量为 1 MB，不限制增长	...	C:\Program Files\Micr

图 3-4　添加次数据库文件 jxgl_data1

(8) 使用同样的方法可以添加事务日志文件。如图 3-5 所示，添加次事务日志文件 jxgl_log1，在“文件类型”栏选择“日志”。

(9) 在“新建数据库”窗口左侧的“选择页”面板中选择“选项”，在其窗口中设置数据库的恢复模式、兼容级别以及其他选项，如图 3-6 所示。

(10) 在“新建数据库”对话框中单击“脚本”右侧的下拉列表按钮，在下拉菜单中选择“将操作脚本保存到文件”命令，如图 3-7 所示，可以指定脚本的存放位置和名称。该脚本文件的内容是创建数据库时生成的 T-SQL 脚本。

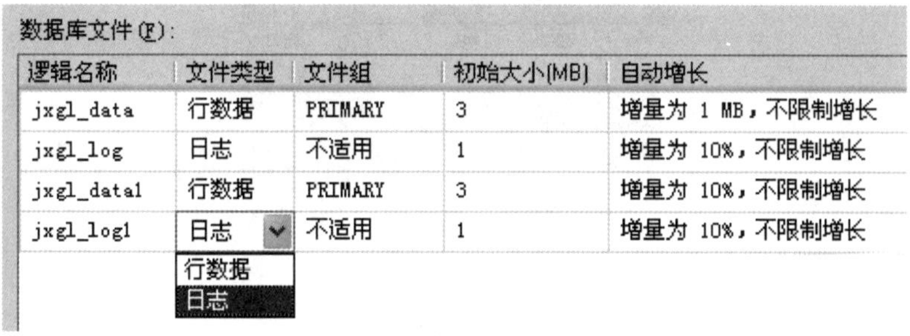

数据库文件(F):

逻辑名称	文件类型	文件组	初始大小(MB)	自动增长
jxgl_data	行数据	PRIMARY	3	增量为 1 MB,不限制增长
jxgl_log	日志	不适用	1	增量为 10%,不限制增长
jxgl_data1	行数据	PRIMARY	3	增量为 10%,不限制增长
jxgl_log1	日志	不适用	1	增量为 10%,不限制增长
	行数据			
	日志			

图 3-5　添加次日志文件 jxgl_data1

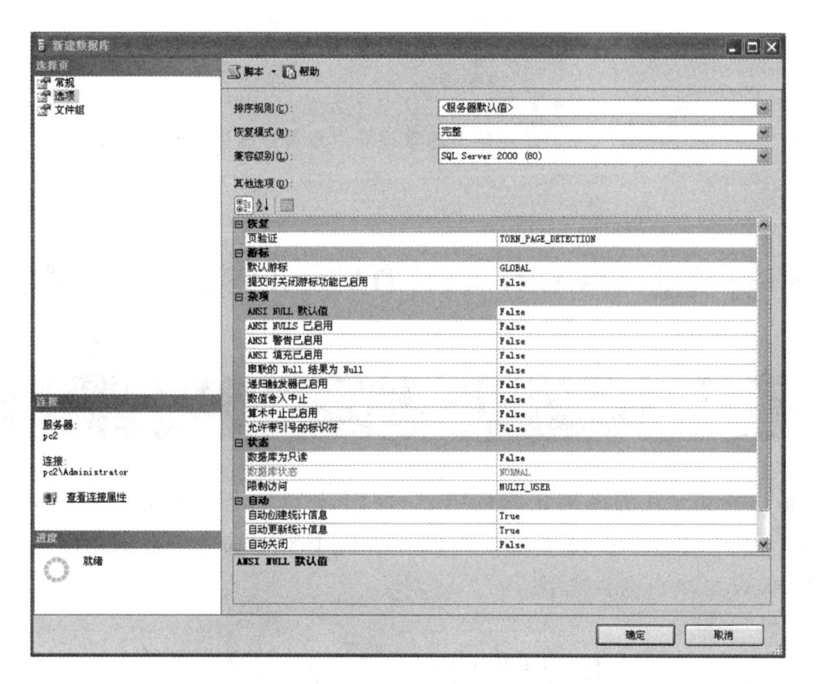

图 3-6　数据库的“选项”设置

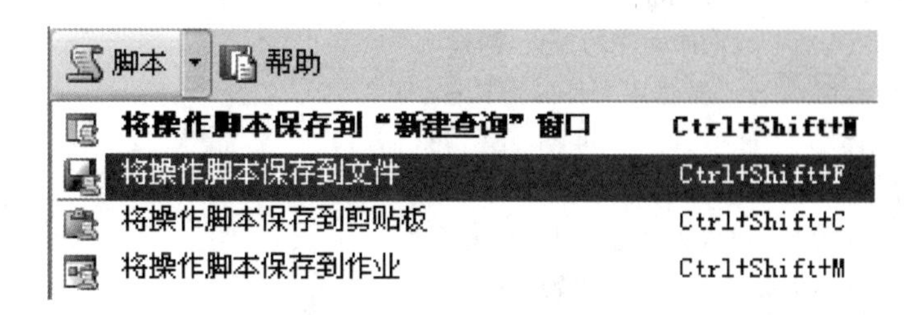

图 3-7　单击脚本文件下拉菜单

(11) 单击“确定”按钮可完成数据库的创建。新建的数据库可显示在“对象资源管理器”面板的“数据库”文件夹中,如图 3-8 所示。

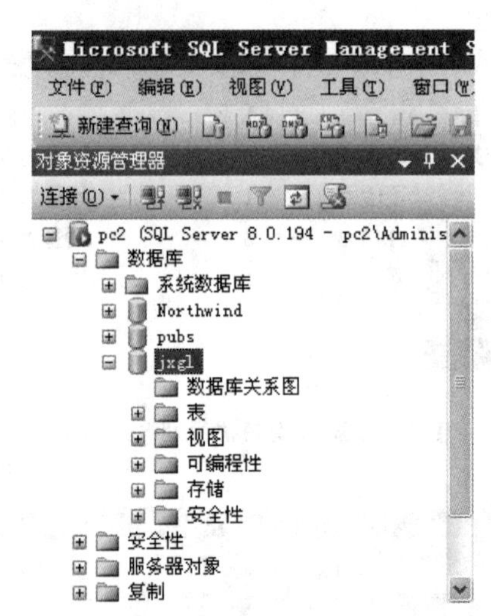

图 3-8 在对象资源管理器中查看数据库 jxgl

子任务 1.2 用 CREATE DATABASE 语句创建数据库

知识梳理

T-SQL 是一种交互式的结构化查询语言,使用 T-SQL 编写应用程序可以完成所有的数据库操作和管理工作。以下是用 CREATE DATABASE 命令创建数据库的语法规则。

```
CREATE DATABASE 数据库名称
  ON PRIMARY
   ( NAME= 数据库文件的逻辑名称,
     FILENAME= '数据库文件的物理名称',
     SIZE= 数据库文件的初始大小,
     MAXSIZE= 数据库文件的最大容量,
     FILEGROWTH= 数据库文件的增长量  )
  LOG ON
   (  NAME= 事务日志文件的逻辑名称,
     FILENAME= '事务日志文件的物理名称'
     SIZE= 事务日志文件的初始大小,
     MAXSIZE= 事务日志文件的最大值,
     FILEGROWTH= 事务日志文件的增长量  )
```

该命令中各选项说明如下。

(1) ON:表示数据库是根据后面的来创建的。

(2) PRIMARY:指定后面的数据库文件要加入主文件组(PRIMARY)中。

(3) SIZE :指定该文件的初始容量,可为 MB 或 KB,默认为 MB。

(4) LOG ON :指定该数据库的事务日志。

(5) MAXSIZE:指定文件的最大容量,可为 MB 或 KB,或为 UNLIMITED(不受限制)。

(6) FILEGROWTH:指定数据文件的增长量,可为 MB、KB 或%,默认为 MB。

(7) 数据库文件的物理名称,如' D:/DATA/教学成绩管理系统_DATA. mdf ';事务日志的物理名称,如:' D:\DATA\教学成绩管理系统_LOG. ldf '。但是,要先建立“D:\DATA”文件夹,不然就会出错。

任务描述

用 CREATE DATABASE 语句创建“教学成绩管理系统”数据库,指定数据库的数据库文件和事务日志文件的存放在本地磁盘“D:\DATA”。

说明

可先在本地磁盘 D 中新建一个“DATA”文件夹。

该数据库包含:①一个主数据库文件,逻辑名“jiaoxue”,物理名“D:\DATA\jiaoxue. mdf”,初始容量 4 MB,最大容量 15 MB,每次增长量 2 MB;②一个次数据库文件,逻辑名“jiaoxue1”,物理名“D:\DATA\jiaoxue1. ndf”,初始容量 2 MB,最大容量 50 MB,每次增长 5%,并且包含在自定义文件组的“user1”组中;③一个事务日志文件,逻辑名“jiaoxuelog”,物理名“D:\DATA\jiaoxuelog. ldf”。

任务实施

(1) 打开 SQL 编辑器。在“Microsoft SQL Server Management Studio”窗口中单击标准工具栏中的“新建查询(N)”按钮,打开 SQL 编辑器,如图 3-9 所示。

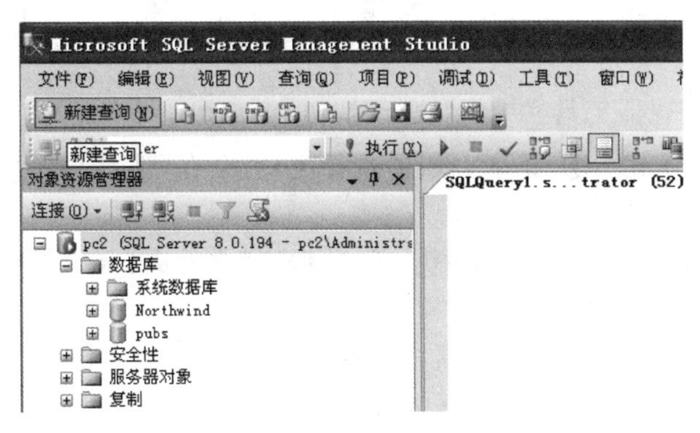

图 3-9 打开 SQL 编辑器

(2) 在 SQL 编辑器窗口中输入如下语句。

```
CREATE DATABASE 教学成绩管理系统
ON
(NAME=jiaoxue,
FILENAME='D:\data\jiaoxue.MDF',
SIZE=4,
MAXSIZE=15,
FILEGROWTH=2),
FILEGROUP  user1
(NAME=jiaoxue1,FILENAME='D:\data\jiaoxue1.NDF',
SIZE=2,MAXSIZE=50,FILEGROWTH=5% )
LOG  ON
(NAME=jiaoxuelog,
FILENAME='D:\data\jiaoxuelog.LDF')
```

(3) 单击 SQL 编辑器工具栏中的"分析"按钮,或选择"查询"→"分析"命令,对 SQL 语句进行语法分析,保证上述语句语法的正确性,如图 3-10 所示。

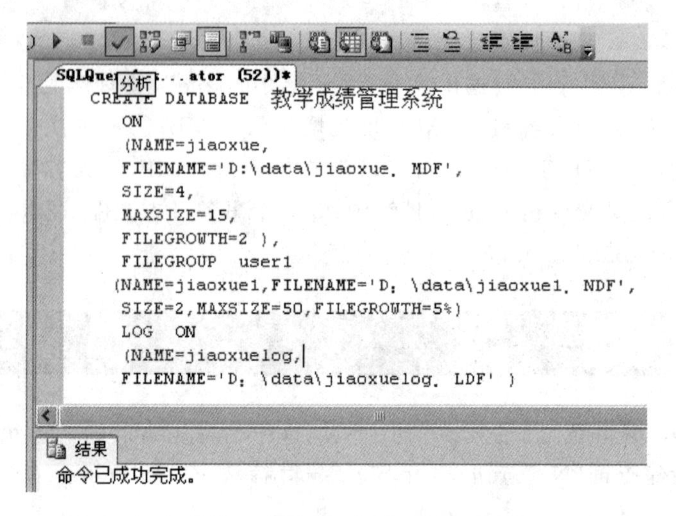

图 3-10　分析 SQL 语句的正确性

(4) 单击 SQL 编辑器工具栏中的"执行"按钮 ! 执行(X),或者选择"查询"→"执行"命令,又或者按 F5 键,执行上述 SQL 语句。如果执行成功,会在"消息"提示栏中出现"命令已成功完成。"的提示信息。

在左侧的"对象资源管理器"面板中刷新"数据库"文件夹,可以看到刚刚创建的数据库"教学成绩管理系统",如图 3-11 所示。

(5) 保存 SQL 语句。单击标准工具栏中的"保存"按钮,或者选择"文件"→"保存"命令,弹出"另存文件为"对话框,在该对话框中选择用于保存 SQL 语句的文件夹,输入文件名"11.sql",单击"保存(S)"按钮即可,如图 3-12 所示。

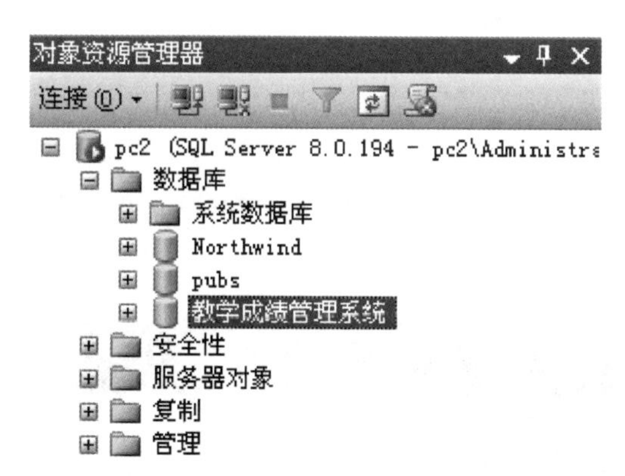

图 3-11　查看新建的数据库“教学成绩管理系统”

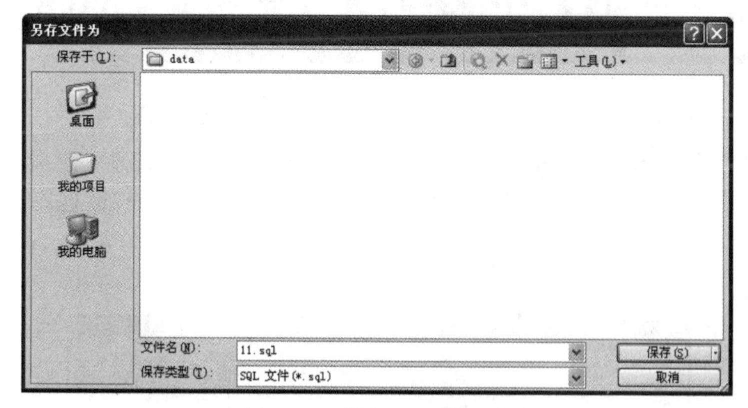

图 3-12　保存 SQL 语句命令

任务 2 修改教学成绩管理系统数据库

数据库创建完成后，可以对其进行修改。同样可以通过 SQL Server Management Studio 服务器管理平台和 T-SQL 语句两种方法修改数据库。

子任务 2.1　在 SQL Server Management Studio 中修改数据库

知识梳理

创建数据库后，可以对其原来的定义进行修改。修改的主要内容包括以下几点。

(1) 扩充数据库的数据或事务日志空间。

(2) 收缩数据库的数据或事务日志空间。

(3) 增加或减少数据库文件和事务日志文件。

(4) 更改数据库的配置。

(5) 更改数据库的名称。

修改数据库的方法可以在 SQL Server Management Studio 中修改，也可以用 T-SQL 语句修改。

任务描述

修改“教学成绩管理系统”数据库，添加事务日志文件及文件组，对数据库进行适当的修改。

任务实施

在 SQL Server Management Studio 中修改数据库的步骤如下。

(1) 打开“Microsoft SQL Server Management Studio”窗口，在“对象资源管理器”面板中展开服务器，定位到要修改的数据库，此处为“教学成绩管理系统”数据库。

(2) 右击目标数据库，在弹出的右键快捷菜单中选择“属性(R)”命令，会出现如图 3-13 所示的对话框。

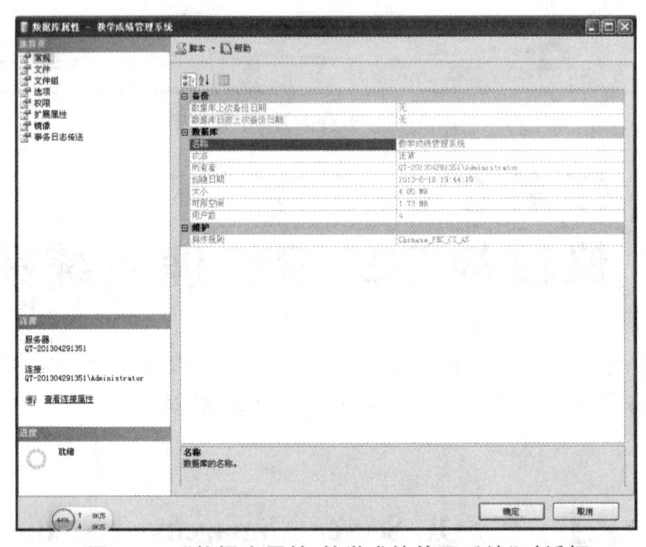

图 3-13 “数据库属性-教学成绩管理系统”对话框

(3) 在该对话框左侧“选择页”面板中选择“常规”选项，在对话框右侧可查看该数据库的基本信息。

(4) 在该对话框左侧“选择页”面板中选择“文件”选项，在对话框右侧可设置文件的相关参数，如图 3-14 所示。

(5) 在图 3-14 所示的对话框中，可以修改数据库文件的属性。其中，单击“添加(A)”按钮可以增加数据库文件和事务日志文件，单击“删除(R)”按钮可以删除数据库文件。

(6) 在“选择页”面板中选择“文件组”选项,如图 3-15 所示。

图 3-14 “文件”选项

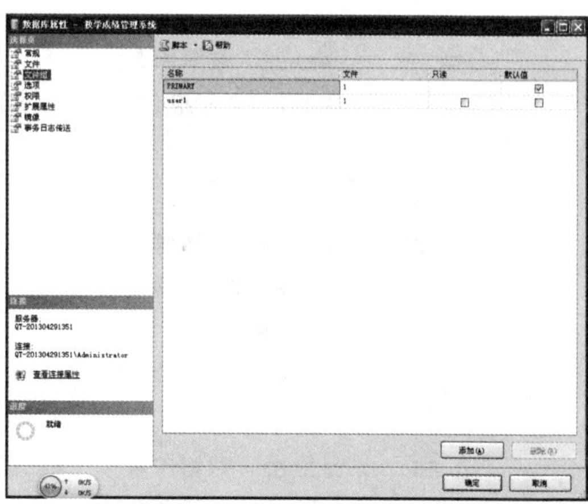

图 3-15 “文件组”选项

(7) 在该窗口中,可以指定默认文件组、添加文件组、修改现有文件组和删除文件组,最后单击“确定”按钮。

在修改数据库时,必须注意以下几点。

(1) 如果是修改数据库文件属性,不能对文件类型、所属文件组和路径进行修改。

(2) 主数据库文件是不能删除的,事务日志文件也必须保留一个。

(3) 如果是新建的文件组,不能设为默认文件组,因为它没有包含任何文件。

(4) PRIMARY 文件组不能设为只读,也不能进行删除操作。

(5) 不能对默认文件组进行删除操作,如果要删除,必须先将其他文件组设为默认文件组。

(6) 不能对非空的文件组进行删除操作,如果要删除,必须先删除文件组内的所有数据文件,保证该文件组为空。

子任务 2.2 使用 ALTER DATABASE 语句修改数据库

知识梳理

ALTER DATABASE 命令的基本语法如下。

一、修改数据库名

```
ALTER  DATABASE  数据库名
MODIFY  NAME= 新数据库名
```

二、增加文件组

```
ALTER  DATABASE  数据库名
ADD  FILEGROUP  文件组名
```

三、重命名文件组

```
ALTER  DATABASE  数据库名
MODIFY  FILEGROUP  文件组名
  NAME= 新文件组名
```

四、删除文件组

```
ALTER  DATABASE  数据库名
REMOVE  FILEGROUP  文件组名
```

五、增加数据库中的次数据库文件和事务日志文件

```
ALTER   DATABASE 数据库名
ADD  FILE<数据库文件描述符>[,…n]
     [TO  FILEGROUP 文件组名]                  //将数据文件添加到指定的文件组
ADD  LOG  FILE  <事务日志文件描述符> [,…n]
```

六、修改文件属性(文件的初始大小、最大容量、增长幅度)

```
ALTER  DATABASE 数据库名
MODIFY FILE  <数据库文件描述符>        //修改文件的逻辑名称、物理名称、初始大小、自动增长等
```

七、删除数据库中的次数据库文件和事务日志文件

```
ALTER  DATABASE  数据库名
REMOVE  FILE  逻辑文件名
```

任务描述

(1) 将数据库“教学成绩管理系统”改名为“student”。

(2) 该数据库使用一段时间后，随着数据量不断增大，发现数据库空间不够。现增加一个数据库文件。

(3) 为数据库增加一个事务日志文件。

(4) 在数据库 student 中增加一个名为“user”的文件组。

(5) 将数据库 student 中的 user 文件组的名称改为“user1”。

(6) 在数据库 student 中增加两个数据库文件到文件组“user1”中，并将该文件组设为默认文件组。

(7) 修改数据库文件的名称。
(8) 删除数据库文件和事务日志文件。
(9) 删除文件组。

任务实施

(1) 修改数据库的名称对应的 SQL 语句如下。

```
ALTER DATABASE 教学成绩管理系统
    MODIFY  NAME=student
```

(2) 增加数据库文件对应的 SQL 语句如下。

```
ALTER   DATABASE   student
   ADD FILE (NAME=student1,FILENAME='D:\TEST\student.NDF')
```

(3) 增加事务日志文件对应的 SQL 语句如下。

```
ALTER DATABASE student
ADD LOG FILE(NAME=studentlog1,FILENAME='D:\TEST\studentlog1.LDF')
```

提示

在增加数据库文件时,如果不指定 TO FILEGROUP 文件组名,那么所增加的文件属于主文件组。

(4) 增加文件组,在数据库 student 中增加一个名为"user"的文件组对应的 SQL 语句如下。

```
ALTER DATABASE student
ADD  FILEGROUP  user
```

(5) 修改文件组的名称,将数据库 student 中的 user 文件组的名称改为"user1" 对应的 SQL 语句如下。

```
ALTER DATABASE student
MODIFY  FILEGROUP  user  NAME=user1
```

(6) 增加数据库文件到文件组,在数据库 student 中增加两个数据库文件到文件组"user1"中,并将该文件组设为默认文件组对应的 SQL 语句如下。

```
ALTER DATABASE  student
ADD FILE(NAME=DB1,  FILENAME='D:\TEST、DB1.NDF'),
(NAME=DB2,  FILENAME='D:\TEST\DB2.NDF')
TO  FILEGROUP  user1
GO
ALTER DATABASE student
MODIFY  FILEGROUP  user1  DEFAULT
```

(7) 修改数据库文件的名称,将数据库 student 中增加的"DB1"的数据库文件名称改为"data" 对应的 SQL 语句如下。

```
ALTER DATABASE student
MODIFY FILE(NAME=DB1.NEWNAME=data,FILENAME='D:\TEST\data.NDF')
```

(8) 删除数据文件和事务日志文件，将数据库 student 的文件组“user1”中的数据文件“DB2”删除，并将事务日志文件“student log1”删除，对应的 SQL 语句如下。

```
ALTER DATABASE student
REMOVE   FILE DB2
ALTER DATABASE student
REMOVE   FILE studentlog1
```

(9) 删除文件组，将数据库 student 中的文件组“user1”删除，对应的 SQL 语句如下。

```
ALTER DATABASE student   //user1 是默认文件组，先将 PRIMARY 文件组设为默认文件组
MODIFY   FILEGROUP   [PRIMARY] DEFAULT
GO
ALTER DATABASE student
REMOVE   FILE data
ALTER DATABASE student
REMOVE   FILEGROUP
```

任务 3 删除数据库

当数据库不再使用时，可以将其从 SQL Server 服务器上删除。删除数据库是彻底地将相应的数据库文件从物理磁盘中删除，是永久性的、不可恢复的，所以用户应当小心使用删除操作。

子任务 3.1 在 SQL Server Management Studio 中删除数据库

任务描述

使用 SQL Server Management Studio 删除“教学成绩管理系统”数据库。

任务实施

在 SQL Server Management Studio 中删除数据库的步骤如下。

(1) 打开“Microsoft SQL Server Management Studio”窗口，在“对象资源管理器”面板中展开服务器，定位到要删除的数据库，右击目标数据库，在弹出的右键快捷菜单中选择“删

除(D)”命令,如图 3-16 所示。

(2) 在弹出的“删除对象”对话框中单击“确定”按钮即可完成删除操作,如图 3-17 所示。

如果在如图 3-17 所示的“删除对象”对话框的下方选中“删除数据库备份和还原历史记录信息(D)”选项,那么在删除数据库的同时,也将从“msdb”数据库中删除该数据库的备份和还原历史记录。

如果选中了“关闭现有连接(C)”选项,在删除数据库前,SQL Server 会自动将所有与该数据相连的连接全部关闭后,再删除数据库。

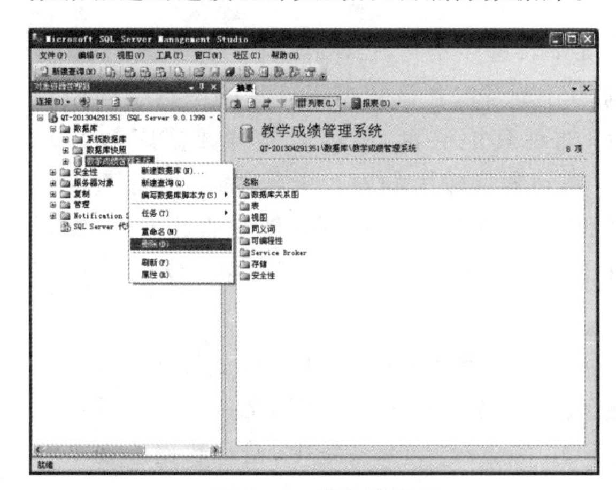

图 3-16 删除数据库

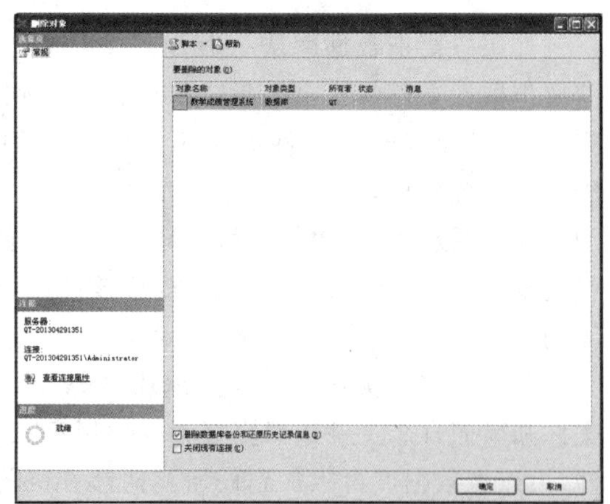

图 3-17 “删除对象”对话框

子任务 3.2 使用 DROP DATABASE 语句删除数据库

知识梳理

DROP DATABASE 命令的语法如下。

```
DROP  DATABASE 数据库名[,…n]
```

任务描述

使用 DROP DATABASE 语句删除“教学成绩管理系统”数据库。

任务实施

将数据库“教学成绩管理系统”删除。

```
DROP  DATABASE 教学成绩管理系统
```

任务4 分离和附加数据库

知识梳理

如果想要把数据库从一个 SQL Server 系统中转移至另一个 SQL Server 系统中，或者需要把数据文件从一个磁盘转移至另一个磁盘上，如当包含该数据库文件的磁盘空间已用完，希望扩充现有的文件而又不愿将新文件添加到其他磁盘上，可以先将数据库与 SQL Server 系统分离，然后将该数据库文件剪切、复制到容量较大的磁盘上，再将数据库重新附加到原来系统中，或附加到另一个系统中。例如，学生在学校计算机上创建的数据库，需要将其复制到别处继续操作，这时就应该使用 SQL Server 2008 提供的分离数据库和附加数据库的功能。

分离数据库实际上只是从 SQL Server 2008 系统中删除数据库，组成该数据库的数据库文件和事务日志文件依然完好无损地保存在磁盘上。想再使用这些数据文件和事务日志文件，可以将数据库再附加到任何其他计算机的 SQL Server 2008 系统中，而且数据库在新系统中的使用状态与它分离时的状态完全相同。

任务描述

(1) 将“教学成绩管理系统”数据库分离。

(2) 使用向导附加“教学成绩管理系统”数据库。

任务实施

(1) 分离数据库是从服务器中移去逻辑数据库，但不会删除数据库文件。具体操作步骤如下。

① 查看数据库文件和事务日志文件的保存位置。打开“教学成绩管理系统”数据库的“数据库属性-教学成绩管理系统”对话框，选择“文件”选项，此时在对话框右侧可以查看到该数据库的数据库文件和事务日志文件的保存位置。如图 3-18 所示，该数据库的所有文件都保存在“D:\data”文件夹中。单击“确定”按钮，关闭“数据库属性-教学成绩管理系统”对话框。

② 在“对象资源管理器”面板中展开“数据库”文件夹，右击“教学成绩管理系统”，在弹出的右键快捷菜单中选择“任务(T)”→“分离(D)”命令，如图 3-19 所示。

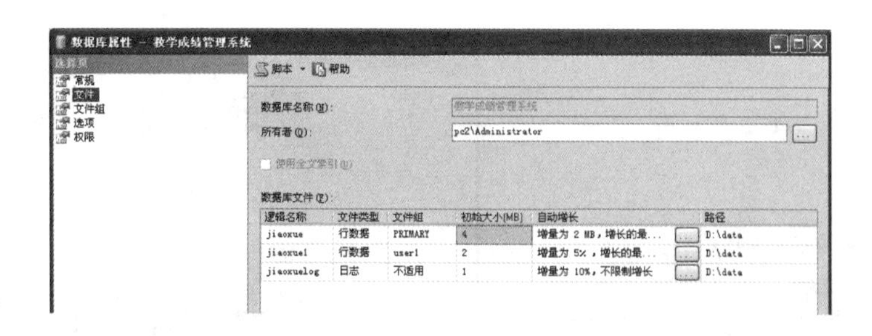

图 3-18　在“数据库属性-教学成绩管理系统”对话框中查看数据库文件的保存位置

③ 在弹出的“分离数据库”对话框中显示了待分离数据库的信息，如图 3-20 所示。

④ 在“分离数据库”对话框中单击“确定”按钮，分离成功，数据库将不在数据库列表中显示，但是数据库文件依然保存在磁盘中，此时可以对数据库文件进行复制等操作。

图 3-19　选择分离数据库命令

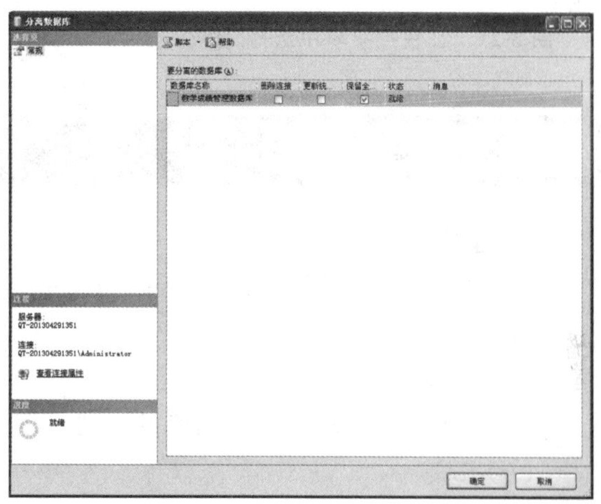

图 3-20　“分离数据库”对话框

提示

①一般在分离数据库前，应记住数据库文件的存储路径，这样分离后能很快找到数据库文件；②在分离数据库时，应选中“删除连接”和“更新统计信息”复选框，否则如果其他用户正在使用该数据库，那么分离数据库将失败。

(2) 使用向导附加“教学成绩管理系统”数据库。

① 在“对象资源管理器”面板中，右击“数据库”文件夹，在弹出的右键快捷菜单中选择“附加(A)”命令，如图 3-21 示。

② 弹出图 3-22 所示的“附加数据库”对话框。单击“添加(A)”按钮，选择数据库文件，系统自动识别出事务日志文件，单击“确定”按钮即可将数据库恢复。

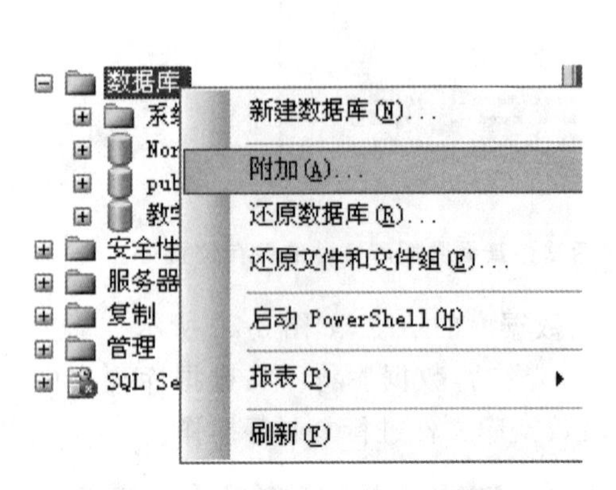

图 3-21　在快捷菜单中选择“附加”命令

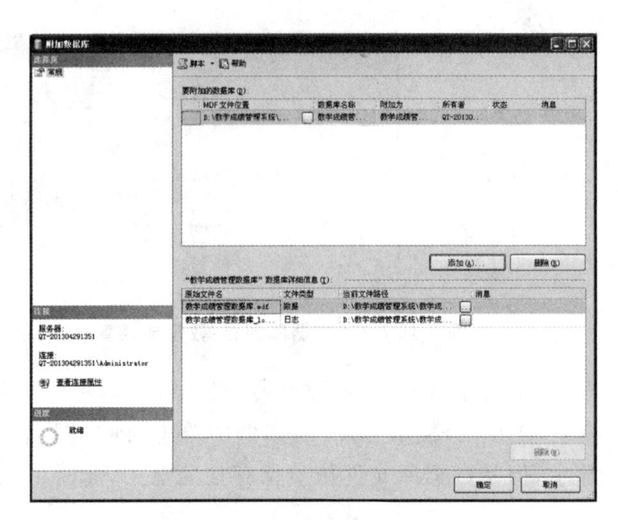

图 3-22　“附加数据库”对话框

单元习题 3

1. 选择题

(1) 下列哪两个是 SQL Server 2008 系统数据库？（　　）

(A) Northwind　　(B) model

(C) master　　(D) Systop

(2) SQL Server 2008 数据库的主要扩展名应设置为（　　）。

(A) db　　(B) mdf

(C) ldf　　(D) ndf

(3) SQL Serverk 用户自己建立的 Systop 数据库属于（　　）。

(A) 系统数据库　　(B) 数据库模板

(C) 用户数据库　　(D) 数据库系统

2. 简答题

(1) 数据库文件分为哪几种类型？

(2) 简要叙述数据库的分离与附加。

项目4 创建和维护数据库中的表

数据库创建好后，接下来的一件重要的事情就是创建数据表。数据表是数据库中最重要的对象，是数据存放的地方。本项目主要介绍如何设计数据表、如何创建和管理数据表，如何在数据表上设置约束等。

任务1 创建表和表约束

知识梳理

一、数据表分类

在 SQL Server 2008 中，数据表按用途可以分为系统表、用户表、已分区表和临时表4类。

1. 系统表

用于存储服务器的配置信息、数据表的定义信息的一组特殊表，称为系统表。系统表是只读的，不允许用户更改，其作用是维护 SQL Server 2008 服务器和数据库正常工作。

2. 用户表

用户表是指用户自己创建和维护的表。

3. 已分区表

已分区表是将超大表按照某种业务规则分别存储在不同的文件组中，以提高性能和方便管理。已分区表是将一个表分为两个或多个表，这些表在物理上是多个表，但是从逻辑上来说，是同一个表。当一个超大表被拆分为多个相对较小的表时，对单个表的维护工作将更加简单和有效。

4. 临时表

临时表是一种因为暂时需要所产生的数据表，它存放在 tempdb 数据库中，当使用完临时表且关闭连接后，系统会自动删除临时表。根据使用范围的不同，临时表可分为两种：一种是本地临时表，以“#”开头命名，只有创建它的用户可以使用它；另一种是全局临时表，以“}}#”开头命名，在创建后，任何用户都可以使用它。

二、数据类型

数据库存储的对象主要是数据，而现实中存在着各种不同类型的数据，在计算机中，数据的特征主要表现在数据类型上。数据类型决定了数据的存储格式、长度和精度等属性。SQL Server 为用户提供了多达 26 种的丰富数据类型。

1. 二进制数据

SQL Server 用 BINARY、VARBINARY 和 IMAGE 三种数据类型来存储二进制数据。二进制类型可用于存储声音、图像等数字类型的数据。

2. 数值型数据

SQL Server 的数值型数据共 8 种，其中整型数据 4 种，实型数据 4 种。

1）字节型整数 TINYINT

该类型数据占 1 个字节固定长度内存，可存储 0～255 范围内的任意无符号整数。

2）短整型整数 SMALLINT

该类型数据占 2 字节固定长度内存，最高位为符号位，可存储 $-32768 \sim 32767(-2^{15} \sim 2^{15}-1)$ 的任意整数。

3）基本整型整数 INT 或 INTEGER

该类型数据占 4 字节固定长度内存，高位为符号位，可存储 $-2^{31} \sim 2^{31}-1$ 范围内的任意整数。

4）长整型整数 BIGINT

该类型数据占 8 字节固定长度内存，高位为符号位，可存储 $-2^{63} \sim 2^{63}-1$ 范围内的任意整数。

5）近似值实型浮点数 REAL

该类型数据占 4 字节固定长度内存，最多 7 位有效数字，范围从 $\pm 1.18 \times 10^{-38}$ 到 $\pm 3.40 \times 10^{38}$。

6）可变精度实型浮点数 FLOAT(n)

当 n 的取值为 1～24 时，该类型数据的数据精度是 7 位有效数字，范围从 -3.40×10^{38} 到 1.79×10^{38}，占 4 字节内存。

当 n 的取值为 25～53 时，该类型数据的精度是 15 位有效数字，范围从 -1.79×10^{38} 到 1.79×10^{38}，占 8 字节内存。

实型浮点数常量可以直接使用科学计数法的指数形式书写。

7）精确小数型数据 NUMERIC(p,s)

p 用于指定总位数（不含小数点），p 的取值范围是 $1 \leqslant p \leqslant 38$，即最多可达 38 位有效数字。不使用指数的科学计数法表示，但取值范围必须在 -10^{38} 到 $10^{38}-1$ 之间。

s 用于指定其中的小数位数，s 的取值范围是 $0 \leqslant s \leqslant p$。

8）精确小数型数据 DECIMAL(p,s)或 DEC(p,s)

该类型数据与 NUMERIC(p,s)类型的用法相同，所不同的是 DECIMAL(p,s)不能用于数据表的 identity 字段。

3. 文本型数据

SQL Server 提供了 CHAR(n)、VARCHAR(n)和 TEXT 三种 ASCII 码字符型数据，提供了 NCHAR(n)、NVARCHAR(n)和 NTEXT 三种统一字符型数据。

1) 定长字符型 CHAR(n)

该类型数据按 n 个字节的固定长度存放字符串，每个字符占一个字节，其长度范围为 $1 \leqslant n \leqslant 8\ 000$。若实际字符串长度小于 n，则尾部填充空格按 n 个字节的字符串存储。

2) 变长字符型 VARCHAR(n)

该类型数据按不超过 n 个字节的实际长度存放字符串，可指定最大长度为 $1 \leqslant n \leqslant 8\ 000$。若实际字符串长度小于 n，则按字串实际长度存储，不填充空格。

当存储的字符串长度不固定时，使用 VARCHAR 数据类型可以有效地节省空间。例如：字符型字符串“abcdABCD 我们学习”共 12 个字符，占 16 字节；若定义数据类型为 CHAR(20)，则存储为“abcdABCD 我们学习”；若定义数据类型为 VARCHAR(20)，则按实际长度存储为“abcdABCD 我们学习”。

3) 定长统一字符型 NCHAR(n)

统一字符型也称为宽字符型，采用 Unicode 字符集，包括了世界上所有语言符号，不论一个英文符号还是一个汉字都占用 2 个字节的内存。其前 127 个字符为 ASCII 码字符。

该类型数据按 n 个字符的固定长度存放字符串，每个字符占 2 个字节，其长度范围是 $1 \leqslant n \leqslant 4\ 000$。若实际字符个数小于最大长度 n，则尾部填充空格按 n 个字符存储。

4) 变长统一字符型 NVARCHAR(n)

该类型数据按不超过 n 个字符的实际长度存放字符串，可指定最大字符数为 $1 \leqslant n \leqslant 4\ 000$。若实际字符个数小于 n，则按字符串实际长度占用存储空间，不填充空格。

5) 文本类型 TEXT

TEXT 类型存储的是可变长度的字符数据类型，可存储的最大长度为 $2^{31}-1$ 字节，即 2 GB 的数据。当存储的字符型数据超过 8 000 字节(比如备注)时，可选择 TEXT 数据类型。

6) 统一字符文本类型 NTEXT

NTEXT 存储的是可变长度的双字节字符数据类型，最多可以存储$(2^{30}-1)/2$ 个字符。

4. 日期/时间型数据

SQL Server 提供了 SMALLDATETIME 和 DATETIME 两种日期/时间的数据类型。

1) 短日期/时间型 SMALLDATETIME

该类型数据占 4 个字节固定长度的内存，存放 1900 年 1 月 1 日到 2079 年 6 月 6 日的日期时间，可以精确到分。

2) 基本日期/时间型 DATETIME

该类型数据占 8 个字节固定长度的内存，存放 1753 年 1 月 1 日到 9999 年 12 月 31 日的日期时间，可以精确到千分之一秒，即 0.001 s。

SQL Server 在用户没有指定小时以下精确的时间数据时，将会自动设置 DATETIME 或 SMALLDATETIME。

5. 货币型数据

货币型数据专门用于货币数据处理，SQL Server 提供了 SMALLMONEY 和 MONEY 两种货币型数据类型。

6. 位型数据

位型 BIT，只能存放 0、1 和 NULL（空值），一般用于逻辑判断，位类型数据输入任意的非 0 值时，都按 1 处理。

表 4-1 中列出了 SQL Server 2008 的常用数据类型。

表 4-1　SQL Server 2008 的常用数据类型

数据类型	类型说明符	占内存字节数	数值范围
二进制	BINARY(n)	定长 n 字节，超过则截断	$1\leqslant n<8\ 000$
	VARBINARY(n)	变长，按实际超过 n 字节则截断	$1\leqslant n<8\ 000$
	IMAGE	最大 $2^{31}-1$ 个字节，二进制数	
字符型	CHAR(n)	定长，n 个字符（字节）	$1\leqslant n<8\ 000$
	VARCHAR(n)	变长，按实际不超过 n 个字符	$1\leqslant n<8\ 000$
	TEXT	最大 $2^{31}-1$ 个字符	
统一字符	NCHAR(n)	定长，n 个 Unicode 字符（2 字节）	$1\leqslant n<4\ 000$
	NVARCHAR(n)	变长，按实际不超过 n 个字符	$1\leqslant n<4\ 000$
	NTEXT	最大 $2^{30}-1$ 个 Unicode 统一字符	
日期/时间型	DATETIME	1/1/1753～12/31/9999 日期时间	精确到 0.001s，用单引号
	SMALLDATETIME	1/1/1900～6/6/2079 日期时间	精确到分，用单引号
位型	BIT	一位二进制，只取 0、1 或 NULL	用于逻辑型
整型	TINYINT	1 字节无符号整数	0～255
	SMALLINT	2 字节有符号整数	−32 768～32 767
	INT	4 字节有符号整数	$-2^{31}\sim2^{31}-1$
	BIGINT	8 字节有符号整数	$-2^{63}\sim2^{63}-1$
小数	DECIMAL(p,s)	p 为总位数，s 为小数位	$-10^{38}\sim10^{38}-1$
	NUMERIC(p,s)	$1\leqslant p\leqslant38,0\leqslant s\leqslant53$	$-10^{38}\sim10^{38}-1$
浮点数	REAL	十进制浮点数	−3.4E38～3.4E38
	FLOAT(p)	p 为有效位数，$1\leqslant p\leqslant53$	−1.79E+308～1.79E+308
货币型	SMALLMONEY	—214 748.364 8～214 748.364 7	实际为 4 位小数的 decimal 类型
	MONEY	9 223 372 036 855 447.5807	

三、列属性

数据表的列具有若干属性，包括是否允许为空值、默认值、标识列等属性。

1. 允许空属性

允许空属性用于声明该列是否为必填的列。其值为 NULL，表示该列可以为空；其值为 NOT NULL，表示该列不能为空，必须填入内容。

注意

NULL 是表示数值未知，没有内容，它既不是零长度的字符串，也不是数字 0，只意味着没有输入。它与空字符串不一样，空字符串是一个字符串，只是里面内容是空的。

如果某列不允许空值，用户在向表中插入数据时，必须在该列中输入一个值，否则该记录不能被数据库接收，会弹出类似图 4-1 所示的错误提示框。在 SQL Server 2008 中，列的默认情况为“允许空值”。

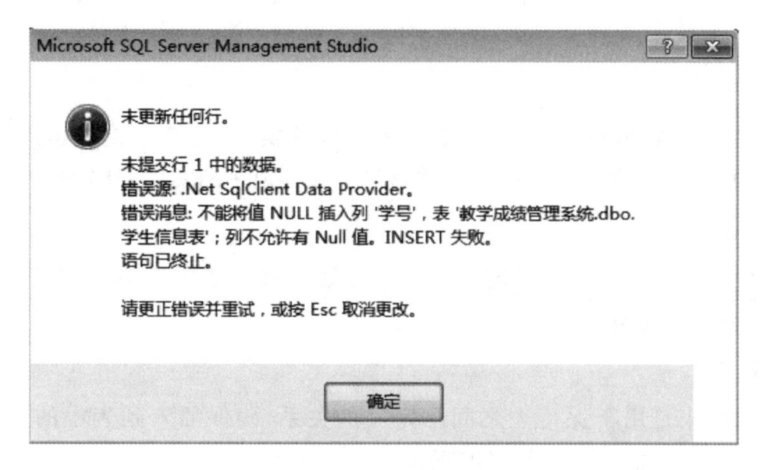

图 4-1　违反允许空属性的提示框

2. 默认值属性

在 SQL Server 2008 中，可以给列设置默认值。如果某列已设置了默认值，当用户在数据表中插入记录时，没有给该列输入数据，那么系统会自动将默认值填入该列。

3. 标识属性

在 SQL Server 2008 中，可以将列设置为标识属性。如果某列已设置为标识属性，那么系统会自动为该列生成一系列数字。该系列数字在该表中能唯一地标识一行记录。设置了标识属性的列称为标识列。列的标识属性由两部分组成：一个是初始值，另一个是增量。初始值用于数据表标识列的第一行数据，以后每行的值依次为初始值加上增量。

说明

不是任何列都可以设置为标识列，是否能设置为标识列取决于该列的数据类型。只有数据类型为 BIGINT、INT、SMALLINT、TINYINT、DECIMAL、NUMERIC 的列，才可以设置为标识列。指定为标识列后，不能再指定允许空（NULL）属性，系统自动指定为 NOT NULL。

四、数据的完整性

数据的完整性是指数据库中数据的准确性，从数据表中取得的数据是准确和可靠的。但有时候，如向学生信息表中录入数据时不注意，将某学生的年龄录成 180 了，本来应该是 18，此时的数据内容是不准确、不可靠、不完整的。那么，如何才能保证数据的完整性呢？

通过为数据表增加约束可以保证数据的完整性，数据库需要做到以下两个方面的工作。

- 检验每行数据是否符合要求。
- 检验每列数据是否符合要求。

为了实现上述要求，SQL Server 提供了以下 3 种类型的完整性约束。

1. 实体完整性

实体完整性要求表中的每一行数据都反映不同的实体，不能存放在相同的数据行。可通过设置主键约束、唯一约束、索引约束或标识列，来实现表的实体完整性。

2. 域完整性

域完整性约束是指限定列信息的有效性。可通过限定数据类型、检查约束、默认值、非空约束，来实现表的域完整性。

3. 引用完整性

引用完整性约束是用于保持表之间已定义的关系，确保插入到表中的数据是有效的。可通过主键和外键之间的引用关系来实现。

在强制引用完整性时，SQL Server 禁止用户进行如下操作。

（1）不能将主表中关联列不存在的数据插入到子表中。

（2）不能由于更改主表中的数据而导致子表中数据的孤立。

（3）不能由于删除主表中的数据而导致子表中数据的孤立。

五、数据的约束

保证数据的完整性在数据库管理系统中十分重要，在数据库管理系统中必须采取一些措施来防止数据混乱的产生，建立和使用约束的目的是保证数据的完整性。约束是 SQL Server 强制实行的应用规则，它通过限制行、列和表中的数据来保证数据的完整性。当删除表时，表所附带的约束也将随之删除。

在 SQL Server 2008 中，表约束主要包括六种：主键约束（PRIMARY KEY）、唯一性约束(UNIQUE)、外键约束(FOREIGN KEY)、检查约束(CHECK)、空值约束(NOT NULL)、默认值约束(DEFAULT)。空值约束和默认值约束在列属性中已讲过,下面介绍另外四种约束。

1. 主键约束

主键约束可以唯一标识数据表中的每一条记录。所以,定义为主键的列既不能为空值,也不能为重复的值。主键约束需要指定一列,这个列中不同的值能够表示不同的实体。如果表中一列不能确定一个实体,需要几列的组合才能确定,那么这几列可以联合作为主键,称为联合主键。应该注意的是,当主键是由多个列组成时,某一列上的数据可以重复,但其组合仍是唯一的。主键约束实现了实体完整性规则。

2. 唯一性约束

唯一性约束用于保证列中不会出现重复的数据。在一个数据表上可以定义多个唯一性约束,定义了唯一性约束的列可以取空值。唯一性约束实现了实体完整性规则。

唯一性约束与主键约束的区别有两点:①在一个表中可以定义多个唯一约束,但只能定义一个主键;②定义了唯一约束的列可以输入空值(NULL),而定义了主键约束的列则不能。

3. 外键约束

外键约束是为了使两个关联表数据保持同步,是用于建立与强制两个表之间关联的一个列或多个列。也就是说,将数据表中的某列或列的组合定义为外键,并且指定该外键要关联到哪一个表的主键字段上。定义为主键的表称为主表,定义为外键的表称为从表。设置了外键约束后,当主表中的数据更新后,从表中的数据也会自动更新。外键约束实现了引用完整性规则。

4. 检查约束

检查约束就是用指定的条件(逻辑表达式)检查限制输入数据的取值范围,通过限制列上可以输入的数据值来实现域完整性规则。

子任务1.1 在SQL Server Management Studio中创建表和表约束

任务描述

在SQL Server Management Studio中找到"教学成绩管理系统"数据库,接着在这个数据库中创建"学生信息表""课程表""成绩表"。此三个表的表结构分别如表4-2、表4-3、表4-4所示。

表 4-2　学生信息表的结构

列名	数据类型	长度	属性			约束
			是否允许为空值	默认值	标识列	
学号	CHAR	6	否			主键
姓名	CHAR	8	否			唯一
所在系	VARCHAR	50	否			
专业名	VARCHAR	50	否			
性别	CHAR	2	否	男		男或女
出生日期	SMALLDATETIME	4	否			
民族	VARCHAR	50	是	汉		
联系电话	CHAR	11	否			8 位数字
备注	TEXT	30	是			

表 4-3　课程表的结构

列名	数据类型	长度	属性			约束
			是否允许为空值	默认值	标识列	
课程号	CHAR	4	否			主键
课程名	VARCHAR	50	否			
授课教师	CHAR	8	是			
开课学期	TINYINT		否	1		只能为 1～6
学分	TINYINT		是			

表 4-4　成绩表的结构

<table>
<tr><th rowspan="2">列名</th><th rowspan="2">数据类型</th><th rowspan="2">长度</th><th colspan="3">属性</th><th rowspan="2" colspan="2">约束</th></tr>
<tr><th>是否允许为空值</th><th>默认值</th><th>标识列</th></tr>
<tr><td>序号</td><td>INT</td><td></td><td>否</td><td></td><td>初始值、增量均为 1</td><td colspan="2"></td></tr>
<tr><td>学号</td><td>CHAR</td><td>6</td><td>否</td><td></td><td></td><td rowspan="2">主键</td><td>外键</td></tr>
<tr><td>课程号</td><td>CHAR</td><td>4</td><td>否</td><td></td><td></td><td>外键</td></tr>
<tr><td>成绩</td><td>TINYINT</td><td>1</td><td>否</td><td></td><td></td><td colspan="2">0～100</td></tr>
<tr><td>是否重修</td><td>CHAR</td><td>2</td><td>否</td><td></td><td></td><td colspan="2"></td></tr>
</table>

任务实施

在 SQL Server Management Studio 中创建数据表的具体步骤如下。

(1) 打开“Microsoft SQL Server Management Studio”窗口，在“对象资源管理器”面板中展开要修改的数据库“教学成绩管理系统”，定位到“表”节点。

(2) 右击“表”节点，将弹出如图 4-2 所示的右键快捷菜单。

(3) 单击“新建表(N)...”命令，会出现如图 4-3 所示的表设计器窗口。

表设计器窗口主要分为上、下两部分。上半部分用于定义数据表的列，包括列名、数据类型和允许空属性等。下半部分用于设置列的其他属性，如默认值、标识列等属性。

用户可使用鼠标、Tab 键或方向键在各单元格间移动和选择，完成“列名”“数据类型”“长度”“允许 Null 值”等栏中相关数据的输入，如图 4-3 所示。

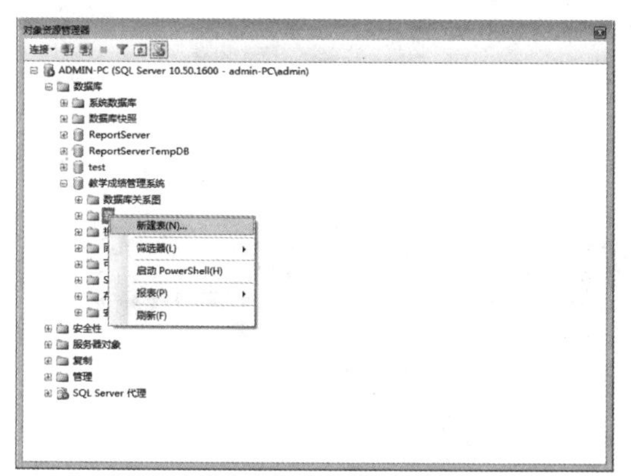

图 4-2 新建表快捷菜单

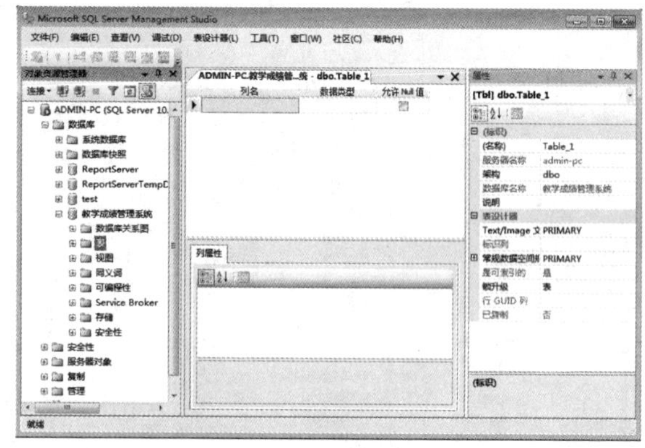

图 4-3 表设计器窗口

(4) 设置标识列。在表设计器窗口选中“序号”列，然后在“列属性”选项组中，展开“标识规范”项，将“(是标识)”选项设为“是”，将“标识增量”设为“1”，将“标识种子”也设为“1”，如图 4-4 所示。

(5) 设置默认值约束。在表设计器窗口选中“性别”列，然后在“列属性”选项组中展开“常规”项，在“默认值或绑定”文本框中输入“男”，如图 4-5 所示。

(6) 设置主键约束。右击“学号”列，在弹出的右键快捷菜单中选择“设置主键(Y)”命令，可将该列设置为主键，如图 4-6 所示。

(7) 设置检查约束。选中数据表并定位到“约束”节点，右击“约束”节点，在弹出的右键快捷菜单中选择“新建约束”命令，会弹出如图 4-7 所示对话框。

单击“表达式”右侧的按钮，会弹出 4-8 所示的对话框，在该对话框中输入“性别＝‘男’or 性别＝‘女’”，单击“确定”按钮，返回到如图 4-7 所示的界面。

单击“关闭(C)”按钮，返回到表设计器窗口。

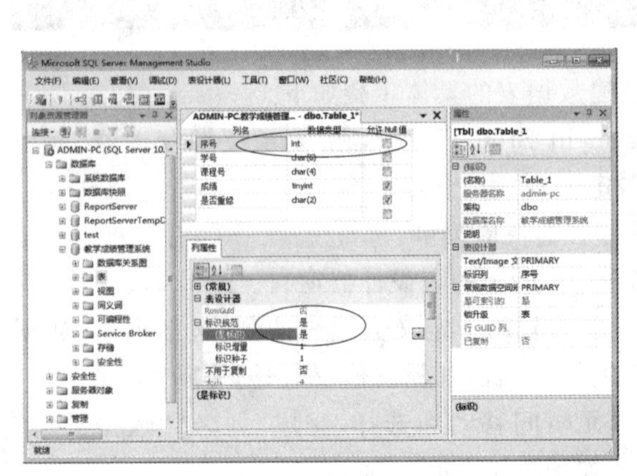

图 4-4　设置标识列

图 4-5　设置默认值

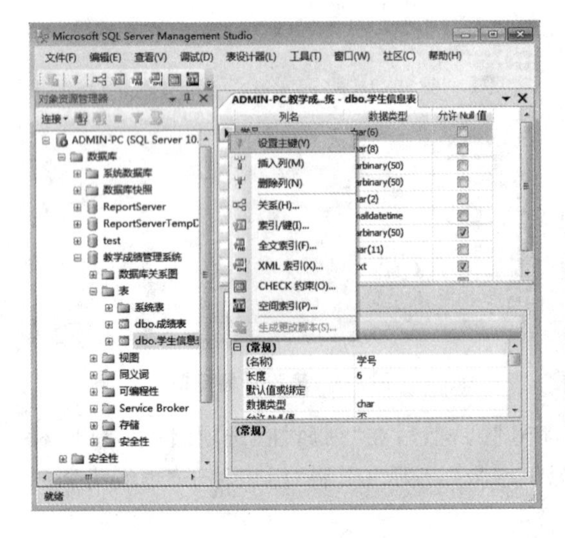

图 4-6　设置主键

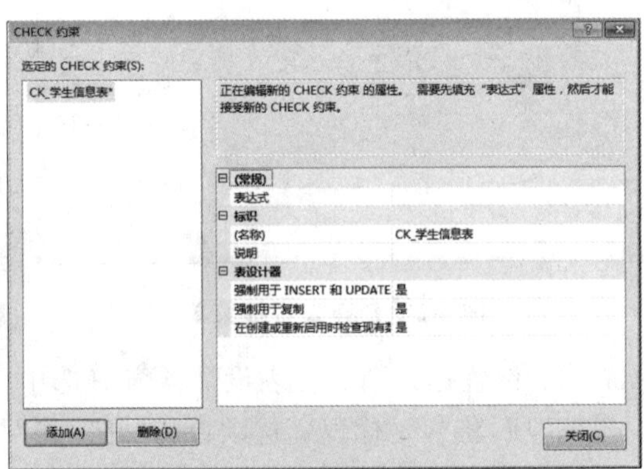

图 4-7　“CHECK 约束”对话框

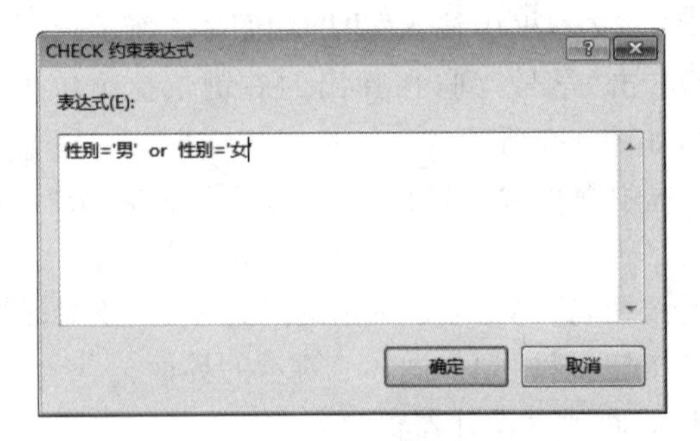

图 4-8　“CHECK 约束表达式”对话框

(8) 选择“文件”→“保存”命令,或直接单击“保存”快捷按钮,在弹出的对话框中输入要保存的数据表名称后,单击“确定”按钮即可完成数据表的创建。

(9) 关闭表设计器窗口。之后,可在“Microsoft SQL Server Management Studio”中看到创建的表。

在 SQL Server Management Studio 中创建约束可以采取两种方法:一种是可以在创建数据表时添加约束;另一种是可以在创建数据表后添加约束。

子任务 1.2 使用 CREATE TABLE 语句创建表和表约束

知识梳理

CREATE TABLE 命令的完整语法很复杂,下面只介绍其基本的语法,具体如下。

```
CREATE TABLE[[数据库名.]表所有者.]表名          //设置表名
( { <列定义>                                   //定义列属性
[ <列约束> ] }                                  //设置列约束
[,…n]                                          //定义其他的列
)
[ ON {文件组名|DEFAULT} ]                       //指定存放表数据的文件组
```

其中,<列定义>的语法如下。

```
{ 列名 数据类型[(长度)] }                       //设置列名和数据类型
[ [ DEFAULT 常量表达式 ]                         //设置默认值
 |[IDENTITY[(初值,增量)]]                        //定义标识列
 ]
{ 列名 As 列表达式 }                            //定义计算列
```

<列约束>的语法如下。

```
[CONSTRAINT 约束名]                             //设置约束名
  { [ NULL|NOT NULL ]                           //设置空值或非空值约束
 |[ [PRIMARY KEY| UNIQUE]                       //设置主键或唯一性约束
  [CLUSTERED|NONCLUSTERED]                      //指定聚集索引或非聚集索引
  ]
 |[ [FOREIGN KEY(外关键字列1[,…n])]            //设置外键约束
REFERENCES 参照表名(列1[,…n])
]
| CHECK(逻辑表达式)                             //设置检查约束
```

```
}
```

该命令的选项说明如下。

● ON:用于指定在哪个文件组上创建表,默认为在PRIMARY文件组中创建表。

● DEFAULT:在<列定义>中使用,用于指定所定义的列的默认值,该值由常量表达式确定。

● IDENTITY:用于指定所定义的列为标识列,每张表中只能有一个标识列。当初值和增量都为1时,它们可以省略不写。

● AS:用于指定所定义的列为计算列,其值由计算列表达式确定。

● CONSTRAINT:用于为列约束指定名称,省略时由系统命名。

● NULL|NOT NULL:用于指定所定义的列的值可否为空,默认为NULL。

● PRIMARY KEY|UNIQUE:用于指定所定义的列为主关键字或具有唯一性。

● CLUSTERED|NONCLUSTERED:用于指定所定义的列为簇索引或非簇索引。

● FOREIGN KEY…REFERENCES:用于指定所定义的列为外关键字,并且与该列相对的参照列是参照表的主关键字或具有唯一性约束。

● CHECK:用于为所定义的列指定检查约束,规则由逻辑表达式指定。

任务描述

通过新建查询,在打开的SQL编辑器中,使用CREATE TABLE命令创建教学成绩管理系统的“学生信息表”。

任务实施

(1) 打开“Microsoft SQL Server Management Studio”窗口,单击标准工具栏中的“新建查询(N)”按钮,会出现如图4-9所示的界面。

(2) 在SQL编辑器工具栏中,单击“可用数据库”右侧的下拉按钮,将当前数据库切换成“教学成绩管理系统”库。

(3) 在查询窗口中,输入如下的命令语句。

```
CREATE TABLE 学生信息表          //创建学生信息表
(学号     CHAR(6)   NOT NULL,
姓名     CHAR(8)   NOT NULL,
所在系   VARCHAR(50)   NOT NULL,
专业名   VARCHAR(50)   NOT NULL,
```

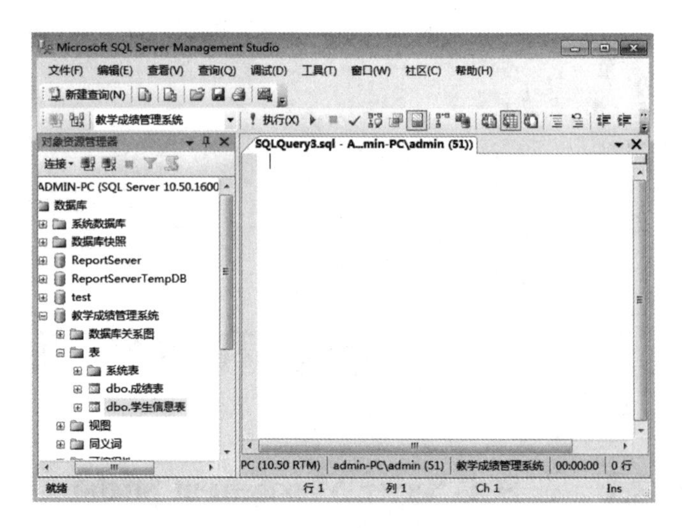

图 4-9　新建查询窗口

```
性别        CHAR(2)    NOT NULL DEFAULT'男',
出生日期      SMALLDATETIME   NOT NULL,
民族        VARCHAR(50)
联系电话      CHAR(11),
备注  TEXT
CONSTRAINT  PK_学生信息表_学号   PRIMARY KEY(学号),
CONSTRAINT  UQ_学生信息表_姓名   UNIQUE(姓名),
CONSTRAINT  CK_学生信息表_性别   CHECK(性别='男'OR 性别='女'),
CONSTRAINT CK_学生信息表_电话   CHECK(联系电话 LIKE'[0- 9][0- 9][0- 9][0- 9][0-
9][0- 9][0- 9][0- 9]'),
 )
 GO
 CREATE TABLE  课程表                    //创建课程表
 (
课程号     CHAR(4)       NOT  NULL      PRIMARY KEY(课程号),
课程名     VARCHAR(50)       NOT NULL,
授课教师    CHAR(8),
开课学期      TINYINT      NOT NULL     DEFAULT 1,
学分        TINYINT,
CONSTRAINT CK_课程表_学期   CHECK(开课学期>=1  AND 开课学期<=6)
 )
GO
CREATE TABLE  成绩表       //创建成绩表
(序号       INT INDENTITY,
学号       CHAR(6)     NOT NULL     REFERENCES 学生信息表(学号),
课程号      CHAR(4)     NOT NULL,
```

```
成绩        TINYINT      CHECK(成绩>=0 AND 成绩<=100),
是否重修     CHAR
PRIMARY   KEY(学号,课程号),
  FOREIGN KEY(课程号)  REFERENCES KC(课程号)
  )
```

任务2 修改表和表约束

子任务2.1 在SQL Server Management Studio中修改表和表约束

任务描述

通过表设计器可以方便地对“学生信息表”的结构进行修改。例如，实现修改字段的属性、添加新字段、删除字段和改变字段的顺序等操作。

任务实施

若没有关闭表设计器，可直接在表设计器中反复设置修改各个字段；若已经关闭（创建完成），则可随时再打开要修改表的表设计器，对表结构进行修改。

打开SSMS，依次展开到要修改的数据库，右击“学生信息表”，在弹出的右键快捷菜单中选择“修改”命令，即可打开该表的表设计器。

1. 修改字段属性

在设计器中可以自由地修改各字段的“列名”“数据类型”“字段长度”“允许NULL”及其他附加属性。

2. 添加新字段

如果要在最后追加一个新字段，可将光标移到（或用鼠标单击）最下面的空白行，即可输入一个新行。

如果要在某个字段前插入一个新字段，可右击插入位置的字段，在弹出的右键快捷菜单中选择“插入列(M)”命令，在该列之前出现一空白行，即可插入一个字段，如图4-10所示。

3. 删除字段

右击要删除的字段，在弹出的右键快捷菜单中选择“删除列(N)”命令，即可删除该字段。

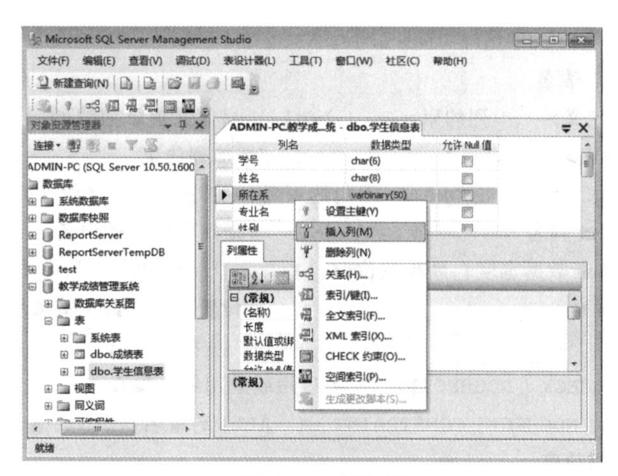

图 4-10 插入列

4. 移动字段顺序

单击要移动字段左方(最前端)的标志块,出现▶符号,用鼠标拖曳该字段到所需要的位置即可。

5. 关闭表设计器

修改完毕后,单击“保存”工具按钮,保存修改后的表结构并关闭表设计器。

子任务 2.2 使用 ALTER TABLE 语句修改表和表约束

知识梳理

使用 ALTER TABLE 语句可以修改表的结构,如增加、删除列,也能修改列的属性,还能增加、删除、启用和暂停约束。但是在修改表时,不能破坏表原有的数据完整性,如不能向有主键的表添加主键列,不能向已有数据的表添加 NOT NULL 属性的列等。

在数据表已经存在的情况下,添加约束的方法即通过修改表的方法添加约束。用户在添加约束时,如果表中原有数据与新添加的约束发生冲突,将会导致异常,并终止命令执行。如果想忽略对原有数据的约束检查,可在命令中使用 WITH NOCHECK 选项,使新增加的约束只对以后更新或插入的数据起作用。系统默认自动使用 WITH CHECK 选项,即对原有数据进行约束检查。

注意

不能将 WITH CHECK 或 WITH NOCHECK 作用于主关键字约束和唯一性约束。

ALTER TABLE 命令的基本语法如下。

```
ALTER TABLE  表名
{ADD  {< 列定义>   < 列约束> }  [,…n]      //定义要添加的列:设置列属性、设置列约束
|ADD {< 列约束> }  [,…n]                   //增加列约束
|DROP{COLUMN  列名 | [CONSTRAINT]约束名}  [,…n]     //删除列或列约束
|ALTER COLUMN 列名                         //指定要修改的列名
新数据类型[(新数据宽度[,新小数位数])]           //设置新的数据类型
  [NULL| NOT NULL]                         //设置是否允许空值属性
}
  |  [WITH[CHECK | NOCHECK]]     // 启用或禁用约束检查
  |  [CHECK | NOCHECK] CONSTRAINT  {  ALL| 约束名[,…n]  }
-- 启用或禁用约束
    }
```

其中，<列定义>的语法如下。

```
{ 列名 数据类型}
[[DEFAULT  常量表达式]  |  [IDENTITY[(种子值,递增量)]]
{列名  AS 列表达式}
< 列约束> 的语法为:
[CONSTRAINT 约束名]
{  [NULL| NOT NULL]
|  [  [PRIMARY KEY | UNIQUE]  [CLUSTERED | NONCLUSTERED]
(主关键字列 1  [,…n])]
| [ [FOREIGN KEY(外关键字列 1   [,…n])]
REFERENCES  参照表名(参照列 1[,…n])]
| CHECK(逻辑表达式)
}
```

任务描述

使用 ALTER TABLE 命令，对“学生信息表”的结构做如下修改。

(1) 在学生信息表中增加“籍贯”和“EMAIL”两个字段。

(2) 修改课程表中的成绩列的数据类型。

(3) 在“姓名”列上增加唯一性约束，约束名为“UK_学生信息表_姓名”，并忽略对原有数据的约束检查，另外还可以删除约束和暂停约束。

(4) 将学生信息表中的“姓名”列上的约束删除。

(5) 将学生信息表中的“籍贯”和“EMAIL”列删除。

(6) 使用 CHECK 或 NOCHECK 选项可以启用或暂停某些或全部约束，但是对于主键约束和唯一性约束不起作用。

任务实施

（1）增加列，在学生信息表中增加以下两列："籍贯"字段，CHAR(12)，默认值为"重庆"；"EMAIL"字段，VARCHAR(30)。

```
ALTER TABLE 学生信息表
ADD  籍贯  CHAR(12)  CONSTRAINT DF_学生信息表_籍贯  DEFAULT  '重庆',
     EMAIL VARCHAR(30)
```

（2）修改列，将课程表中的成绩列的数据类型修改为"NUMERIC(4,1)"。

```
ALTER  TABLE 课程表
ALTER  COLUMN  成绩  NUMERIC(4,1)
```

提示

在修改数据表的列时，只能修改列的数据类型以及列值是否为空。但在下列这些情况下不能修改列的数据类型。

- 不能修改类型为 TEXT、IMAGE、NTEXT、TIMESTAMP 的列。
- 不能修改类型为 VARCHAR、NVARCHAR、VARBINARY 的列的数据类型，但可增加其长度。
- 不能修改设置了主键或外键或默认值或检查或唯一性约束、包含索引的列的数据类型，但可增加其长度。
- 不能修改用列表达式定义或被引用在列表达式中的列。
- 不能修改复制列(FOR REPLICATION)。

（3）添加约束，在学生信息表的"姓名"列上增加唯一性约束，约束名为"UK_学生信息表_姓名"，并忽略对原有数据的约束检查。

```
ALTER  TABLE 学生信息表
WITH  NOCHECK
ADD  CONSTRAINT  UK_学生信息表_姓名  UNIQUE(姓名)
```

（4）删除约束，将学生信息表中的"姓名"列上的约束删除。

```
    ALTER  TABLE 学生信息表
  DROP  CONSTRAINT  UK_学生信息表_姓名
```

（5）删除列，将学生信息表表中的"籍贯"和"EMAIL"列删除。

```
ALTER  TABLE 学生信息表
DROP  CONSTRAINT      DF_学生信息表_籍贯      //因为"籍贯"列上有默认值约束，所以应先删除
ALTER  TABLE  学生信息表
DROP  COLUMN  籍贯,EMAIL      //然后，再删除"籍贯"和"EMAIL"两列
```

提示

在删除列时，如果该列上有约束或被其他列所依赖，则应先删除相应的约束或依赖信息，再删除该列。

（6）暂停学生信息表中的所有约束。

```
ALTER  TABLE 学生信息表
NOCHECK  CONSTRAINT  ALL
```

任务3 管理表中的数据

子任务3.1 在SQL Server Management Studio中管理数据

任务描述

修改“教学成绩管理系统”数据库中的“学生信息表”，对该表进行添加、修改和删除记录的操作。

任务实施

在创建完数据表之后，就可以在数据表里添加、修改和删除记录了。

1. 在SQL Server Management Studio中向表中添加记录

（1）打开“Microsoft SQL Server Management Studio”窗口，在“对象资源管理器”面板中展开要修改的数据库“教学成绩管理系统”，定位到“学生信息表”上。

（2）右击“学生信息表”，在弹出的右键快捷菜单中选择“打开表”命令，会出现如图4-11所示的窗口。

（3）输入各记录的字段值后，只要将光标定位到其他记录上，或关闭窗口，新记录就会自动保存。

在输入新记录内容时，用户需要注意以下几点。

① 输入字段的数据类型应与字段定义的数据类型一致，否则会弹出警告提示框。

② 不能为空的字段，必须输入内容。

③ 有约束的字段，输入的内容必须满足这些约束。

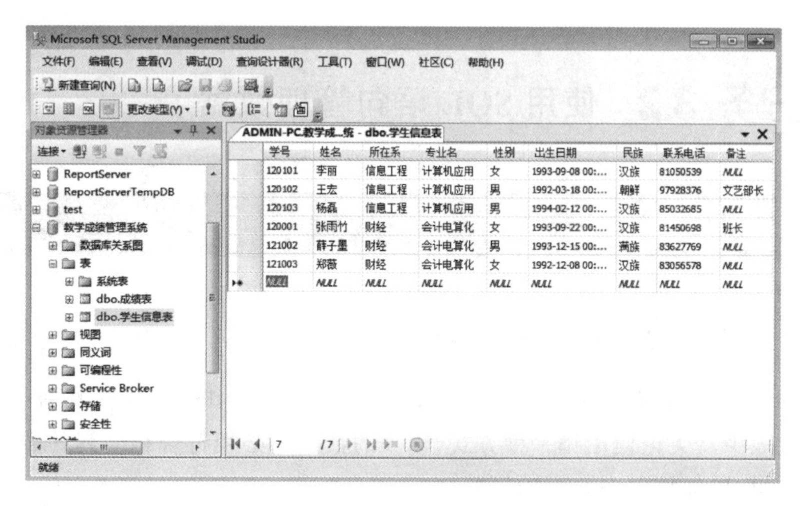

图 4-11 添加数据

④ 有默认值的字段，可以不输入任何数据，因为在保存记录时，系统会自动填入默认值。

提示

在 SQL Server 2008 中，数据的输入可以通过“复制”和“粘贴”的方法来实现，这点与 Word 表格有点类似。

2. 在 SQL Server Management Studio 中更新表中的记录

在 SQL Server Management Studio 中，无论是插入记录，还是更新记录，都必须先打开数据表。打开数据表后，找到要修改的记录，然后可以在记录上直接修改字段内容，修改完毕之后，只需将光标从该记录上移开，SQL Server 就会自动保存修改的记录。在修改记录时，需要注意以下几点。

(1) 如果要在“允许为空”的字段中，输入 NULL，可以使用 Ctrl+O 组合键。

(2) 如果要将修改过的字段内容恢复到修改前，可以将光标聚焦到该字段，然后按 Esc 键。

(3) 如果想放弃整条记录的修改，可以连续按两次 Esc 键。

3. 在 SQL Server Management Studio 中删除表中的记录

在 SQL Server Management Studio 中删除记录，必须先打开数据表，右击该记录，在弹出的右键快捷菜单中选择“删除”命令，会弹出警告提示对话框，单击“是”按钮即可完成删除操作。在删除记录时，需要注意以下几点。

(1) 记录删除后不能再恢复，所以在删除前一定要先确认。

(2) 可以一次删除多条记录，按 Shift 键或 Ctrl 键，可以选择多条记录。

子任务 3.2 使用 SQL 语句管理数据

知识梳理

一、使用 INSERT 语句向表中添加记录

使用 INSERT 语句既可以一次插入一行数据，又可以从其他表中选择符合条件的多行数据一次插入表中。无论使用哪一种方式，输入的数据都必须符合相应列的数据类型，并且符合相应的约束，以保证表中数据的完整性。

1. 插入一行数据

INSERT 命令的语法如下。

```
INSERT  [INTO]  表名[(列名[,…n])]
VALUES ({表达式 | NULL | DEFAULT}[,…n])
```

在插入数据时，必须给出相应的列名，次序可任意。如果是对表中所有列插入数据，则可以省略列名。插入的列值由表达式指定，对于具有默认值的列可使用 DEFAULT 插入默认值，对于允许为空的列可使用 NULL 插入空值。对于没有在 INSERT 命令中给出的表中其他列，如果可自动取值，则系统在执行 INSERT 命令时，会自动给其赋值，否则执行 INSERT 命令会报错。

2. 使用 SELECT 子句插入多行数据

使用 SELECT 子句的 INSERT 命令语法如下。

```
INSERT  [INTO]  目的表名[(列名[,…n])]
SELECT[源表名.]列名[,…n]
FROM 源表名  [,…n]
WHERE 逻辑表达式
```

该命令先从多个数据源表中选取符合逻辑表达式的所有数据，从中选择所需要的列，将其数据插入到目的表中。当选取源表中的所有数据记录时，WHERE 子句可省略；当插入到目的表中的所有列时，列名可省略。

二、使用 UPDATE 语句更新表中的记录

UPDATE 命令的语法如下。

```
UPDATE 表名
SET
{列名:表达式 | NULL | DEFAULT}     [,…n])
[WHERE 逻辑表达式]
```

省略 WHERE 子句，表示对所有行的指定列都进行修改，否则只对满足逻辑表达式的数据行的指定列进行修改。修改的列值由表达式指定，对于具有默认值的列可使用 DEFAULT 修改为默认值，对于允许为空的列可使用 NULL 修改为空值。

三、使用 DELETE 语句删除表中的记录

当需要从表中删除一行或多行数据时，可使用 DELETE 语句。DELETE 语句的语法如下。

```
DELETE 表名
[WHERE 逻辑表达式]
```

此语句的语法由两部分组成：

(1) 关键字 DELETE 后跟需要删除记录的表名，这是必选的；

(2) WHERE 子句后跟记录选择条件，这是可选的。与 UPDATE 语句一样，若不带 WHERE 子句将删除表中全部记录。

任务描述

修改“教学成绩管理系统”数据库中的“学生信息表”，对该表使用 INSERT 语句进行添加记录的操作，使用 UPDATE 语句更新表中的记录，使用 DELETE 语句删除表中的记录。通过这三个语句实现数据库表中数据的管理。

任务实施

1. 使用 INSERT 语句向学生信息表中插入两行数据

```
    INSERT  INTO 学生信息表
    (学号,姓名,所在系,专业名,性别,出生日期,联系电话,备注)
VALUES('120104','章程''信息技术','计算机应用'男,'1992-5-21','67674111','学习委员')
    INSERT  INTO 学生信息表
VALUES('120105','田甜','信息技术','计算机应用','女''1992-7-15','89223476')
```

提示

在修改数据表的列时，只能修改列的数据类型以及列值是否为空。对于字符型、日期型数据，要用单引号引起来。

2. 将学生信息表中的“姓名、性别、民族、联系电话”数据存入新表 XS 中

```
INSERT  INTO  XS
SELECT 姓名,性别,民族,联系电话
FROM 学生信息表
```

说明

该例中用到的 XS 表必须是已经存在的，并且该表的结构与学生信息表一致。如果还没有 XS 表，则用户应该先定义该表。

3. 将成绩表中课程号为“1001”的不及格的学生成绩加 5 分

```
UPDATE 成绩表
SET
成绩=成绩+5
WHERE (课程号='1001'AND 成绩<60)
```

4. 将学生信息表中学号为“120105”的学生信息删除

```
DELETE 学生信息表
WHERE 学号='120105'
```

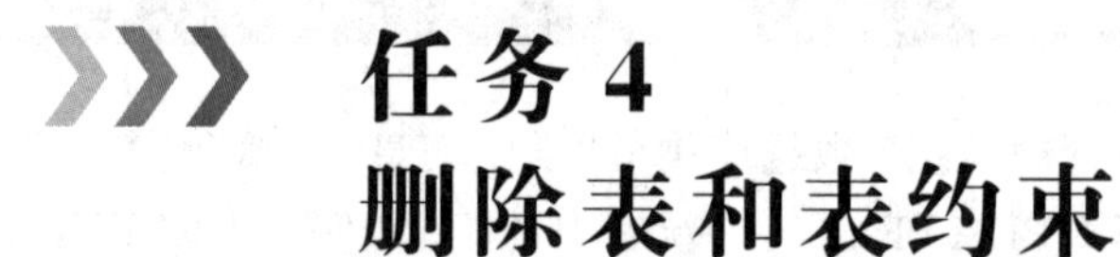

任务 4 删除表和表约束

子任务 4.1 在 SQL Server Management Studio 中删除表和表约束

知识梳理

如果数据表不再使用，放在数据库中会浪费磁盘空间，此时就可以把这些数据表删除。表的删除是永久性的，应当特别慎重，建议在删除之前先对数据库备份，以备恢复。如果一个表被其他表的外键约束所引用，则必须先删除设置外键的表或解除其外键约束才能对该表进行修改或删除操作。

任务描述

在 SQL Server Management Studio 中删除学生信息表和表约束。

任务实施

具体步骤为：右击要删除的数据表，在弹出的右键快捷菜单中选择“删除”命令，弹出的“删除对象”对话框，在该对话框中即可删除数据表，如图 4-12 所示。

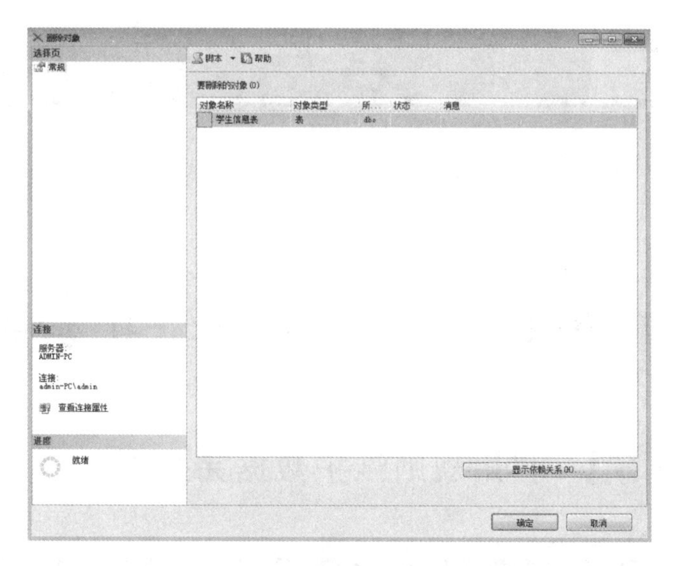

图 4-12 “删除对象”对话框

提示

数据表删除后，表中数据全部丢失，所以删除数据表一定要谨慎。

子任务 4.2 使用 DROP TABLE 语句删除表和表约束

知识梳理

使用 DROP TABLE 语句可以删除数据表，其语法如下。

```
DROP TABLE table_name [,…,n]
```

其参数说明如下。

- table_name：要删除的表的名称。
- [,…,n]是可选项，如果要同时删除多张表，表名之间用逗号隔开。

任务描述

删除“教学成绩管理系统”数据库中的“学生信息表”。

任务实施

```
DROP TABLE 学生信息表
```

任务5 利用规则和默认值维护数据完整性

子任务5.1 利用规则维护数据完整性

知识梳理

规则就是数据库中对存储在表的列或用户自定义数据类型中的值的规定和限制。规则是单独存储的独立的数据库对象。规则与其作用的表或用户自定义数据类型是相互独立的，即表或用户自定义对象的删除、修改不会对与之相连的规则产生影响。规则对象在功能上与CHECK约束是一样的，但在使用上有所区别。CHECK约束是在创建表或修改表时定义的，嵌入到被定义的表的结构中，在删除表的同时CHECK约束也被删除。而规则对象需要用语句进行定义，作为一种单独存储的数据库对象，它独立于表之外，需要使用专门语句删除规则对象。

1. 创建规则

在SQL Server 2008中，不再提供图形化的界面创建规则，必须用命令创建规则。CREATE RULE命令用于在当前数据库中创建规则，其语法如下。

```
CREATE  RULE  规则对象名  AS  条件表达式
```

其中，条件表达式可以为能用于WHERE条件子句中的任何表达式，它可以包含算术运算符、关系运算符和谓词（如IN、LIKE、BETWEEN…AND）等。

逻辑表达式中包含一个局部变量，以符号@开头，代表修改该列的记录时用户输入的数值。

2. 绑定和解绑规则

创建规则后，规则仅仅只是一个存在于数据库中的对象，并未发生作用。需要将规则与数据库表或用户自定义对象绑定起来，才能达到创建规则的目的。所谓绑定就是指定规则作用于哪个表的哪一列或哪个用户自定义数据类型。表的一列或一个用户自定义数据类型只能与一个规则绑定，而一个规则可以绑定多个对象。

与创建规则一样，在 SQL Server 2008 中，绑定规则和解除绑定（解绑）规则也必须用命令来完成。

1）用存储过程 sp_bindrule 绑定规则

存储过程 sp_bindrule 可以绑定一个规则到表的一个列或一个用户自定义数据类型上。其语法格式如下。

```
[EXEC] sp_bindrule [@ rulename= ] '规则对象名',[@ objname=] 'object_name'
```

其中，[@objname=]'object_name'，指定规则绑定的对象。如果该对象名称使用了"表名.列名"的格式，则说明它为表中的某个列，否则表示某个用户自定义数据类型。

2）用存储过程 sp_unbindrule 解绑规则

存储过程 sp_unbindrule 可解除规则与列或用户自定义数据类型的绑定，其语法格式如下。

```
[EXEC]    sp_unbindrule [@ objname= ]  'object_name'
```

其中，[@objname=]'object_name'子句指定被绑定规则的列或自定义数据类型的名称。

3. 删除规则

可以在 SQL Server Management Studio 窗口的对象资源管理器中，展开目标数据库中的"可编程性"节点。右击要删除的规则，在弹出的右键快捷菜单中选择"删除"命令，删除规则。也可以使用 DROP RULE 命令删除当前数据库中的一个或多个规则。其语法格式如下。

```
DROP RULE 规则对象名[,…n]
```

任务描述

(1) 创建数据库教学成绩管理系统的规则，规则名为:CJ_rule。要求成绩表中成绩列的取值范围为 0～100。

(2) 将规则 CJ_rule 绑定到表成绩表的成绩列上。

(3) 解除规则 CJ_rule 与成绩表的成绩列的绑定。

(4) 删除规则 CJ_rule。

任务实施

(1) 单击工具栏上的"新建查询(N)"按钮，在打开的查询编辑窗口中输入以下命令。

```
CREATE  RULE  CJ_rule
AS
@成绩 >=0  AND  @成绩<=100
```

运行结果如图 4-13 所示。

(2) 在打开的查询编辑窗口中输入以下命令。

```
EXEC sp_bindrule  'CJ_rule','成绩表.成绩'
```

运行结果如图 4-14 所示。

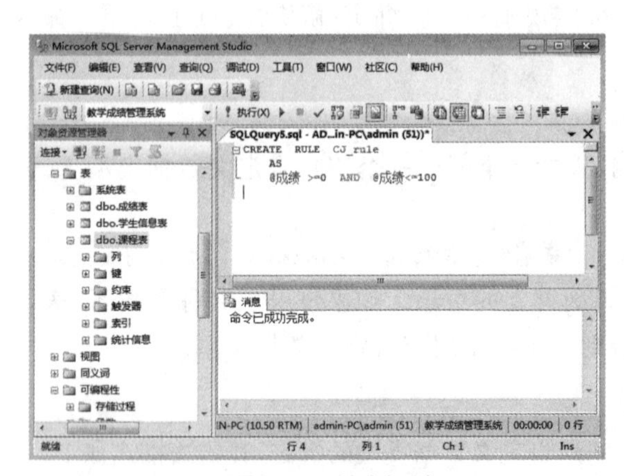

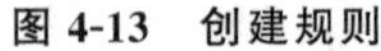
图 4-13　创建规则

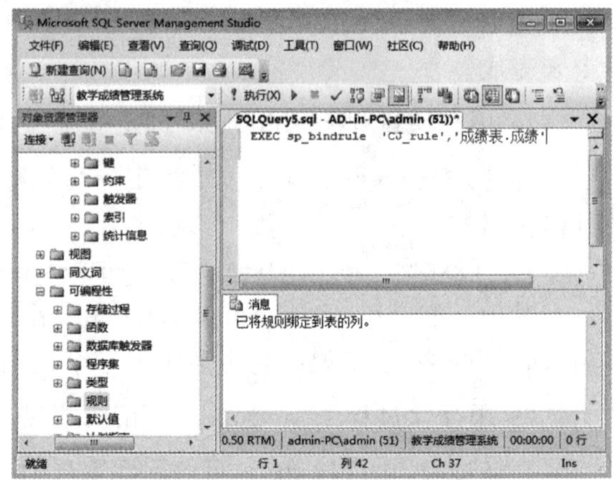

图 4-14　绑定规则

提示

规则对已经输入表中的数据不起作用。规则所指定的数据类型必须与所绑定的对象的数据类型一致，并且规则不能绑定一个数据类型为 TEXT、IMAGE 或 TIMESTAMP 的列。

（3）在打开的查询编辑窗口中输以下命令。

```
EXEC sp_unbindrule'CJ_rule','成绩表.成绩'
```

该命令解除了规则 CJ_rule 与成绩表的成绩列的绑定。

（4）删除规则 CJ_rule。

在打开的查询编辑窗口中输入以下命令。

```
DROP  RULE  CJ_rule
```

执行此语句就删除了规则 CJ_rule。

提示

在删除一个规则前，必须先将其解除绑定。

子任务 5.2　利用默认值维护数据完整性

知识梳理

默认值也是一种数据库对象，可以绑定到一列或多列上，作用与 DEFAULT 约束相似，在插入数据行时，为没有指定数据的列提供事先定义的默认值。它的管理与应用和规则有很多相似之处。表的一列或一个用户自定义数据类型也只能与一个默认值相绑定。

一、创建默认值

在 SQL Server 2008 中，创建默认值只能用命令来完成。CREATE DEFAULT 命令用于在当前数据库中创建默认值对象，其语法格式如下。

```
CREATE  DEFAULT  默认值对象名 AS  常量表达式
```

二、绑定和解绑默认值

创建默认值后，默认值仅仅只是一个存在于数据库中的对象，并未发生作用。同规则一样，需要将默认值与数据库表或用户自定义对象绑定。

1. 用存储过程 sp_bindefault 绑定默认值

存储过程 sp_bindefault 可以绑定一个默认值到表的一个列或一个用户自定义数据类型上。其语法格式如下。

```
[EXEC]  sp_bindefault [@  defname= ]  '默认值对象名',
                              [@ objname= ]  'objec_name'
```

2. 用存储过程 sp_unbindefault 解除默认值的绑定

存储过程 sp_unbindefault 可以解除默认值与表的列或用户自定义数据类型的绑定，其语法格式如下。

```
[EXEC]  sp_unbindefault  [@ objname= ]  'object_name'
```

如果列同时绑定了一个规则和一个默认值，那么默认值应该符合规则的规定，创建或修改表时用 DEFAULT 选项指定了默认值的列，则不能再绑定默认值。

3. 删除默认值

与规则一样，可以在“Microsoft SQL Server Management Studio”窗口的“对象资源管理器”面板中，展开目标数据库中的“可编程性”节点。右击要删除的默认值，在弹出的右键快捷菜单中选择“删除”命令，删除默认值。也可以使用 DROP DEFAULT 命令删除默认值对象。其语法格式如下。

```
DROP  DEFAULT  默认值对象名[,…n]
```

在删除一个默认值对象前必须先将其解除绑定。

任务描述

(1) 选中“教学成绩管理系统” 数据库，用 CREATE DEFAULT 命令来创建默认值对象，名为“sex_df”，默认值为“男”。

(2) 将默认值 sex_df 绑定到学生信息表的性别列上。

(3) 删除数据库教学成绩管理系统中名为 sex_df 的默认值对象。

任务实施

(1) 单击工具栏上的“新建查询(N)”按钮，在打开的查询编辑窗口中输入以下命令。

```
CREATE  DEFAULT  sex_df  AS'男'
```

运行结果如图 4-15 所示。

(2) 将默认值 sex_df 绑定到学生信息表的性别列上。单击工具栏上的“新建查询(N)”按钮，在打开的查询编辑窗口中输入以下命令。

```
EXEC sp_bindefault'sex_df','学生信息表.性别'
```

运行结果如图 4-16 所示。

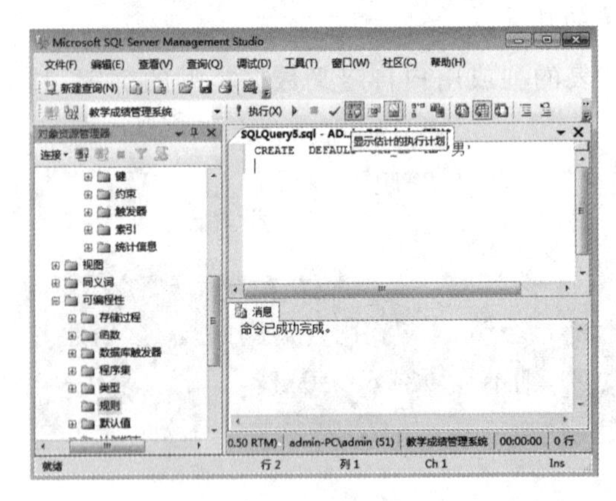

图 4-15　创建默认值

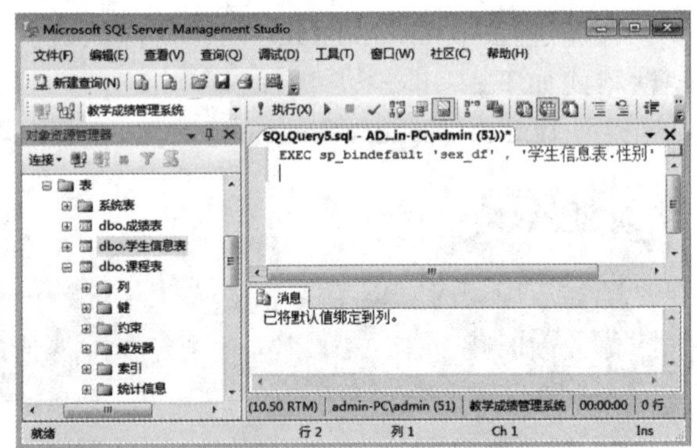

图 4-16　绑定默认值

(3) 删除数据库教学成绩管理系统中名为 sex_df 的默认值对象。单击工具栏上的“新建查询(N)”按钮，在打开的查询编辑窗口中输入以下命令。

```
EXEC  sp_unbindefault  '学生信息表.性别'
DROP  DEFAULT sex_df
```

运行结果如图 4-17 所示。

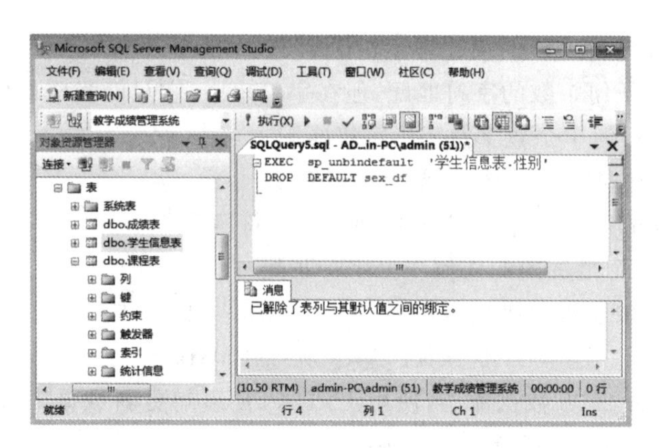

图 4-17 删除默认值

单元习题 4

1. 选择题

(1) 检查约束用于实施(　　)。

(A)实体完整性　　(B)域完整性　　(C)引用完整性　　(D)自定义完整性

(2) 在 SQL Server 2008 中,字段的 NOT NULL 属性用于表示(　　)约束。

(A)主键　　(B)检查　　(C)非空　　(D)默认值

(3) 在 SQL Server 2008 中,以下关于主键的说法正确的是(　　)。

(A)在表创建后,一旦设定了主键,主键就不能再更改

(B)表中可以没有主键

(C)主键列可以重复

(D)主键列允许插入空值

(4) 在 SQL Server 2008 中,有一个 book(图书)表,包含 bookCode(图书编号)、title(书名)、pDate(出版日期)、author(作者)等字段,其中(　　)字段作为该表的主键最恰当。

(A)bookCode　　(B)title　　(C)pDate　　(D)author

(5) 在 SQL Server 2008 中,设计表时,固定长度的身份证号最好采用下面的(　　)数据类型进行存储。

(A)CHAR　　(B)TEXT　　(C)VARCHAR　　(D)INT

(6) 表中的列 ID 是标识列,属于自动增长数据类型,标识种子是 3,标识增量是 2,首先插入两行数据,然后删除一行,再向表中增加数据行的时候,标识值是(　　)。

(A)7　　(B)5　　(C)4　　(D)9

(7) 在 Student 表中有一列 E-mail,执行删除语句:DELETE FROM Student. WHERE E-mail LIKE'w[au]-k%',下面包含 E-mail 列的(　　)值数据可能被删除。(选择两项)

(A)Wkus@163. com　　(B)WuukYi@163. com

(C)uakk@163. com　　(D)wackQian@163. com

(8) 下面关于通配符说明的描述中不正确的是(　　)。(选择两项)

(A)通配符%与任何个数的字符匹配,但在字符串中,它只能当作最后一个字符使用

(B)通配符#与任何单个数字及字母字符匹配

(C)通配符[ ]与方括号内的任何单个字符匹配

(D)通配符^与任何不在方括号内的任何单个字符匹配

(E)通配符_与某个范围内的任何一个字符匹配

(9) 下面(　　)属于数据操纵语言 DML。(选择两项)

(A)UPTATE　　(B)INSERT　　(C)Grant　　(D)Commit

(10) SQL Server 2008 数据库中,使用 UPDATE 语句更新数据库表中的数据,以下说法正确的是(　　)。(选择一项)

(A)每次只能更新一行数据

(B)每次可以更新多行数据

(C)如果没有数据项被更新,将提示错误信息

(D)更新数据时,必须带有 WHERE 条件子句

(11) 假设表 Tablel 中有 A 列为主键,并且为标识列,同时还有 B 列和 C 列,所有数据类型都是整型,目前还没有数据,则执行如下插入数据的 T-SQL 语句。

```
INSERT INTO Tablel(A,B,C)VALUES(1,2,3)
```

其运行结果将是(　　)。

(A)插入数据成功,A 列的数据为 1

(B)插入数据成功,A 列的数据为 2

(C)插入数据成功,B 列的数据为 3

(D)插入数据失败

(12) 将设表 Tablel 中包含主键列 A,执行下面的更新语句。

```
UPDATE Table 1  SET A= 17 WHERE A= 20
```

执行结果可能是(　　)。

(A)更新了多行数据

(B)T-SOL 语法出错

(C)错误,因为主键列不能被更新

(D)最多更新一行数据

2. 简答题

(1) 本章介绍了哪些约束?各个约束的作用是什么?

(2) 简要叙述主数据表与子表的关系。

项目5 教学成绩管理系统数据库的数据查询

项目背景

在数据库操作中，有很大一部分工作是对数据进行统计、计算与查询。其中，查询可以在数据表中进行筛选、排序、浏览等操作，还可以执行数据计算以及检索多个表，能够把多个表中的数据抽取出来，供使用者查看、更改和分析使用。本项目将详细介绍设计教学成绩管理系统的数据查询功能。

任务1 简单查询

SQL Server 的数据库查询使用 T-SQL 语言，其基本的查询语句是 SELECT 语句。SELECT 语句是数据库应用最广泛和最重要的语句之一。该语句带有丰富的选项，每个选项都有一个特定的关键词标识，后面是用户指定的参数。其基本语法格式如下。

```
SELECT [ ALL | DISTINCT ]
[TOP expression [PERCENT] [WITH TIES ]]
<select_list >
[ INTO new_table ]
[ FROM { <table_source>  } [,…n ] ]
[ WHERE <search_condition>  ]
[ GROUP BY [ ALL]group_by_expression [,…n ]
[ WITH { CUBE | ROLLUP } ]
[ HAVING < search_condition >  ]
[ORDER BY order_expression [ASC|DESC]]
[ COMPUTE  {{AVG|COUNT|MAX|MIN|SUM} (expression)}[,…n ]
[ BY expression [,…n ] ]
```

参数说明如下。

- SELECT 子句用于指定所选择的要查询的特定表中的列，它可以是星号（*）、表达式、列表、变量等。
- INTO 子句用于指定所要生成的新表的名称。
- FROM 子句用于指定要查询的表或者视图，最多可以指定 16 个表或者视图，用逗号相互隔开。
- WHERE 子句用于限定查询的范围和条件。

● GROUP BY 子句是分组查询子句。

● HAVING 子句用于指定分组子句的条件。

● GROUP BY 子句、HAVING 子句和集合函数一起可以实现对每个组生成一行和一个汇总值。

● ORDER BY 子句可以根据一个列或者多个列来排序查询结果,在该子句中,既可以使用列名,也可以使用相对列号。

● ASC 表示升序排列,DESC 表示降序排列。

● COMPUTE 子句使用集合函数在查询的结果集中生成汇总行。

● COMPUTE BY 子句用于增加各列汇总行。

子任务 1.1 使用 SELECT 选择列

知识梳理

SELECT 命令的语法格式如下。

```
SELECT [ ALL | DISTINCT ]
[TOP expression [PERCENT] [WITH TIES ]]
<select_list >
[ INTO new_table ]
[ FROM { <table_source>  } [,…n ] ]
```

任务描述

(1) 从学生信息表中查询所有学生的信息。

(2) 查询学生信息表中所有学生的学号、姓名和出生日期。

(3) 查看成绩表,要求查询折算成绩,折算成绩为原成绩的 70%。

(4) 为任务 3 中的“成绩”列和“无列名”列指定相应的列标题。

(5) 在成绩表中查询学生都选修了哪些课程号。

(6) 从课程表中查询所有课程的课程号、课程名和授课教师信息,要求只显示结果的前 5 行。

任务实施

1. 查询学生信息表中的所有行

其对应 SQL 语句如下。

```
SELECT  *  FROM 学生信息表
```

具体的操作步骤如下。

(1) 打开 SQL 编辑器。单击工具栏中的"新建查询(N)"按钮,如图 5-1 所示,打开 SQL 编辑器。

(2) 设置当前数据库为"教学成绩管理系统"。在数据库下拉列表框中选择"教学成绩管理系统"数据库,如图 5-2 所示。

图 5-1 单击"新建查询(N)"按钮

图 5-2 选择"教学成绩管理系统"

(3) 在 SQL 编辑器中输入如下的查询语句。

```
SELECT  *
FROM 学生信息表
```

(4) 分析查询语句的正确性。单击工具栏中的"√"按钮,分析输入的 SQL 语句是否正确,如图 5-3 所示。

(5) 保存 SQL 语句。单击工具栏中"保存"按钮,弹出"另存为"对话框,指定保存路径和文件名,选择保存类型为"SQL 文件",单击"保存(S)"按钮,如图 5-4 所示。

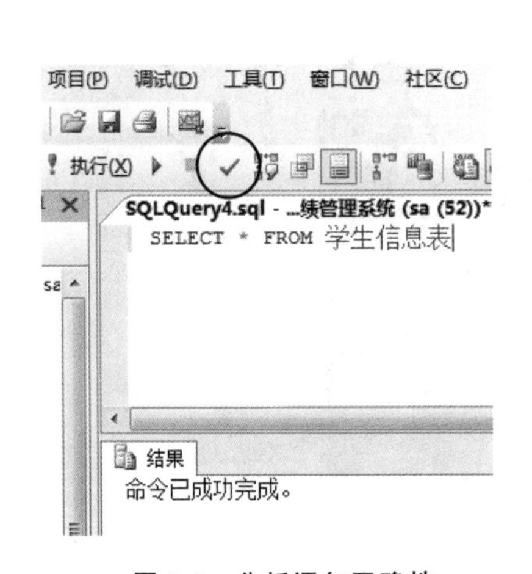

图 5-3 分析语句正确性

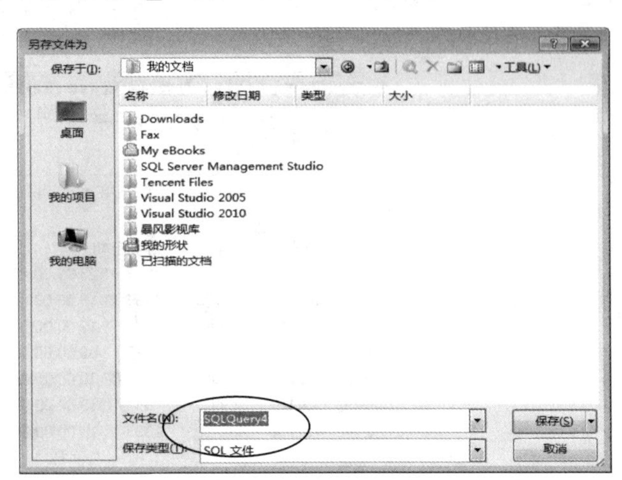

图 5-4 保存 SQL 语句

(6) 执行查询语句并查看查询结果。单击“执行(X)”按钮 ! 执行(X)，运行该查询语句，其结果如图 5-5 所示。

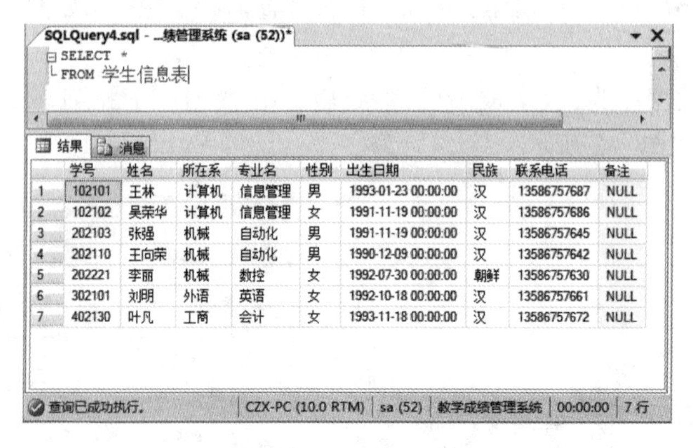

	学号	姓名	所在系	专业名	性别	出生日期	民族	联系电话	备注
1	102101	王林	计算机	信息管理	男	1993-01-23 00:00:00	汉	13586757687	NULL
2	102102	吴荣华	计算机	信息管理	女	1991-11-19 00:00:00	汉	13586757686	NULL
3	202103	张强	机械	自动化	男	1991-11-19 00:00:00	汉	13586757645	NULL
4	202110	王向荣	机械	自动化	男	1990-12-09 00:00:00	汉	13586757642	NULL
5	202221	李丽	机械	数控	女	1992-07-30 00:00:00	朝鲜	13586757630	NULL
6	302101	刘明	外语	英语	女	1992-10-18 00:00:00	汉	13586757661	NULL
7	402130	叶凡	工商	会计	女	1993-11-18 00:00:00	汉	13586757672	NULL

图 5-5　执行查询语句

提示

(1) 用“ * ”表示表的全部列名，而不必逐一列出。

(2) 在 SQL Server 2008 中创建、执行和保存查询的过程如前面介绍的步骤，在本章后续的示例中将不再介绍创建、执行和保存查询的过程，只给出具体的 SQL 语句。

2. 查询学生信息表中的指定列

其对应 SQL 语句如下。

```
SELECT  学号,姓名,出生日期
FROM  学生信息表
```

运行结果如图 5-6 所示。

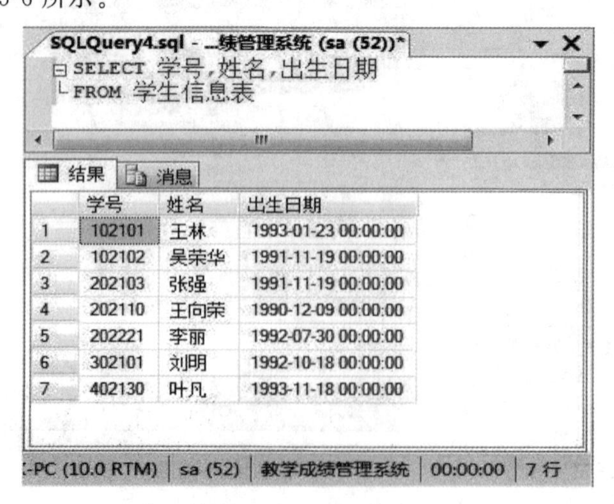

	学号	姓名	出生日期
1	102101	王林	1993-01-23 00:00:00
2	102102	吴荣华	1991-11-19 00:00:00
3	202103	张强	1991-11-19 00:00:00
4	202110	王向荣	1990-12-09 00:00:00
5	202221	李丽	1992-07-30 00:00:00
6	302101	刘明	1992-10-18 00:00:00
7	402130	叶凡	1993-11-18 00:00:00

图 5-6　查询学生信息表中的指定列

提示

在查询指定的列时，只需在 SELECT 子句后面输入相应的列名。当目标列不止一个时，使用半角“,”隔开。

3. 查询学生信息表中含有需要计算的列

其对应的 SQL 语句如下。

```
SELECT  学号,课程号,成绩,成绩 * 0.7
FROM  成绩表
```

运行结果如图 5-7 所示。

4. 为学生信息表中的列指定别名

其对应的 SQL 语句如下。

```
SELECT  学号,课程号,成绩  AS  原成绩,折算成绩=成绩 * 0.7
FROM  成绩表
```

运行结果如图 5-8 所示。

SQLQuery4.sql - ...绩管理系统 (sa (52))*

```
SELECT 学号,课程号,成绩,成绩*0.7
FROM 成绩表
```

结果 消息

	学号	课程号	成绩	(无列名)
1	102101	101	80	56.0
2	102101	102	89	62.3
3	102101	103	78	54.6
4	102102	101	57	39.9
5	102102	102	67	46.9
6	202103	103	90	63.0
7	202110	101	85	59.5
8	202110	102	91	63.7
9	202221	101	69	48.3
10	402130	101	78	54.6
11	402130	103	74	51.8

查 | CZX-PC (10.0 RTM) | sa (52) | 教学成绩管理系统 | 00:00:00 | 11 行

图 5-7　查询学生信息表中需要计算的列

SQLQuery4.sql - ...绩管理系统 (sa (52))*

```
SELECT 学号,课程号,成绩 AS 原成绩,折算成绩=成绩*0.7
FROM 成绩表
```

结果 消息

	学号	课程号	原成绩	折算成绩
1	102101	101	80	56.0
2	102101	102	89	62.3
3	102101	103	78	54.6
4	102102	101	57	39.9
5	102102	102	67	46.9
6	202103	103	90	63.0
7	202110	101	85	59.5
8	202110	102	91	63.7
9	202221	101	69	48.3
10	402130	101	78	54.6
11	402130	103	74	51.8

查询已成功... | CZX-PC (10.0 RTM) | sa (52) | 教学成绩管理系统 | 00:00:00 | 11 行

图 5-8　为学生信息表中的列指定别名

提示

在选择列表中，可重新指定列标题。定义格式如下。

列标题= 列名

或者

列名 AS 列标题

也可以把 AS 省略掉，直接写成如下形式。

列名 列标题

5. 查看学生信息表中不重复的记录

其对应的 SQL 语句如下。

```
SELECT  DISTINCT  课程号
FROM  成绩表
```

运行结果如图 5-9 所示。

SELECT 语句中使用 ALL 或 DISTINCT 选项来显示表中符合条件的所有行或删除其中重复的数据行，默认为 ALL。使用 DISTINCT 选项时，对于所有重复的数据行在 SELECT 返回的结果集合中只保留一行。

6. 返回学生信息表中的前 n(%)行

其对应的 SQL 语句如下。

```
SELECT  TOP 5 课程号,课程名,授课教师
FROM  课程表
```

运行结果如图 5-10 所示。

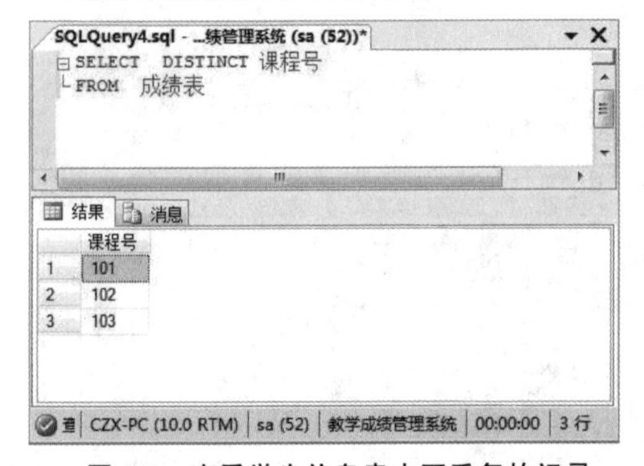

图 5-9　查看学生信息表中不重复的记录

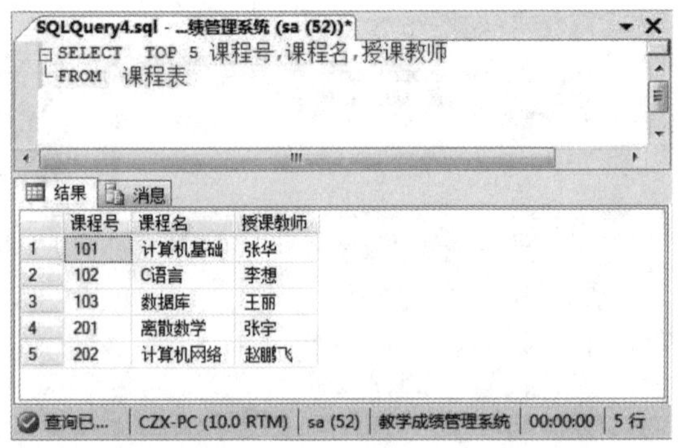

图 5-10　返回学生信息表中的前 n 行

使用 TOP n [PERCENT] 选项限制返回的数据行数，TOP n 说明返回 n 行，而 TOP N PERCENT 时，说明 n 是一个百分数，指定返回的行数等于总行数的百分之几。

子任务 1.2　使用 WHERE 子句选择行

知识梳理

前面的任务中，查询的都是数据表中所有的记录，但在实际情况中，用户通常只要求查

询部分数据记录，即查找满足某些条件的记录即可。此时，用户可以在 SELECT 语句中使用 WHERE 子句指定查询条件，过滤掉不符合条件的记录。

条件查询又可分为以下几方面内容，如表 5-1 所示。

表 5-1　条件查询及说明

条件的类型	运　算　符
比较条件	>　>=　<　<=　=　<>　!=　!>　!<
逻辑条件	and、or、not
范围条件	between…and、not between…and
模式匹配条件	like、not like
列表运算条件	in、not in

当不知道完全精确的值时，用户可以使用 LIKE 或 NOT LIKE 进行部分匹配查询（也称模糊查询）。LIKE 运算使用户可以使用通配符来执行基本的模式匹配。

使用 LIKE 运算符的一般格式如下。

```
<属性名> LIKE<字符串常量>
```

字符串常量的字符可以包含如表 5-2 所示的通配符。

表 5-2　通配符及说明

通　配　符	说　　明
_	表示任意单个字符
%	表示任意长度的字符串
[ ]	与特定范围（如[a～f]）或特定集（如[abcdef]）中的任意单字符匹配
[^]	与特定范围（如[^a～f]）或特定集（如[^abcdef]）之外的任意单字符匹配

任务描述

（1）在成绩表中查询选修了课程号为“101”的学生的学号和成绩。

（2）从成绩表中查询出选修了课程号为“101”或“102”号课程且分数大于等于“60”分学生的学号、课程号和成绩。

（3）查询选修了课程号为“101”并且成绩在“80”至“90”之间的学生的学号、成绩。

（4）查询学生信息表中所有姓“张”的学生的学号和姓名。

（5）查询课程为“C 语言”，“数据库”或“计算机基础”的授课教师和课程号。

任务实施

（1）使用比较条件查询，返回成绩表中固定的行，对应的 SQL 语句如下。

```
SELECT 学号,成绩
FROM 成绩表
WHERE 课程号='101'
```

运行结果如图 5-11 所示。

（2）使用逻辑条件查询，返回成绩表中固定的行，对应的 SQL 语句如下。

```
SELECT 学号,课程号,成绩
FROM 成绩表
WHERE (课程号='101' OR 课程号='102') AND 成绩>=60
```

运行结果如图 5-12 所示。

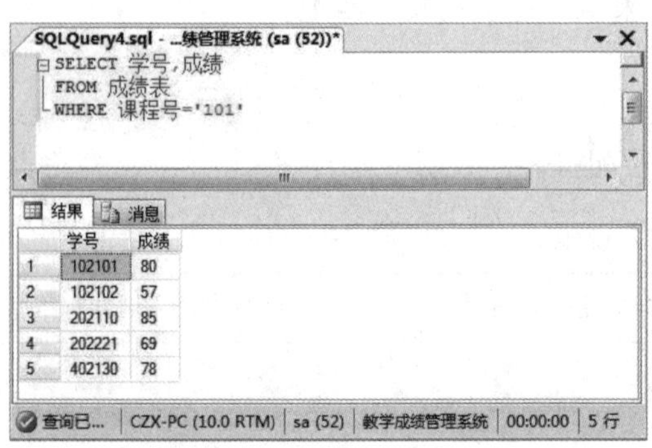

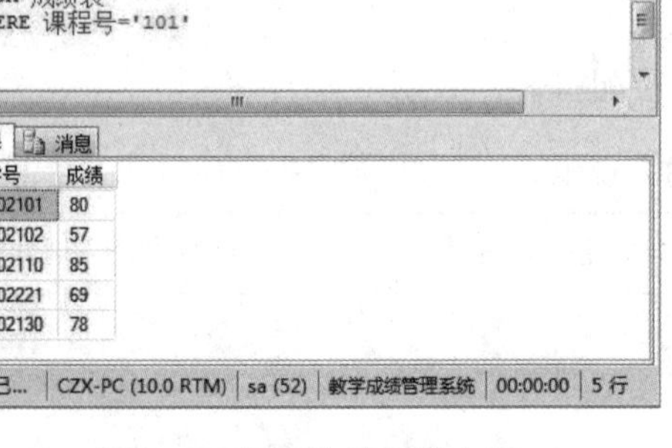

	学号	成绩
1	102101	80
2	102102	57
3	202110	85
4	202221	69
5	402130	78

图 5-11　使用比较条件查询

图 5-12　使用逻辑条件查询

提示

WHERE 子句后面的条件为条件表达式，当有一个以上的逻辑表达式时，就需要使用逻辑运算符 AND、OR 和 NOT 将多个查询条件连接起来，组成复合的逻辑表达式。其优先级由高到低为：NOT、AND、OR。用户可以使用括号改变优先级。

- AND（与）：当所有给出的查询条件为真时，结果为真。
- OR（或）：当所有给出的查询条件中只要有一个为真，结果为真。
- NOT（非）：否定其后的表达式。

（3）使用范围条件查询，返回成绩表中固定的行，对应的 SQL 语句如下。

```
SELECT 学号,成绩
FROM 成绩表
WHERE ( 成绩 BETWEEN  80  AND  90 )  AND 课程号='101'
```

运行结果如图 5-13 所示。

提示

上面 SQL 语句等价于以下语句。

```
SELECT 学号,成绩 FROM 成绩表
WHERE ( 成绩> = 80 AND 成绩< = 90 ) AND 课程号= '101'
```

(4) 使用字符串匹配条件查询,返回学生信息表中固定的行,对应的 SQL 语句如下。

```
SELECT 学号,姓名
FROM 学生信息表
WHERE 姓名 LIKE'张%'
```

运行结果如图 5-14 所示。

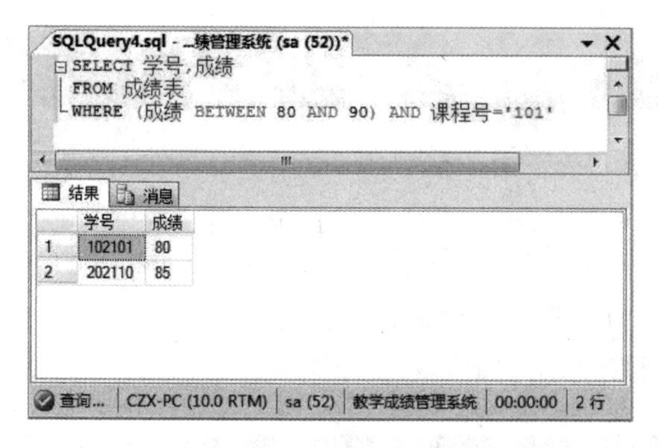

图 5-13 使用范围条件查询

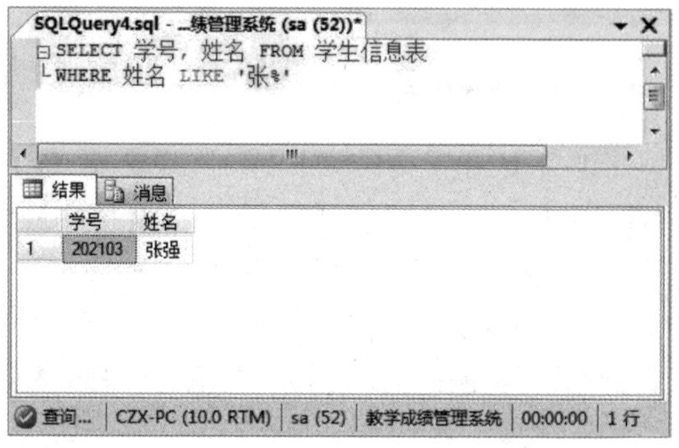

图 5-14 使用字符串匹配条件查询

(5) 使用列表条件查询,返回课程表中固定的行,对应的 SQL 语句如下。

```
SELECT 课程号,课程名,授课教师
FROM 课程表
WHERE 课程名 IN('C 语言','数据库','计算机基础')
```

运行结果如图 5-15 所示。

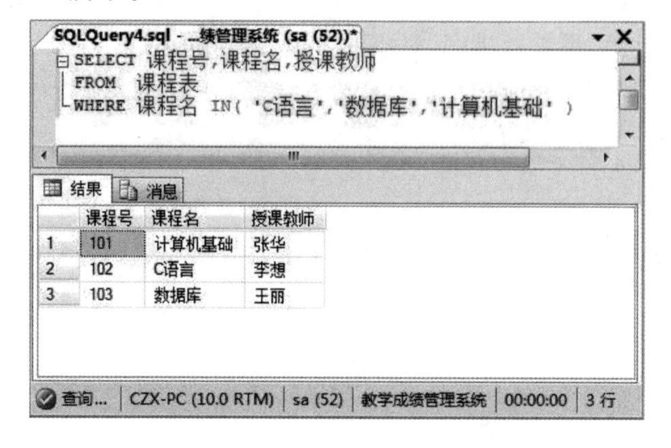

图 5-15 使用列表条件查询

提示

(1) 如果列值的取值范围不是一个连续的区间,而是该区间范围内的某些值,此时就不能用 BETWEEN…AND 关键字,可以使用关键字 IN。

(2) 上面 SQL 语句等价于以下语句。

```
SELECT  课程号,课程名,授课教师  FROM 课程表
WHERE  课程名='C 语言'OR 课程名='数据库'OR 课程名='计算机基础'
```

子任务 1.3 查询的排序

知识梳理

当需要对查询结果排序时,应该在 SELECT 语句中使用 ORDER BY 子句。ORDER BY 子句包括了一个或多个用于指定排序顺序的列名,排序方式可以指定。其中,DESC 为降序,ASC 为升序,默认为升序。ORDER BY 子句必须出现在其他子句之后。

ORDER BY 子句支持使用多列,可以使用以逗号分隔的多个列作为排序依据。其中,查询结果将先按指定的第一列进行排序,然后再按指定的下一列进行排序。

任务描述

查询选修了课程号为"101"的学生学号和成绩,并按成绩降序排列。

任务实施

对成绩表中的查询结果进行排序,对应的 SQL 语句如下。

```
SELECT 学号,课程号,成绩
FROM 成绩表
WHERE 课程号='101'
ORDER BY 成绩 DESC
```

运行结果如图 5-16 所示。

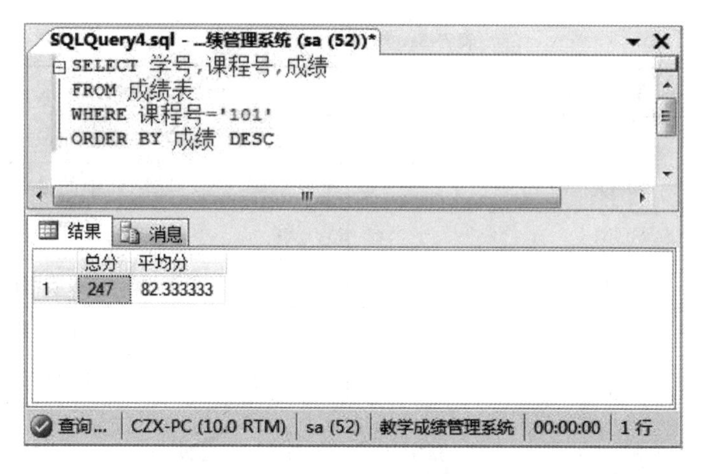

图 5-16　对查询结果进行排序

任务 2 分组与汇总查询

在实际应用中，有时候不仅需要按照要求进行数据查询，常常还需要对查询所得的结果进行分类、统计和汇总等操作，可以用来分组查询的有 GROUP BY 子句、HAVING 子句、COMPUTE 子句、COMPUTE BY 子句等。具体的功能介绍如下。

- GROUP BY 子句进行分组查询时需要使用聚合函数。
- HAVING 子句用于限定分组条件，在 GROUP BY 子句之后，其后也可以使用聚合函数。
- COMPUTE 子句可以根据需要完成计算并得到新的一行。
- COMPUTE BY 子句用于分组，并对每组结果进行计算，显示分组查询的明细。

子任务 2.1　聚合函数

知识梳理

GROUP BY 子句可以将查询结果按属性列或属性列组合在行的方向上进行分组，每组在属性列或属性列组合上具有相同的聚合值。如果聚合函数没有使用 GROUP BY 子句，则只为 SELECT 语句报告一个聚合值。常用的聚合函数如表 5-3 所示。

表 5-3　常用的聚合函数

函数名称	功　　能
MIN	求一列中的最小值
MAX	求一列中的最大值
SUM	按列计算总和
AVG	按列计算平均值
COUNT	按列值计个数
COUNT（*）	返回表中的所用行数

聚合函数也称为统计函数，经常与 SELECT 语句一起使用，它对一组值进行计算并返回一个数值，用于在查询结果集中产生累加和、平均值、记录个数、最大值、最小值等汇总性的数据，既可以是一个表中的全部记录，也可以是由 WHERE 子句指定的该表的一个子集。

任务描述

（1）查询学号为“102101”学生的总分和平均分。

（2）查看成绩表中成绩的最高分和最低分，并分别为列指定别名为“最高分”和“最低分”。

（3）统计出学生信息表中“机械”系学生的总人数。

任务实施

（1）使用 SUM 函数和 AVG 函数，查询成绩表中指定学生的信息，对应的 SQL 语句如下。

```
SELECT  SUM(成绩) AS 总分,  AVG(成绩) AS 平均分
FROM 成绩表
WHERE 学号='102101'
```

运行结果如图 5-17 所示。

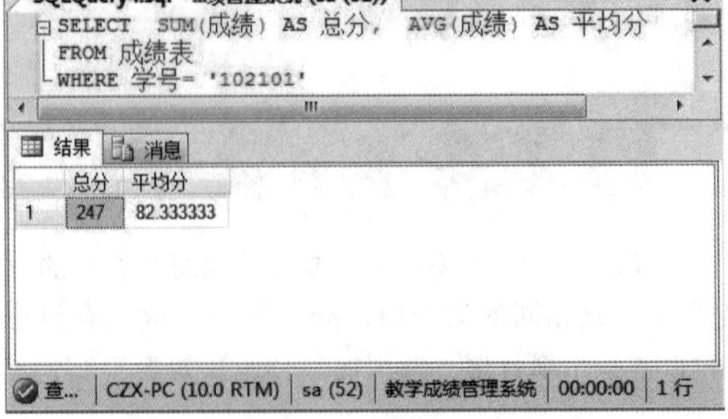

图 5-17　查询指定学生的信息

提示

函数 SUM 和 AVG 只能对数值型字段进行计算。

(2) 使用 MIN 函数和 MAX 函数，查询成绩表中成绩的信息，对应的 SQL 语句如下。

```
SELECT  MAX(成绩) AS 最高分,  MIN(成绩) AS 最低分
FROM 成绩表
```

运行结果如图 5-18 所示。

(3) 使用 COUNT 函数，按系别统计出学生信息表中的学生数，对应的 SQL 语句如下。

```
SELECT  COUNT(学号)  FROM 学生信息表
WHERE 所在系='机械'
```

运行结果如图 5-19 所示。

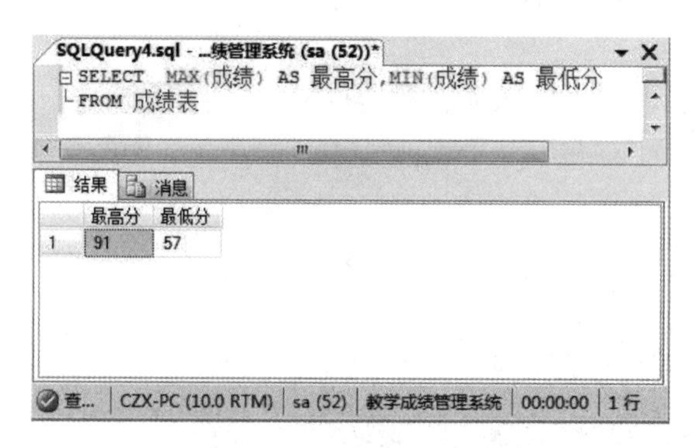

图 5-18 查询成绩的信息

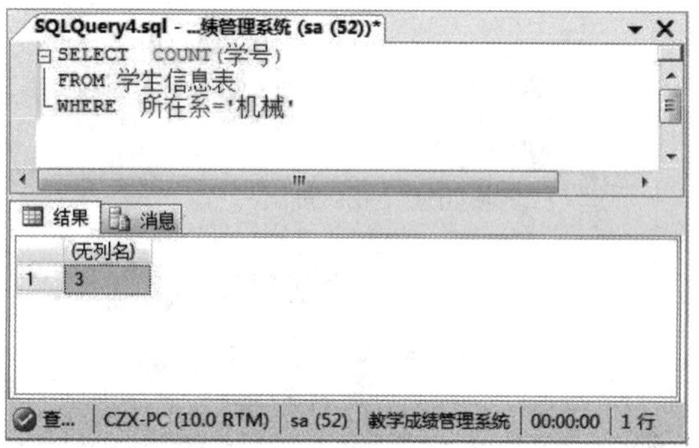

图 5-19 按系别统计学生数

子任务 2.2 使用 GROUP BY 子句分类汇总

知识梳理

一个聚合函数只返回一个单个的汇总数据。在实际应用中，用户常需要得到不同类别的汇总数据，这时可以使用 GROUP BY 子句来实现分类汇总。该子句根据指定的列名进行分组(即列值相同的记录组成一组)，然后对每一组进行汇总计算。每一组生成一条记录，并且汇总结果按升序排列。还可以用 HAVING 子句排除不符合逻辑表达式的一些组。其语法形式如下。

```
SELECT    列名表  FROM  表名
GROUP  BY  列名
[HAVING  逻辑表达式]
```

如果 GROUP BY 子句中指定了多个列，则表示基于这些列的唯一组合来进行分组。

在该分组过程中，首先按第一列进行分组并按升序排列，然后按第二列进行分组并按升序排列，依此类推，最后在分好的组中汇总。因此，指定的列的顺序不同，返回的结果也不同。

任务描述

（1）在成绩表中，统计每门课程的平均分。

（2）在学生表中，统计各专业男女生的人数。

（3）统计平均成绩超过 75 分的学生学号和平均成绩。

任务实施

（1）按课程号统计成绩表中每门课程的平均分，对应的 SQL 语句如下。

```
SELECT 课程号,AVG(成绩) AS 平均分
FROM 成绩表
GROUP BY 课程号
```

运行结果如图 5-20 所示。

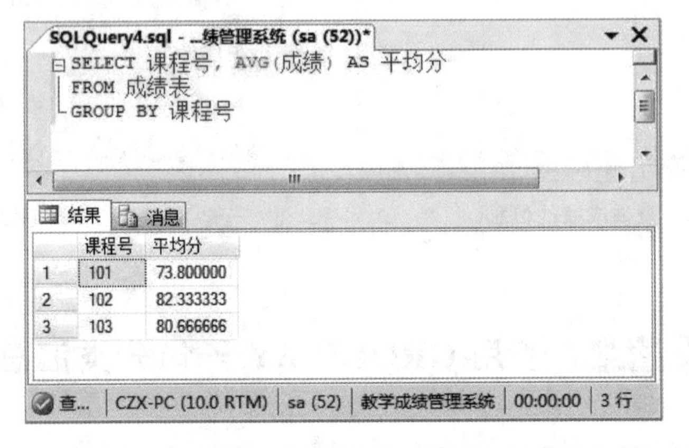

图 5-20　按课程号统计成绩表中每门课程的平均分

提示

SELECT 中的列名必须是 GROUP BY 子句中出现了的列名。

（2）按专业和性别统计学生信息表中的人数，对应的 SQL 语句如下。

```
SELECT 性别,专业名,COUNT(性别) AS 人数
FROM 学生信息表
GROUP BY 性别,专业名
ORDER BY 性别 DESC
```

运行结果如图 5-21 所示。

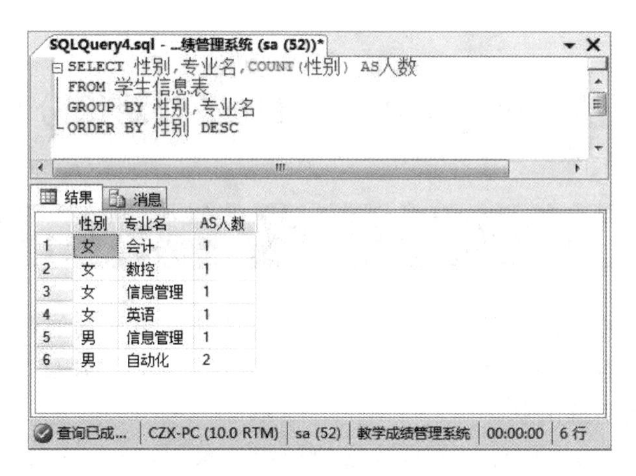

图 5-21　按专业和性别统计学生数

(3) 对成绩表中分组汇总的结果进行筛选,对应的 SQL 语句如下。

```
SELECT 学号,AVG(成绩) AS 超过的平均成绩
FROM 成绩表
GROUP BY 学号
HAVING AVG(成绩)> 75
```

运行结果如图 5-22 所示。

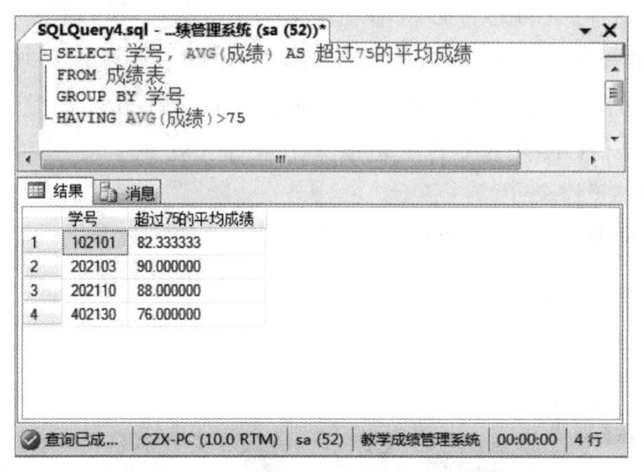

图 5-22　对分组汇总的结果进行筛选

提示

WHERE 子句与 HAVING 子句的区别是,WHERE 子句作用于表(在分组之前对表中的记录先筛选),HAVING 子句作用于组(在分组之后对生成的组进行筛选);HAVING 子句中可以有聚合函数,WHERE 子句中不能有聚合函数。当二者同时出现时,先执行 WHERE 子句过滤不符合条件的记录,然后用 GROUP BY 子句对余下记录按指定列分组,最后再用 HAVING 子句排除一些组。

子任务 2.3 使用 COMPUTE 子句明细分类汇总

知识梳理

有时用户不仅需要知道数据汇总的情况，可能还需要知道详细的数据记录，此时可以使用 COMPUTE 或 COMPUTE BY 子句生成明细汇总结果。COMPUTE 子句的作用是对查询结果集的记录进行明细汇总。

查询返回的结果集有两个：一个是数据的详细记录，另一个是汇总记录。而 GROUP BY 仅显示汇总结果，不显示数据的详细记录。其语法格式如下。

```
SELECT 列名
FROM  表名
[ORDER BY  列名]
COMPUTE  聚合函数(列名)
[BY     列名]
```

其中，主要参数的含义如下。

(1) COMPUTE 子句中的列名必须出现在 SELECT 子句的列表中。

(2) BY 子句表示按指定的列进行明细汇总，使用 BY 子句时必须与 ORDER BY 子句一起使用，BY 子句后的列名必须具有和 ORDER BY 子句后的列名相同的顺序，并且不能跳过其中的列。例如，如果 ORDER BY 子句按如下顺序指定列：

```
ORDER  BY 列 A,列 B,列 C
```

则 BY 子句后的列表只能是下面任一种形式：

- BY 列 A，列 B，列 C
- BY 列 A，列 B
- BY 列 A

任务描述

(1) 在成绩表中，统计成绩不及格的记录数，并显示明细信息。

(2) 在成绩表中，统计各门课程的平均成绩，按课程降序排列，并显示明细信息。

任务实施

(1) 使用 COMPUTE 汇总显示分数小于 60 分的信息，对应的 SQL 语句如下。

```
SELECT 学号,课程号,成绩  FROM 成绩表  WHERE 成绩<60
COMPUTE  COUNT(成绩)
```

运行结果如图 5-23 所示。

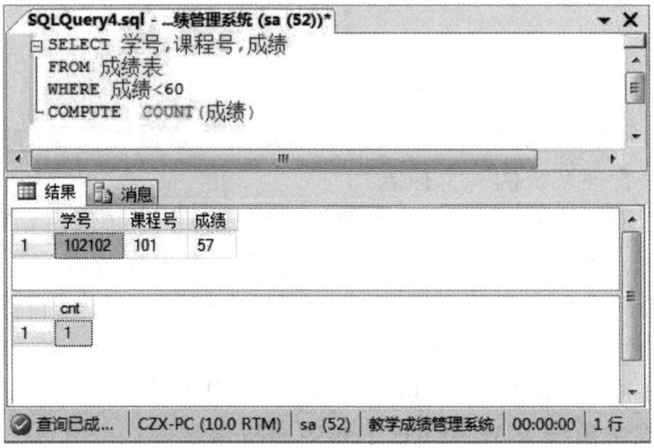

图 5-23　汇总显示分数小于 60 分的信息

(2) 使用 COMPUTE BY 汇总显示成绩表中的信息,对应的 SQL 语句如下。

```
SELECT 学号,课程号,成绩
FROM 成绩表
ORDER BY 课程号  DESC
COMPUTE AVG (成绩) BY 课程号
```

运行结果如图 5-24 所示。

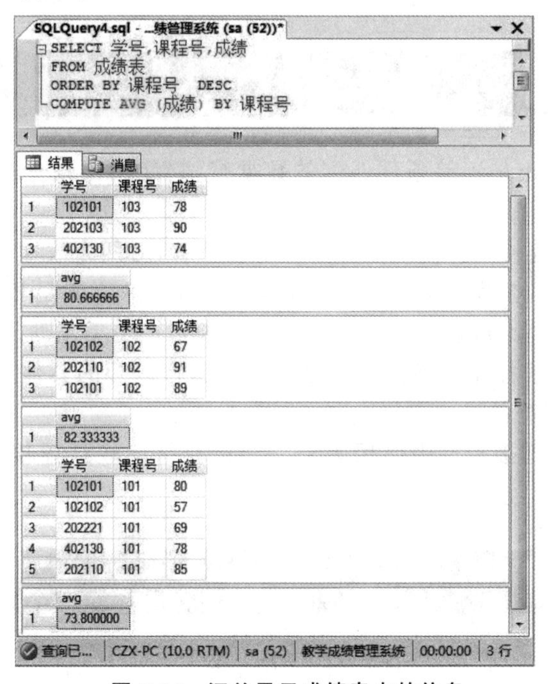

图 5-24　汇总显示成绩表中的信息

任务3 连接查询

通过连接运算符可以实现多个表查询。连接是关系数据库模型的主要特点，也是其区别于其他类型数据库管理系统的一个标志。

在关系数据库管理系统中，表建立时各数据之间的关系不必确定，常把一个实体的所有信息存放在一个表中。当检索数据时，通过连接操作查询出存放在多个表中的不同实体的信息。连接操作给用户带来很大的灵活性，他们可以在任何时候增加新的数据类型，为不同实体创建新的表，然后通过连接进行查询。

连接可以在 SELECT 语句的 FROM 子句或 WHERE 子句中建立，在 FROM 子句中指出连接时有助于将连接操作与 WHERE 子句中的搜索条件区分开来。所以，在 T-SQL 中推荐使用这种方法。其语法形式如下。

```
SELECT 列名表
FROM  表1[,…,n]
WHERE 查询条件  AND | OR  连接条件
```

子任务3.1 内连接

知识梳理

内连接查询操作列出与连接条件匹配的数据行，它使用比较运算符比较被连接列的列值。内连接分以下三种。

（1）等值连接　在连接条件中使用等于（=）运算符，对两个表中的公共列进行相等比较连接。首先将要连接的两个表进行笛卡儿积计算，然后消除不满足相等条件的那些数据行。等值连接的查询结果中列出被连接表中的所有列，包括其中的重复列（两个表的公共列）。

（2）比较连接　在连接条件使用除等号（=）运算符以外的其他比较运算符比较被连接的列的列值。这些运算符包括>、>=、<=、<、!>、!<和<>。

（3）自然连接　在连接条件中使用等于（=）运算符比较被连接列的列值，删除两个表中的公共列，只保留一个连接列的连接。

任务描述

查询不及格学生的学号、姓名、课程号、成绩信息。

任务实施

使用内连接，查询学生信息表和成绩表的信息，对应的 SQL 语句如下。

```
SELECT 学生信息表.学号,姓名,课程号,成绩
FROM 学生信息表,成绩表
WHERE 学生信息表.学号 = 成绩表.学号 AND 成绩 < 60
```

运行结果如图 5-25 所示。

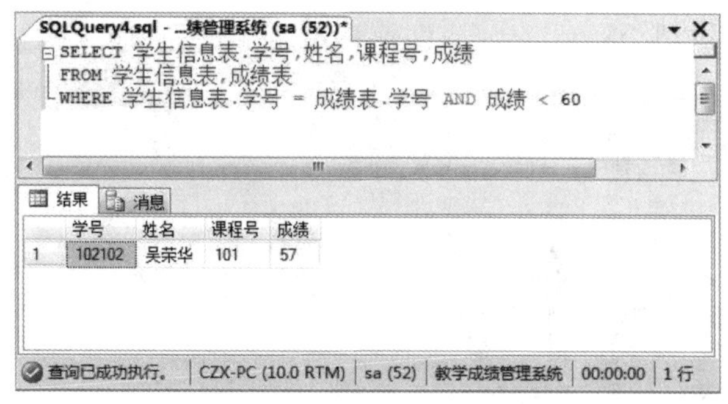

图 5-25　使用内连接查询

子任务 3.2　外连接

知识梳理

内连接时，返回查询结果集合中的仅是符合查询条件（WHERE 搜索条件或 HAVING 条件）和连接条件的行。而采用外连接时，它返回到查询结果集合中的不仅包含符合连接条件的行，而且还包括左表（左外连接时）、右表（右外连接时）或两个边接表（全外连接）中的所有数据行。

左外连接是在两个表进行内连接查询结果的基础上，左表中增加了不满足连接条件的那些行，右表中这些行的列值显示为空值（NULL）。查询结果集中显示左表中的所有记录，以及右表中符合条件的记录。

右外连接是在查询结果集中显示右边表中所有的记录，以及左边表中符合条件的记录。

全外连接就是在查询结果集中显示所有表中的所有记录，包括符合条件和不符合条件的记录。

任务描述

（1）用左外连接方式查询不及格学生的学号、姓名、课程号、成绩信息。

（2）用右外连接方式查询不及格学生的学号、姓名、课程号、成绩信息。

(3) 用全外连接方式查询不及格学生的学号、姓名、课程号、成绩信息。

任务实施

(1) 使用左外连接，查询学生信息表和成绩表中的相关信息，对应的 SQL 语句如下。

```
SELECT 学生信息表．学号，姓名，课程号，成绩
FROM  学生信息表  LEFT  JOIN  成绩表
ON 学生信息表．学号  =  成绩表．学号  AND  成绩 <  60
```

运行结果如图 5-26 所示。

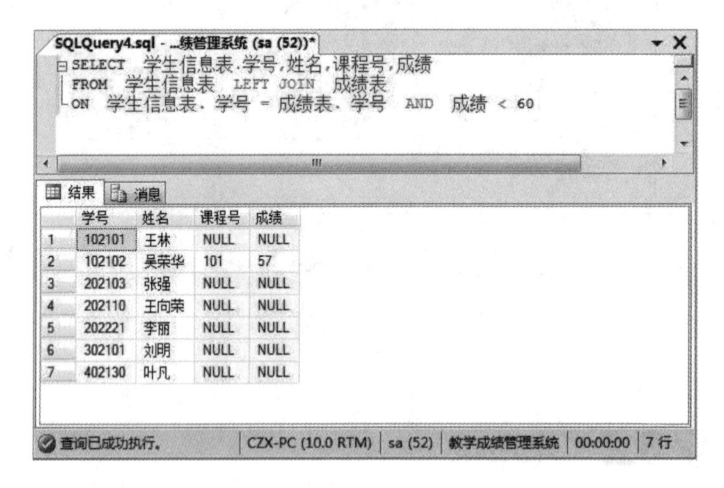

	学号	姓名	课程号	成绩
1	102101	王林	NULL	NULL
2	102102	吴荣华	101	57
3	202103	张强	NULL	NULL
4	202110	王向荣	NULL	NULL
5	202221	李丽	NULL	NULL
6	302101	刘明	NULL	NULL
7	402130	叶凡	NULL	NULL

图 5-26　使用左外连接查询

提示

"LEFT JOIN"表示该连接属于左外连接。有些学生的"课程号"和"成绩"字段内容为 NULL，表示在成绩表中这些学生的成绩都在 60 分以上。

(2) 使用右外连接，查询学生信息表和成绩表中的相关信息，对应的 SQL 语句如下。

```
SELECT 学生信息表．学号，姓名，课程号，成绩
FROM  学生信息表  RIGHT  JOIN  成绩表
ON 学生信息表．学号  =  成绩表．学号  AND  成绩 <  60
```

运行结果如图 5-27 所示。

提示

"RIGHT JOIN"表示该连接属于右外连接。有些学生的"学号"和"姓名"字段内容为 NULL，表示在学生表中这些学生的成绩都在 60 分以上。

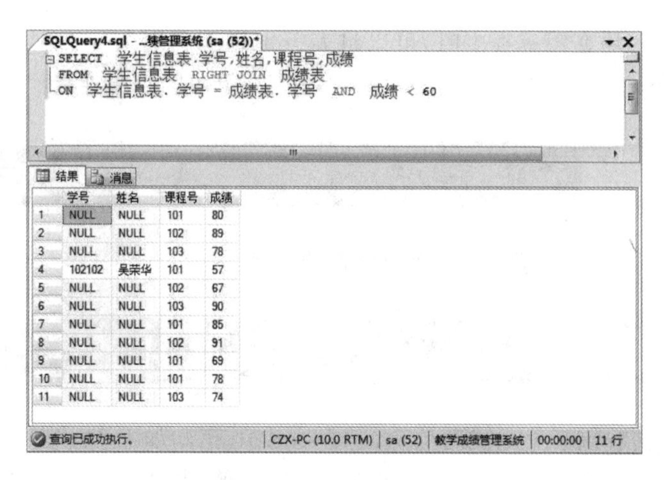

图 5-27　使用右外连接查询

(3) 使用全外连接,查询学生信息表和成绩表中的相关信息,对应的 SQL 语句如下。

```
SELECT 学生信息表. 学号,姓名,课程号,成绩
FROM  学生信息表  FULL  JOIN  成绩表
ON 学生信息表.学号  =  成绩表. 学号  AND  成绩 <  60
```

运行结果如图 5-28 所示。

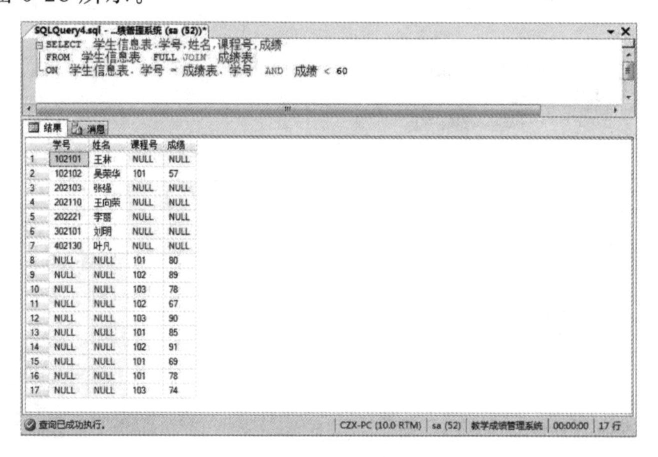

图 5-28　使用全外连接查询

子任务 3.3　自连接

知识梳理

当一个表与其自己进行连接操作时,称为表的自连接。

当要查询的内容均在同一表中时，可以将表分别取两个别名，一个是 X，一个是 Y。将 X，Y 中满足查询条件的行连接起来。这实际上是同一个表的自身连接。

任务描述

查询结果集中一行显示每位学生两门课程的成绩。

任务实施

（1）使用自连接查询学生的成绩信息，对应的 SQL 语句如下。

```
SELECT  A.学号， A.课程号， A.成绩， B.课程号， B.成绩
FROM 成绩表 A  JOIN 成绩表 B
ON  A.学号 =  B.学号  AND  A.课程号< > B.课程号
```

运行结果如图 5-29 所示。

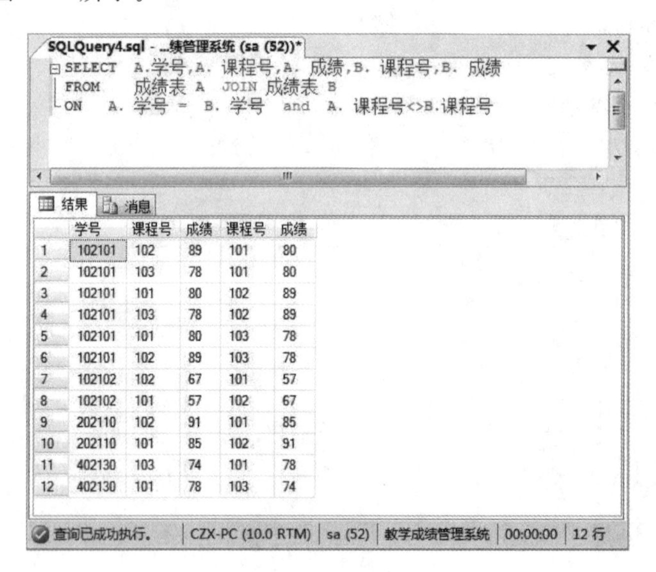

	学号	课程号	成绩	课程号	成绩
1	102101	102	89	101	80
2	102101	103	78	101	80
3	102101	101	80	102	89
4	102101	103	78	102	89
5	102101	101	80	103	78
6	102101	102	89	103	78
7	102102	102	67	101	57
8	102102	101	57	102	67
9	202110	102	91	101	85
10	202110	101	85	102	91
11	402130	103	74	101	78
12	402130	101	78	103	74

图 5-29　使用自连接查询

（1）在“FROM 成绩表 A　JOIN　成绩表 B”子句中将成绩表分别取了两个别名 A 和 B。

（2）“JOIN”表示该连接属于自连接。

（3）表与表之间的连接条件写在 ON 子句中。

任务4 子查询

知识梳理

在 WHERE 子句中包含一个形如 SELECT…FROM…WHERE 的查询块，此查询块称为子查询或嵌套查询，包含子查询的语句称为父查询或外部查询。

当子查询的返回值只有一个时，可以使用比较运算符（=，>，<，>=，<=，！=）将父查询和子查询连接起来。

如果子查询的返回值不止一个，而是一个集合时，则不能直接使用比较运算符，可以在比较运算符和子查询之间插入 ANY 或 ALL。

- ANY 表示在进行比较运算时，只要子查询中有一行数据能使结果为真，则 WHERE 子句的条件为真。
- ALL 表示在进行比较运算时，要求子查询中的所有数据都是结果为真，则 WHERE 子句的条件才为真。

如果子查询返回的单列多个值，还可以使用 IN 运算符进行比较，如果比较结果为真，则显示外部查询的结果，否则不显示。NOT IN 的作用刚好相反。

带有 EXISTS 的子查询不返回任何实际数据，EXISTS 表示存在量词，它只得到逻辑值“真”或“假”。当子查询的的查询结果集合为非空时，外层的 WHERE 子句返回真值，否则返回假值。

任务描述

（1）查询平均分小于 80 分的学生的学号和姓名。
（2）查询成绩小于 60 分的课程，要求显示课程号和授课教师。
（3）查询成绩表中每门课程的最低分，要求显示学号、课程号和成绩。
（4）查询成绩大于等于 60 分的课程，要求显示课程号和授课教师。
（5）至少有一门课程不及格的学生的信息，要求显示学号和姓名。

任务实施

（1）使用子查询，查询平均分小于 80 分的学生信息，对应的 SQL 语句如下。

```
SELECT 学号,姓名
FROM 学生信息表
WHERE (SELECT AVG(成绩)
FROM 成绩表,学生信息表
WHERE (成绩表.学号=学生信息表.学号))<80
```

运行结果如图 5-30 所示。

(2) 使用 ANY 运算符，根据学生的分数查询授课信息，对应的 SQL 语句如下。

```
SELECT 课程号,授课教师
FROM 课程表
WHERE 课程号=ANY
(SELECT 课程号  FROM  成绩表  WHERE 成绩<60 )
```

运行结果如图 5-31 所示。

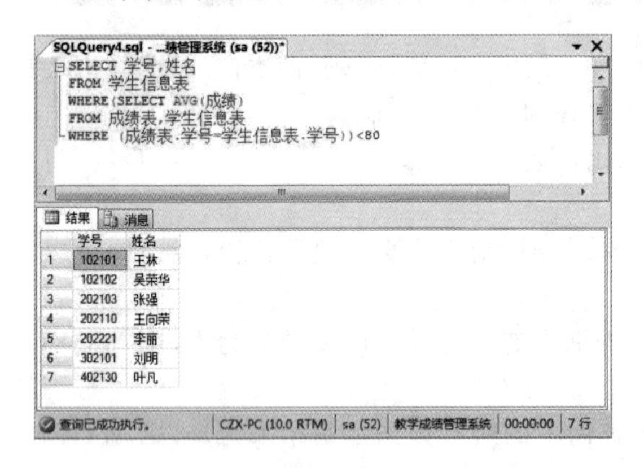

图 5-30　使用子查询来查询平均分小于 80 分的学生信息

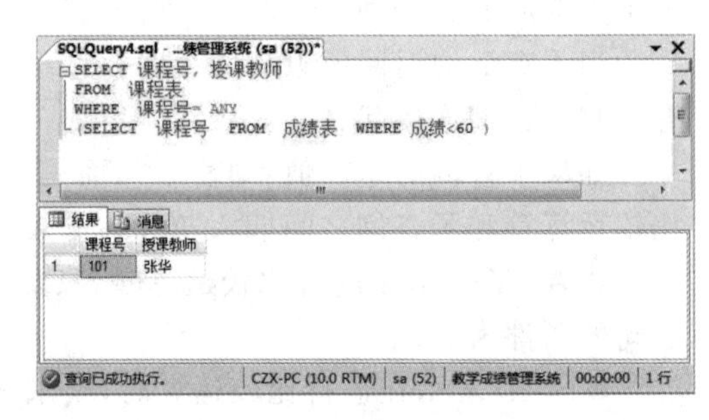

图 5-31　使用 ANY 运算符查询

(3) 使用 ALL 运算符，查询成绩表中的分数信息，对应的 SQL 语句如下。

```
SELECT *
FROM 成绩表 A
WHERE 成绩 <=ALL
(SELECT 成绩 FROM 成绩表 B WHERE B.课程号=A.课程号)
```

运行结果如图 5-32 所示。

(4) 使用 IN 运算符，根据学生的成绩信息查询授课信息，对应的 SQL 语句如下。

```
SELECT 课程号,授课教师
FROM 课程表
WHERE 课程号  NOT IN
(SELECT 课程号  FROM  成绩表 WHERE 成绩 <  60 )
```

运行结果如图 5-33 所示。

(5) 使用 EXISTS 运算符，根据学生的成绩信息查询个人信息，对应的 SQL 语句如下。

```
SELECT DISTINCT 学号,姓名  FROM  学生信息表 A
WHERE EXISTS
(SELECT * FROM  成绩表 B
WHERE  B.学号 =  A.学号 AND 成绩 <60 )
```

运行结果如图 5-34 所示。

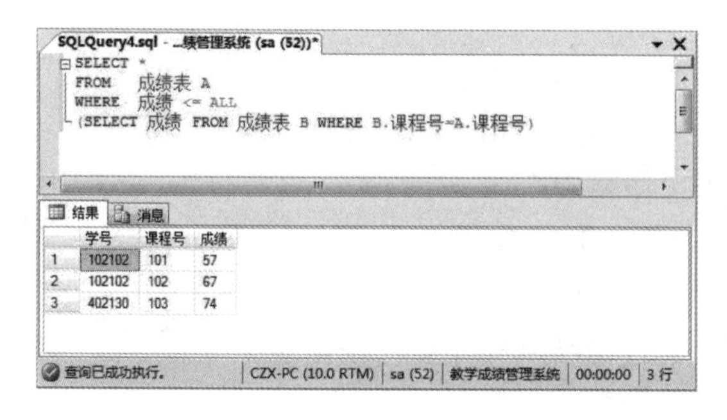

图 5-32　使用 ALC 运算符查询

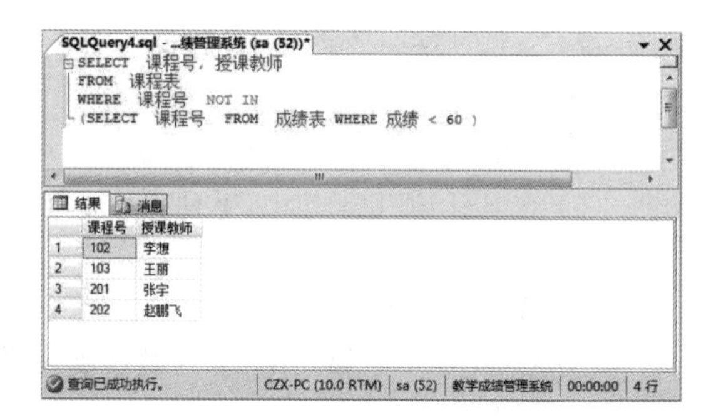

图 5-33　使用 IN 运算符查询

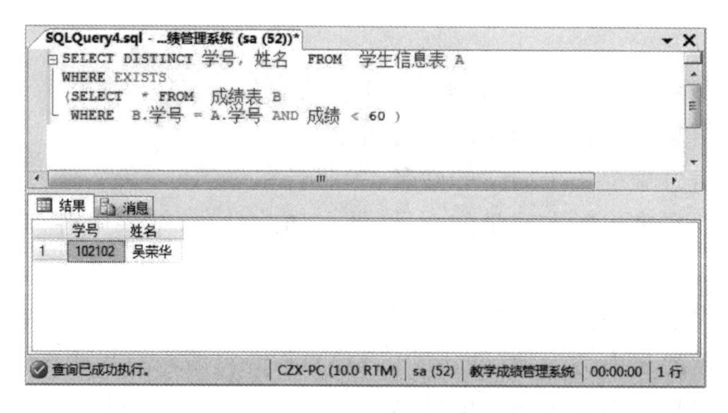

图 5-34　使用 EXISTS 运算符查询

单元习题 5

1. 选择题

(1) 将条件表达式 BETWEEN 20 AND 40 改写为逻辑表示式的形式应该为________________________________。

(2) 在对数据行分组以后,可以使用子句________________对组进行筛选。

2. 选择题

(1) 在 SELECT 语句中,下列哪种子句用于指出所查询的数据表名(　　)。

(A)SELECT　　(B)INTO

(C)FROM　　(D)WHERE

(2) 在 SELECT 中,下列哪种子句用于对分组统计进一步设置条件(　　)。

(A)HAVING　　(B)GROUP BY

(C)ORDER BY　　(D)WHERE

(3) SQL 语言中,条件"年龄 BETWEEN 20 AND 30"表示年龄在 20 岁至 30 岁之间,且(　　)。

(A)包括 20 岁和 30 岁　　(B)不包括 20 岁和 30 岁

(C)包括 20 岁但不包括 30 岁　　(D)包括 30 岁但不包括 20 岁

(4) SQL Server 2008 中表查询的命令是(　　)。

(A)USE　　(B)SELECT

(C)UPDATE　　(D)DROP

(5) 在 SELECT 子句中,下列哪种子句用于选择列表(　)。

(A)SELECT　　(B)INTO

(C)FROM　　(D)WHERE

(6) 在 SELECT 语句中,下列哪种子句用于将查询结果存储在一个新表中(　　)。

(A)SELECT　　(B)INTO

(C)FROM　　(D)WHERE

3. 上机测试

以下题目均在教学成绩管理系统数据库中完成。

(1) 查询学生信息表中各个同学的所有信息。

(2) 查询学生信息表中各个同学的姓名、专业名和总学分。

(3) 查询学生信息表中所有同学的学号、姓名和总学分,结果中各列的标题分别指定为 num,name 和 mark。

(4) 统计学生信息表中男、女学生的人数。

(5) 查询学生信息表中的专业(使用 DISTINCT 子句消除结果集中的重复行)。

(6) 查询学生信息表中各个同学的姓名、专业名和总学分,只返回结果集的前 5 行。

(7) 查询选修了"102"课程的学生的最高分和最低分。

(8) 查询学生信息表中专业为"计算机"的同学的情况。

(9) 查询学生信息表中 1979 年出生的学生姓名和专业情况。

(10) 查询学生信息表中专业名为"计算机"或"机械"的学生的情况。

(11) 查询学生信息表中姓"张"或"王"或"李"且单名的学生的情况。

(12) 查询选修了"101"课程的学生的平均成绩。

(13) 统计专业为"计算机"的学生的总人数。

(14) 从学生信息表中查询学生的基本信息,要求按照总学分从高到低排序,学分相同时,按学号由低到高排序。

(15) 统计选修了"101"课程的学生的人数。

(16) 统计专业人数在 2 个及以上的专业名称和人数。

项目6　教学成绩管理系统数据库的编程操作（视图、存储过程和触发器）

视图、存储过程和触发器是 SQL Server 重要的数据库对象，在学生信息管理系统开发中，应用视图、存储过程和触发器等技术，能收到提高所开发系统的安全性、提高执行效率、方便代码管理等效果。本项目就如何在 SQL Server 2008 数据库产品环境中，以学生信息管理系统的数据库相关的表为应用对象，针对视图、存储过程和触发器的典型常用的技术，在了解对应的知识理论基础上，设置相应的典型任务，并且给出具体的实现步骤。

通过本项目的学习训练，让学生在开发相应的信息管理系统时，针对数据库层面上的应用掌握以下基本技能：掌握视图的建立、修改、使用和删除操作；并能通过视图查询数据、修改数据、更新数据和删除数据；掌握存储过程，触发器的概念、用途、创建、修改等管理和操作；能编写简单的存储过程；要求熟练运用 INSERT 触发器、UPDATE 触发器和 DELETE 触发器。

任务1　视图

视图是关系数据库系统提供给用户以多种角度观察数据库中数据的重要途径的手段，视图是一个虚拟表，并不表示任何物理数据，只是一个用于查看数据的窗口而已，视图是从一个或几个表导出来的表，它实际上是一个查询结果，视图的名字和视图对应的查询存储在数据字典中。在用户看来，视图其实是通过不同的路径去看一个实际的表，它就像一个窗口，用户通过它来观察外面的事物，可以看到事物的不同部分，而通过视图用户可以看到数据库中自己感兴趣的内容。

视图作为一种数据库对象，为用户提供了一种可以检索数据表中的数据的方式。用户通过视图来浏览数据表中感兴趣的部分或全部数据，而数据的物理存储位置仍然在表中。本任务将介绍视图的概念以及创建、修改和删除视图的方法。

子任务1.1　创建视图

知识梳理

一、视图的概念

视图是一个虚拟表，并不表示任何物理数据，只是一个用来查看数据的窗口而已。视图与真正的表类似，也是由一组命名的列和数据行所组成，其内容由查询所定义。但是视图并不是以一组数据的形式存储在数据库中，数据库中只存储视图的定义，而不存储视图对应的数据，这些数据仍存储在导出视图的基本表中。当基本表中的数据发生变化时，从视图中查询出来的数据也随之改变。

视图中的数据自于基本表，是在视图被引用时动态生成的。使用视图可以集中、简化和制定用户的数据库显示，用户可以通过视图来访问数据，而不必直接去访问该视图的基本表。

视图由视图名和视图定义两部分组成。视图是从一个或几个表导出来的表，它实际上是一个查询结果，视图的名字和视图对应的查询存储在数据字典中。例如，学生数据库中有学生基本信息表“学生信息表”(包括学号、姓名、所在系、专业名、性别、出生日期、民族、联系电话和备注等信息)，此表为基本表，对应一个存储文件。可以在其基础上定义一个学生基本情况表 v_stu1(包括学号、姓名、所在系、专业名、性别、出生日期、民族、联系电话和备注等信息)。在数据库中只存储“学生信息表”的定义，而 v_stu1 表的记录不重复存储。在用户看来，视图是通过不同路径去看一个实际表，就像一个窗口，用户通过它来观察外面的事物，可以看到事物的不同部分，而透过视图用户可以看到数据库中自己感兴趣的内容。

二、使用视图的优点和缺点

1. 使用视图的优点

(1) 数据保密。对不同的用户定义不同的视图，使用户只能看到与自己有关的数据。

(2) 简化查询操作。为复杂的查询建立一个视图，用户不必输入复杂的查询语句，只需针对此视图进行简单的查询即可。

(3) 保证数据的逻辑独立性。对于视图的操作(如查询)只依赖于视图的定义，当构成视图的基本表需要修改时，只需要修改视图定义中的子查询部分，而基于视图的查询不需要改变。

2. 使用视图的缺点

当更新视图中的数据时，实际上是对基本表的数据进行更新。事实上，当从视图中插入或者删除数据时，情况也是这样的。然而，某些视图是不能更新数据的，这些视图有如下的特征。

(1) 有 UNION 等集合操作符的视图。

(2) 有 GROUP BY 子句的视图。

(3) 有诸如 AVG、SUM 或者 MAX 等函数的视图。

(4) 使用 DISTINCT 关键字的视图。

(5) 连接表的视图(其中有一些例外)。

三、视图的创建

用户必须拥有数据库所有者授予的创建视图的权限才可以创建视图，同时，用户也必须对定义视图时所引用到的表有适当的权限。视图的创建者必须拥有在视图定义中引用任何对象的许可权,如相应的表、视图等,才可以创建视图。

创建视图的基本语法格式如下。

```
CREATE  VIEW view_name
[WITH  ENCRYPTION]
AS
Select_statement
```

说明

(1) WITH ENCRYPTION 子句是对视图进行加密,以保证其定义不会被任何人(包括视图的拥有者)获得。

(2) 视图的命名必须遵循标识符规则,对每一个用户都是唯一的。视图名称不能与创建该视图的用户的其他任何一个表的名称相同。

任务描述

(1) 使用 T-SQL 语句在"学生信息表"表中创建一个名为 v_stu1 的视图。该视图仅查看"学生信息表"表中性别是"男"的学生的信息。

(2) 使用 T-SQL 语句在"教学成绩管理系统"数据库中创建一个名为 v_stu2 的视图。该视图仅显示"学生信息表"表中的"学号"和"姓名"列。

任务实施

(1) 在 SQL Server Management Studio 查询窗口中运行如下命令。

```
USE  教学成绩管理系统
GO
CREATE VIEW v_stu1
AS
SELECT  *
FROM 学生信息表
WHERE 性别='男'
```

视图创建成功后,用户可以通过查询语句来检查视图是否建立以及视图的返回结果。在 SQL Server Management Studio 查询窗口中运行如下命令。

```
USE  教学成绩管理系统
SELECT  *
FROM  v_stu1
```

运行完毕后，在“结果”选项卡中返回的结果如图 6-1 所示，表示视图创建成功同时返回相应视图的结果。

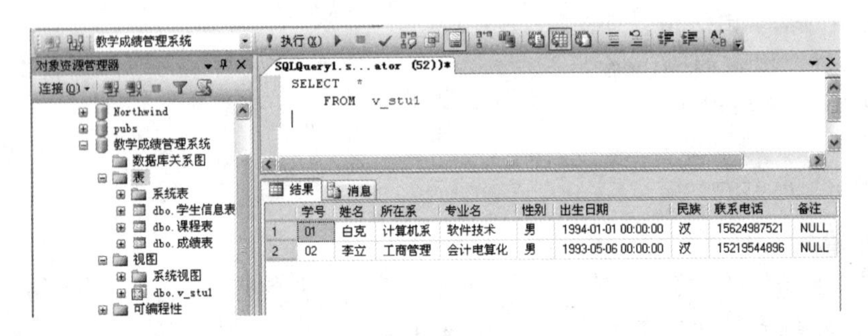

图 6-1　创建视图一

(2) 在 SQL Server Management Studio 查询窗口中运行如下命令。

```
USE  教学成绩管理系统
GO
CREATE  VIEW  v_stu2
AS
SELECT 学号,姓名
FROM 学生信息表
```

视图创建成功后，用户可以通过查询语句来检查视图是否建立以及视图的返回结果。在 SQL Server Management Studio 查询窗口中运行如下命令。

```
USE 教学成绩管理系统
SELECT  *
FROM  v_stu2
```

运行完毕后，在“结果”选项卡中返回的结果如图 6-2 所示，表示视图创建成功的同时返回相应视图的结果。

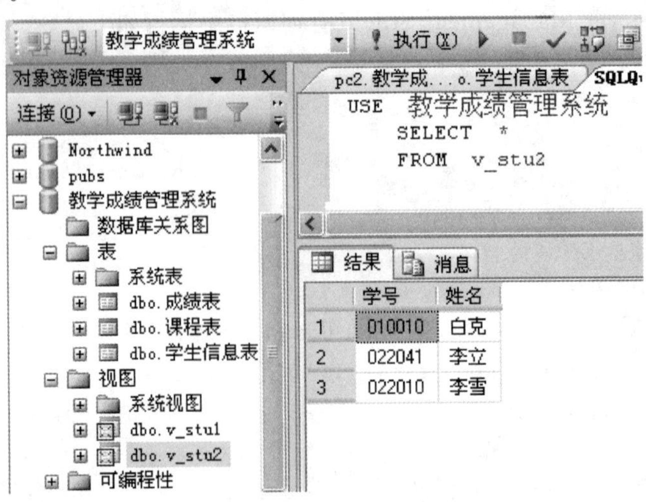

图 6-2　创建视图二

提示

在创建视图时,还应注意视图必须满足以下几点限制。

(1) 不能将规则或者 DEFAULT 定义关联于视图。

(2) 定义视图的查询中不能含有 ORDER BY、COMPUTER、COMPUTER BY 子句和 INTO 关键字。

(3) 如果视图中的某一列是一个算术表达式、构造函数或者常数,而且视图中两个或者更多的不同列拥有一个相同的名字(这种情况通常是因为在视图的定义中有一个连接,而且这两个或者多个来自不同表的列拥有相同的名字),此时,用户需要为视图的每一列指定列的名称。

子任务 1.2 修改视图

知识梳理

如果使用 SELECT 语句创建了一个视图,然后又修改了基本表,如增加了一个新列,则这个新列不会自动出现在该视图中。为了能在视图中看到这个新列,必须修改视图的定义。可以使用 ALTER 语句来完成视图的修改,基本语法格式如下。

```
ALTER VIEW view_name
[WITH  ENCRYPTION]
AS
Select_statement
```

任务描述

使用 T-SQL 语句修改视图 v_stu2,使用其能显示“学生信息表”中的“学号”、“姓名”、“所在系”和“专业名”列,并要求加密。

任务实施

在 SQL Server Management Studio 查询窗口中运行如下命令。

```
USE  教学成绩管理系统
GO
ALTER VIEW v_stu2
```

```
WITH ENCRYPTION
AS
SELECT 学号,姓名,所在系,专业名
FROM 学生信息表
```

这时，如果在 SQL Server Managment Studio 查询窗口中查看该视图的信息，运行如下命令，运行结果如图 6-3 所示。

```
Use 教学成绩管理系统
GO
SELECT  *
FROM v_stu2
```

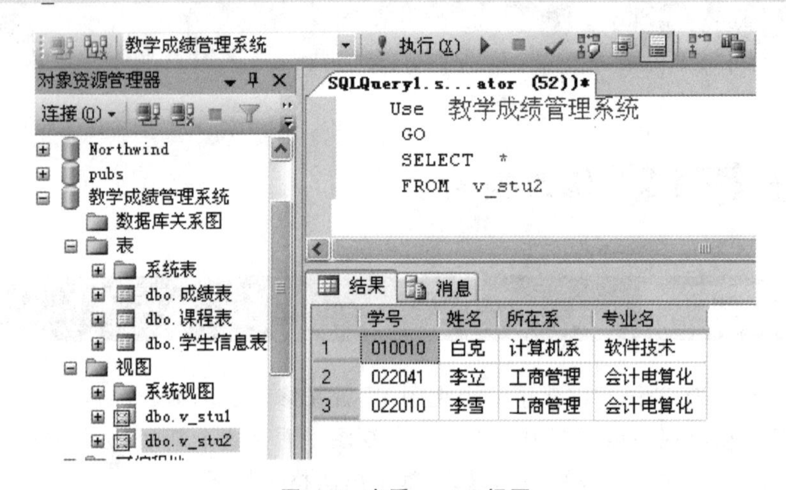

图 6-3　查看 v_stu2 视图

子任务 1.3　删除视图

知识梳理

视图的删除是通过 DROP 语句来实现的，其语法格式如下。

```
DROP   VIEWview_name  [……,n]
```

任务描述

使用 T-SQL 语句删除视图 v_stul。

任务实施

在 SQL Server Management Studio 查询窗口中运行如下命令。

```
USE 教学成绩管理系统
GO
DROP VIEW v_stu1
```

子任务 1.4 显示视图信息

知识梳理

显示视图定义信息可以使用系统存储过程 sp_helptext。该存储过程可以显示规则、默认值、未加密的存储过程、用户定义函数、触发器或视图的文本。如果查看视图的详细信息则可使用系统存储过程 sp_help。其语法格式分别如下。

```
EXEC sp_helptext  view_name
EXEC sp_help  view_name
```

任务描述

(1) 通过执行系统存储过程 sp_helptext 来查看视图 v_stu1 的定义信息。

(2) 通过执行系统存储过程 sp_help 来查看视图 v_stu1 的详细信息。

任务实施

(1) 在 SQL Server Management Studio 查询窗口中运行如下命令。

```
USE 教学成绩管理系统
GO
EXEC sp_helptext  v_stu1
```

运行结果如图 6-4 所示。

(2) 在 SQL Server Management Studio 查询窗口中运行如下命令。

```
USE 教学成绩管理系统
GO
EXEC sp_help  v_stu1
```

运行结果如图 6-5 所示。

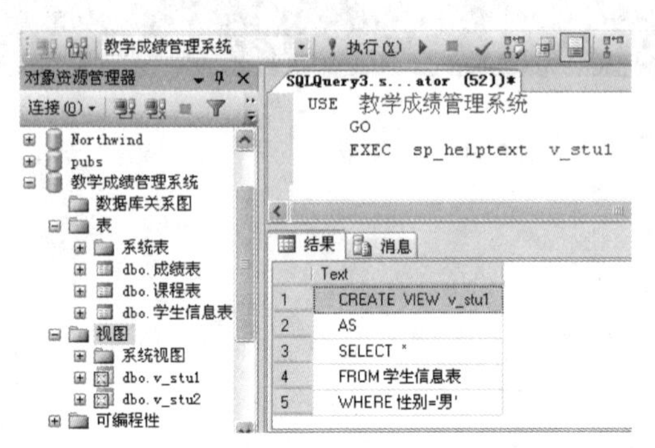

图 6-4 使用存储过程 sp_helptext 查看视图定义信息

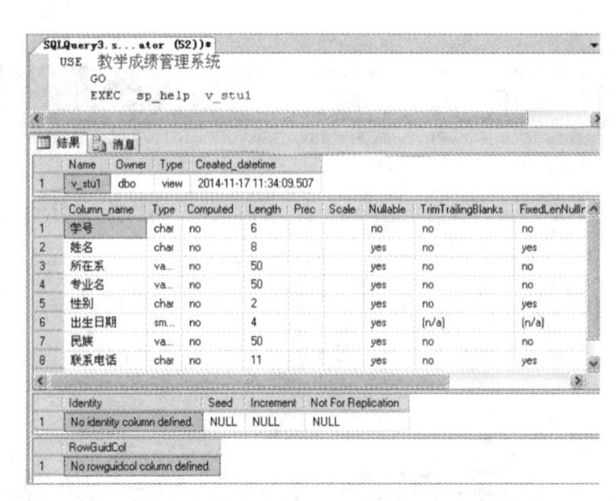

图 6-5 使用存储过程 sp_help 查看视图详细信息

子任务 1.5 视图的应用

知识梳理

在定义视图后，对视图的查询操作如同对基本表的查询操作一样。此查询的执行过程是系统首先在数据字典中找到视图的定义，然后把此定义和用户的查询结合起来，转换成等价的对基本表的查询，这一转换过程称为视图消解(view resolution)。

更新视图指通过视图插入(INSERT)、删除(DELETE)和修改(UPDATE)数据。类似于查询视图操作，对视图的更新操作也是通过消解转换为对表的更新操作。如果要防止用户通过视图对数据库进行增加、删除和修改，并且有意无意地对不属于视图范围内的基本表数据进行操作，则在视图定义时要加上 WITH CHECK OPTION 子句。这样在视图上进行增加、删除、修改数据时，数据库管理系统(DBMS)会检查视图定义中子查询的 WHERE 子句中的条件，若操作的记录不满足条件，则拒绝执行相应的操作。

任务描述

(1) 通过视图查看数据，查找视图 v_stu2 中学生的学号、姓名信息。

(2) 通过视图插入数据，向视图 v_stu2 中插入一条记录('05','天空','计算机系','软件技术')。

任务实施

(1) 在 SQL Server Management Studio 查询窗口中运行如下命令。

```
USE 教学成绩管理系统
GO
SELECT 学号,姓名
FROM v_stu2
```

运行结果如图 6-6 所示。

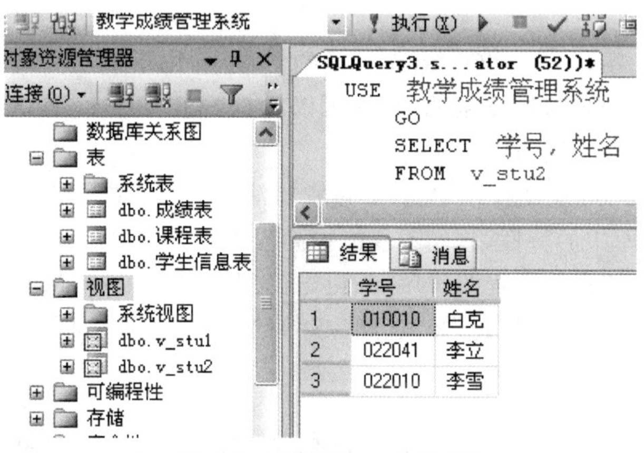

图 6-6　对视图 v_stu2 的查询

(2) 在 SQL Server Management Studio 查询窗口中运行如下命令。

```
USE  教学成绩管理系统
GO
INSERT INTO v_stu2
VALUES('05','天空','计算机系','软件技术')
```

运行结果如图 6-7 所示,在“消息”选项卡中提示“(1 行受影响)”,说明该条记录被插入到基本表中。

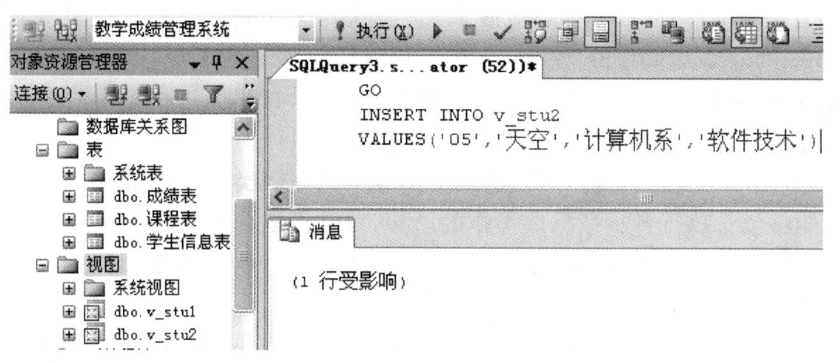

图 6-7　向视图 v_stu2 插入数据

提示

修改(UPDATE)和删除(DELETE)操作与以上的插入操作类似,读者可作为练习进行操作。

任务2 存储过程

存储过程是由一系列的 T-SQL 语句组成的子程序，用于满足更高的应用需求，存储过程可以通过存储过程的名字被直接调用，它可以说是 SQL Server 程序设计的灵魂，掌握和使用好它们对数据库的开发与应用非常重要。

在 SQL Server 2008 应用操作中，存储过程扮演着相当重要的角色，基于预编译并存储在 SQL Server 数据库中的特性，它们不仅能提高应用效率，确保一致性，更能提高系统执行的速度。本任务将介绍存储过程的作用，并讨论使用 SQL Server Management Studio 窗口和 T-SQL 语句这两种方法来创建、修改、删除存储过程。

子任务2.1 创建存储过程和执行存储过程

知识梳理

一、什么是存储过程

当开发一个应用程序时，为了便于修改和扩充，经常会将负责不同功能的语句集中起来并按照用途分别独立放置，以便能够反复调用，而这些独立放置且拥有不同功能的语句，即是“过程”(procedure)。SQL Server 2008 的存储过程包含一些 T-SQL 语句并以特定的名称存储在数据库中(存储过程也是一种数据库对象)。可以在存储过程中声明变量、有条件地执行以及其他各项强大的程序设计功能。

SQL Server2008 的存储过程与其他程序设计语言的过程类似，同样能按下列方式运行。

(1) 它能够包含执行各种数据库操作的语句，并且可以调用其他的存储过程。

(2) 能够接受输入参数，并以输出参数的形式将多个数据值返回给调用程序(calling procedure)或批处理(batch)。

(3) 向调用程序或批处理返回一个状态值，以表明成功或失败(以及失败的原因)。

(4) 存储过程(stored procedures)是一组为完成特定功能的 SQL 语句集，经编译后存储在数据库中。用户通过指定存储过程的名字给出参数(如果该存储过程带有参数)来执行它。

二、存储过程的类型

1. 系统存储过程

存储过程在运行时生成执行方式，其后在运行时执行速度很快。SQL Server 2008 不仅提供用户自定义存储过程的功能,而且也提供许多可作为工具使用的系统存储过程。

系统存储过程(system stored procedures)主要存储在 master 数据库中,并以 sp_为前缀,并且系统存储过程主要是从系统表中获取信息,从而为系统管理员管理 SQL Server 2008 提供支持。通过系统存储过程,SQL Server 2008 中的许多管理性或信息性的活动(如了解数库对象、数据库信息)都可以被有效地完成。尽管这些系统存储过程被存储在 master 数据库中,但是仍可以在其他数据库中对其进行调用。在调用时,不必在存储过程名前加上数据库名。而且当创建一个数据库时,一些系统存储过程会在新的数据库中被自动创建。

系统存储过程所能完成的操作多达上百项。例如,提供帮助的系统存储过程有:sp_helpsql 用于显示关于 SQL 语句、存储过程和其他主题的信息;sp_help 用于提供关于存储过程或其他数据库对象的报告;sp_helptext 用于显示存储过程和其他对象的文本;sp_depends 用于列举引用或依赖指定对象的所有存储过程。事实上,在前面的学习中就已使用到不少的系统存储过程,例如,sp_tables 用于取得数据库中关于表和视图的相关信息;sp_renamedb 用于更改数据库的名称等。

SQL Server 2008 系统存储过程是为用户提供方便的,它们使用户可以很容易地从系统表中提取信息和管理数据库,并执行涉及更新系统表的其他任务。

系统存储过程中在 master 数据库中创建,由系统管理员管理。所有系统存储过程的名字均以 sp_开始。

如果过程以 sp_开始,又在当前数据库中找不到,SQL Server 2008 就在 master 数据库中寻找。在以 sp_前缀命名的过程中引用的表如果不能在当前数据库中解析出来,将在 master 数据库查找。

当系统存储过程的参数是保留字或对象名,并且对象名由数据库或拥有者名字限定时,则整个名字必须包含在单引号中。一个用户可以在所有数据库中执行一个系统存储过程的许可权,否则在任何数据库中都不能执行系统存储过程。

2. 本地存储过程

本地存储过程(local stored procedures)也就是用户自行创建并存储在用户数据库中的存储过程。事实上一般所说的存储过程指的就是本地存储过程。

用户创建的存储过程是由用户创建并能完成某一特定功能(如查询用户所需的数据信息)的存储过程。

3. 临时存储过程

临时存储过程(temporary stored procedures)可以分为以下两种。

1) 本地临时存储过程

不论哪一个数据库是当前数据库,如果在创建存储过程时,以井字号(#)作为其名称的第一个字符,则该存储过程将成为一个存放在 tempdb 数据库中的本地临时存储过程(例如,CREATE PROCEDURE #book_proc …)。本地临时存储过程只有创建它的连接的用户才能够执行它,而且一旦这位用户断开与 SQL Server 的连接(也就是注销 SQL Server 2008),本地临时存储过程就会自动删除。当然,这位用户也可以在连接期间使用 DROP

PROCEDURE 命令删除他所创建的本地临时存储过程。

由于本地临时存储过程的适用范围仅限于创建它的连接，因此，不需担心其名称会与其他连接所采用的名称相同。

2）全局临时存储过程

不论哪一个数据库是当前数据库，只要所创建的存储过程名称是以两个井字号（##）开始，则该存储过程将成为一个存储在 tempdb 数据库中的全局临时存储过程（例如，CREATE PROCEDURE ##book_proc …）。全局临时存储过程一旦创建，以后连接到 SQL Server 2008 的任意用户都能执行它，而且不需要特定的权限。

当创建全局临时存储过程的用户断开与 SQL Server 2008 的连接时，SQL Server 2008 将检查是否有其他用户正在执行该全局临时存储过程，如果没有，便立即将全局临时存储过程删除；如果有，SQL Server 2008 会让这些正在执行中的操作继续进行，但是不允许任何用户再执行全局临时存储过程，等到所有未完成的操作执行完毕后，全局临时存储过程就会自动删除。

由于全局临时存储过程能够被所有的连接用户使用，因此，必须注意其名称不能与其他连接所采用的名称相同。

不论创建的是本地临时存储过程还是全局临时存储过程，只要 SQL Server 2008 停止运行，它们将自动删除。

4. 远程存储过程

在 SQL Server 2008 中，远程存储过程（remote stored procedures）是位于远程服务器上的存储过程，通常可以使用分布式查询和 EXECUTE 命令执行一个远程存储过程。

5. 扩展存储过程

扩展存储过程（extended stored procedures）是用户可以使用外部程序语言编写的存储过程。显而易见，通过扩展存储过程可以弥补 SQL Server 2008 的不足，并按需要自行扩展其功能。扩展存储过程在使用和执行上与一般的存储过程完全相同。可以将参数传递给扩展存储过程，扩展存储过程也能够返回结果和状态值。

为了区别，扩展存储过程的名称通常以 xp_开头。扩展存储过程是以动态链接库（DLLS）的形式存在，能让 SQL Server 2008 动态地装载和执行。扩展存储过程一定要存储在系统数据库 master 中。

三、存储过程的优点

（1）通过本地存储、代码预编译和缓存技术实现高性能的数据操作。

（2）通过通用编程结构和过程实现编程框架。如果业务规则发生变化，可以通过修改存储过程来适应新的业务规则，而不必修改客户端的应用程序。这样所有调用该存储过程的应用程序就会遵循新的业务规则。

（3）通过隔离和加密的方法提高数据库的安全性。数据库用户可以通过得到权限来执行存储过程，而不必给予用户直接访问数据库对象的权限。这些对象将由存储过程来执行操作，另外，由于存储过程可以加密，这样用户就无法阅读存储过程中的T-SQL语句。

这些安全特性将数据库结构和数据库用户隔离开来，这也进一步保证数据的完整性和可靠性。

四、存储过程与视图的比较

(1) 可以在单个存储过程中执行一系列T-SQL语句，而在视图中只能是SELECT语句。

(2) 视图不能接受参数，只能返回结果集；而存储过程可以接受参数，包括输入、输出参数，并能返回单个或多个结果集以及返回值，这样可大大地提高应用的灵活性。

一般来说，人们将经常用到的多个表的连接查询定义为视图，而存储过程完成复杂的一系列的处理，在存储过程中也会经常用到视图。

五、创建存储过程

创建存储过程的语法格式如下。

```
CREATE  PROCEDURE  procedure_name
[WITH  ENCRYPTION]
[WITH  RECOMPILE]
AS
sql_statement
```

参数说明如下。

(1) WITH　ENCRYPTION：对存储过程进行加密。

(2) WITH　RECOMPILE：对存储过程重新编译。

六、存储过程的执行

存储过程创建成功后，用户可以执行存储过程来检查存储过程的返回结果。执行存储过程的基本语法格式如下。

```
EXECprocedure_name
```

提示

执行存储过程时，若语句是批处理中的第一条语句，则EXECUTE关键字可以省略。

任务描述

(1) 使用T-SQL语句在“教学成绩管理系统”数据库中创建一个名为p_stu的存储过程。该存储过程返回“学生信息表”表中所有性别为“男”的记录。

（2）使用 T-SQL 语句执行上面任务中创建的存储过程。

任务实施

（1）在 SQL Server Management Studio 查询窗口中运行如下命令。

```
USE  教学成绩管理系统
GO
CREATE PROCEDURE p_stu
AS
SELECT   *  FROM 学生信息表 WHERE 性别='男'
```

（2）在 SQL Server Management Studio 查询窗口中运行如下命令。

```
USE 教学成绩管理系统
GO
EXEC p_stu
```

在运行完毕后，在 SQL Server Management Studio 查询窗口中返回的结果，如图 6-8 所示，表示存储过程创建成功同时返回相应存储过程的结果。

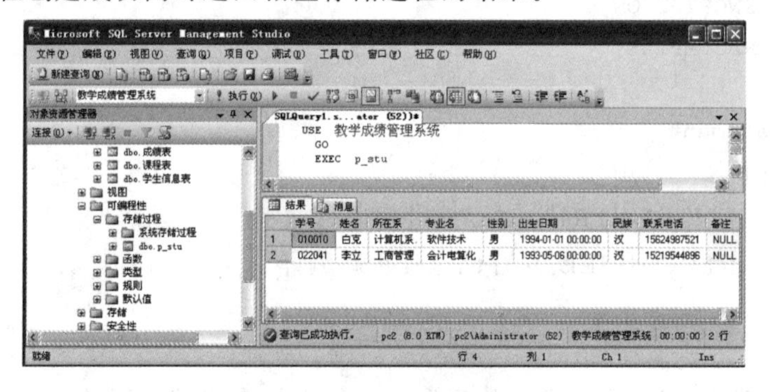

图 6-8　执行 p_stu 存储过程

子任务 2.2　带参数的存储过程

知识梳理

由于视图没有提供参数，对于行的筛选只能绑定在视图定义中，其灵活性不大。而存储过程提供了参数，大大提高了系统开发的灵活性。

向存储过程设定输入、输出参数的主要目的是通过参数向存储过程输入和输出信息来扩展存储过程的功能。通过设定参数，可以多次使用同一存储过程并按用户要求查找所需的结果。

一、带输入参数的存储过程

输入参数是指由调用程序向存储过程传递的参数,它们在创建存储过程语句中被定义,在执行存储过程中给出相应的变量值。为了定义接受输入参数的存储过程,需要在CREATE PROCEDURE 语句中声明一个或多个变量作为参数。

其语法格式如下。

```
CREATE PROCEDURE procedure_name
@parameter_name   datatype=[default]
[with encryption]
[with recompile]
AS
Sql_statement
```

其中,各参数的意义如下。

(1) @parameter_name:存储过程的参数名,必须以符号@为前缀。

(2) datatype:参数的数据类型。

(3) default:参数的默认值,如果执行存储过程时未提供该参数的变量值,则使用default 值。

二、执行含有输入参数的存储过程

在执行存储过程的语句中,通过语句@parameter_name=value 给出参数的传递值。当存储过程中含有多个输入参数时,参数值可以任意顺序设定,对于允许空值和具有默认值的输入参数可以不给出参数的传递值。

其语法格式如下。

```
EXEC procedure_name
[ @parameter__name=value]
[,…n]
```

任务描述

(1) 使用 T-SQL 语句在“教学成绩管理系统”数据库中创建一个名为 p_stu_t 的存储过程。该存储过程能根据给定的性别返回对应的“学生信息表”中的记录。

(2) 用参数名传递参数值的方法执行存储过程 p_stu_t,分别查询性别为“男”和“女”的记录。

任务实施

(1) 在 SQL Server Management Studio 查询窗口中运行如下命令,创建存储过程 p_stu_t。

```
USE  教学成绩管理系统
GO
CREATE PROCEDURE p_stu_t
@性别  varchar (20)
AS
SELECT  *  FROM 学生信息表  WHERE  性别=@性别
```

(2) 在 SQL Server Management Studio 查询窗口中运行如下命令，执行该存储过程。

```
USE  教学成绩管理系统
EXEC  p_stu_t  @性别='男'
GO
USE  教学成绩管理系统
EXEC  p_stu_t  @性别='女'
GO
```

运行结果如图 6-9 和 6-10 所示。

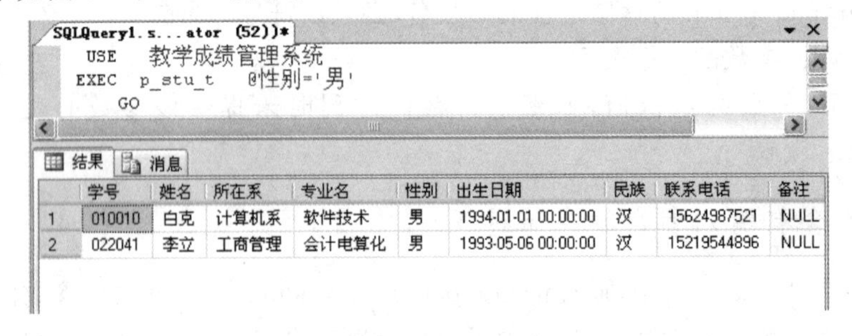

图 6-9 使用参数名传递参数值的视图一

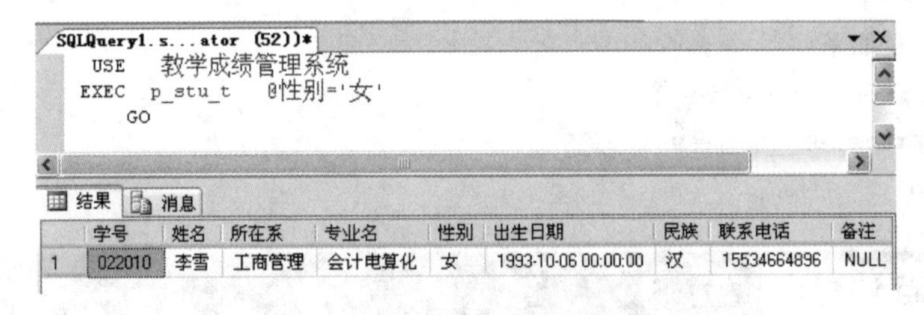

图 6-10 使用参数名传递参数值的视图二

子任务 2.3 修改、删除存储过程

知识梳理

(1) 存储过程的修改。修改存储过程是由 ALTER 语句来完成的，其语法格式如下。

```
ALTER  PROCEDURE  procedure_name
[WITH  ENCRYPTION]
[WITH  RECOMPILE]
AS
Sql_statement
```

(2) 存储过程的删除是通过 DROP 语句来实现的,其语法格式如下。

```
DROP  PROCEDURE  procedure_name
```

任务描述

(1) 使用 T-SQL 语句修改存储过程 p_stu_t,根据用户提供的学生姓名进行模糊查询。
(2) 使用 T-SQL 语句来删除存储过程 p_stu_t。

任务实施

(1) 在 SQL Server Management Studio 查询窗口中运行如下命令,修改存储过程 p_stu_t。

```
USE  教学成绩管理系统
GO
ALTER PROCEDURE  p_stu_t
@姓名  VARCHAR(50)
AS
SELECT  *
FROM 学生信息表
WHERE 姓名  LIKE  '%@姓名%'
```

(2) 在 SQL Server Management Studio 查询窗口中运行如下命令,删除存储过程 p_stu_t。

```
USE  教学成绩管理系统
GO
DROP procedure p_stu_t
```

提示

也可以在"对象资源管理器"面板中删除存储过程,操作步骤如下。

(1) 在 SQL Server Management Studio 窗口中打开"对象资源管理器"面板,展开"教学成绩管理系统"数据库选项。

(2) 展开"可编程性"选项,右击 dbo. p_stu_t,在弹出的右键快捷菜单中,选择"删除"命令即可。

为了后面能继续操作应把删除的对象恢复过来。

任务3 触发器

在 SQL Server 2008 的应用操作中，触发器也扮演着相当重要的角色，使用触发器来完成业务规则，能达到简化程序设计的目的。本任务将介绍存触发器的作用，并讨论使用 SQL Server Management Studio 窗口和 T-SQL 语句这两种方法来创建、修改、删除触发器。

子任务 3.1 创建触发器

知识梳理

一、触发器的基本概述

在 SQL Server 2008 数据库系统中，存储过程和触发器都是 SQL 语句和流程控制语句的集合。就本质而言，触发器也是一种存储过程，它是一种在基本表被修改时自动执行的内嵌过程，主要通过事件进行触发而被执行，而存储过程可以通过存储过程的名字而被直接调用。当对某一张表进行 UPDATE、INSERT、DELETE 等操作时，SQL Server 2008 就会自动执行触发器所定义的 SQL 语句。从而确保对数据的处理符合由这些 SQL 语句所定义的规则。触发器的主要作用是其能实现由主键和外键所不能保证的复杂的参照完整性和数据的一致性。除此之外，触发器还有其他许多不同的功能。

二、使用触发器的优点

由于在触发器中可以包含复杂的处理逻辑，因此，应该将触发器用来保持低级的数据的完整性，而不是返回大量的查询结果。使用触发器主要可以实现以下操作。

1. 强制比 CHECK 约束更复杂的数据的完整性

在数据库中要实现数据的完整性的约束，可以使用 CHECK 约束或触发器来实现。但是在 CHECK 约束中不允许引用其他表中的列来完成检查工作，而触发器可以引用其他表中的列来完成数据的完整性的约束。

2. 使用自定义的错误提示信息

用户有时需要在数据的完整性遭到破坏或其他情况下，使用预先自定义好的错误提示信息或动态自定义的错误提示信息。通过使用触发器，用户可以捕获破坏数据的完整性的操作，并返回自定义的错误提示信息。

3．实现数据库中多张表的级联修改

用户可以通过触发器对数据库中的相关表进行级联修改。

4．比较数据库修改前后数据的状态

触发器提供了访问由 INSERT、UPDATE 或 DELETE 语句引起的数据前后状态变化的能力。因此用户就可以在触发器中引用由于修改所影响的记录行。

5．维护规范化数据

用户可以使用触发器来保证非规范数据库中的低级数据的完整性。维护非规范化数据与表的级联是不同的。表的级联指的是不同表之间的主、外键关系，维护表的级联可以通过设置表的主键与外键的关系来实现。而非规范数据通常是指在表中派生的、冗余的数据值，维护非规范化数据应该通过使用触发器来实现。

三、创建触发器的基本语法

创建触发器的基本语法如下。

```
CREATE  TRIGGER  trigger_name
ON{table|view}
{ FOR|AFTER|INSTEAD  OF }  { [INSERT],[UPDATE],[DELETE]}
[WITH ENCRYPTION]
AS
IF UPDATE (cotumn_name)
[ {and|or} UPDATE (column_name) …]
sql_statesments
```

其中，各参数的意义如下。

(1) trigger_name：是触发器的名称，用户可以选择是否指定触发器所有者的名称。

(2) table|view：是执行触发器的表或视图，可以选择是否指定表或视图的所有者名称。

(3) AFTER：是指在对表的相关操作正常操作后，触发器被触发。如果仅指定 FOR 关键字，则 AFTER 是默认设置。

(4) INSTEAD OF：指定执行触发器而不是执行触发语句，从而替代触发语句的操作。可以为表或视图中的每个 INSERT、UPDATE 或 DELETE 语句定义一个 INSTEAD OF 触发器。如果在对一个可更新的视图定义时，使用了 WITH CHECK OPTION 选项，则 lNSTEAD OF 触发器不允许在这个视图上定义。用户必须用 ALTER VIEW 删除选项后，才能定义 INSTEAD OF 触发器。

(5) {[INSERT],[UPDAYE],[DELETE]}：是指在表或视图上执行哪些数据修改语句时激活触发器的关键字。必须至少指定其中的一个选项。在触发器定义中允许使用以任意顺序组合的关键字。如果指定的选项多于一个，则需要用逗号分隔。对于 INSTEAD OF 触发器，不允许在具有 ON DELETE 级联操作引用关系的表上使用 DELETE 选项。同样，也不允许在具有 ON UPDATE 级联操作引用关系的表上使用 UPDATE 选项。

(6) ENCRYPTION：是加密含有 CREATE TRIGGER 语句正文文本的 syscomments

项，这是为了满足数据安全的需要。

（7）sql_statesments：定义触发器被触发后，将执行数据库操作。它指定触发器执行的条件和动作。触发器条件是除引起触发器执行的操作外的附加条件；触发器动作是指当前用户执行激发触发器的某种操作并满足触发器的附加条件时，触发器所执行的动作。

（8）IF UPDATE：指定对表内某列做增加或修改内容时，触发器才起作用，它可以指定两个以上的列，列名前可以不加表名。IF 子句中多个触发器可以放在 BEGIN 和 END 之间。

任务描述

（1）创建 INSERT 型触发器，在“教学成绩管理系统”数据库的“成绩表”表上创建一个 score_triggerl 触发器，当执行 INSERT 操作时，该触发器被触发（即向所定义触发器的表中插入数据时触发器被触发）。

（2）创建 DELETE 型触发器，在“教学成绩管理系统”数据库的“成绩表”表上创建一个 score_trigger2 触发器，当执行 DELETE 操作时触发器被触发，并且要求触发触发器的 DELETE 语句在执行后被取消，即删除不成功。

（3）创建 UPDATE 型触发器，在“教学成绩管理系统”数据库的“成绩表”表上建立一个名为 score_trigger3 的触发器，该触发器将被 UPDATE 操作激活，该触发器将不允许用户修改表的“学号”列（本例将不使用 INSTEAD OF，而是通过 ROLLBACK TRANSACTION 子句恢复原来数据的方法，来实现字段不被修改）。创建完触发器后执行 UPDATE 操作，验证触发器。

任务实施

（1）创建 INSERT 型触发器，在 SQL Server Management Studio 查询窗口中运行如下命令，结果如图 6-12 所示。

```
USE 教学成绩管理系统
GO
CREATE  TRIGGERscore_triggerl
ON  成绩表
FOR  INSERT
AS
PRINT'数据插入成功'
GO
```

当用户向“成绩表”中插入数据时将触发触发器，同时数据被插入表中。例如，向表中加入如下记录内容。

```
INSERT INTO 成绩表(序号,学号,课程号,成绩,是否重修)
VALUES('01','01','01','80','否')
```

运行结果如图 6-11、图 6-12 所示,并给出了提示信息。

用户可以用"SELECT * FROM 成绩表"语句查看表的内容,可以发现上述记录已经插入到"成绩表"中。这是由于在定义触发器时,指定的是 FOR 选项,因此 AFTER 是默认设置。此时,触发器只有在触发 SQL 语句的 INSERT 中指定的所有操作都已成功执行后才能激发。因此,用户仍能将数据插入到"成绩表"中。如何能实现在触发器被执行的同时,取消触发器的 SQL 语句的操作呢?此时可以使用 INSTEAD OF 关键字来实现。

```
k002.教学成绩...ery1.sql*  摘要
ON  成绩表
FOR  INSERT
AS
PRINT  '数据插入成功'
GO

消息
命令已成功完成。
```

图 6-11　INSERT 触发器

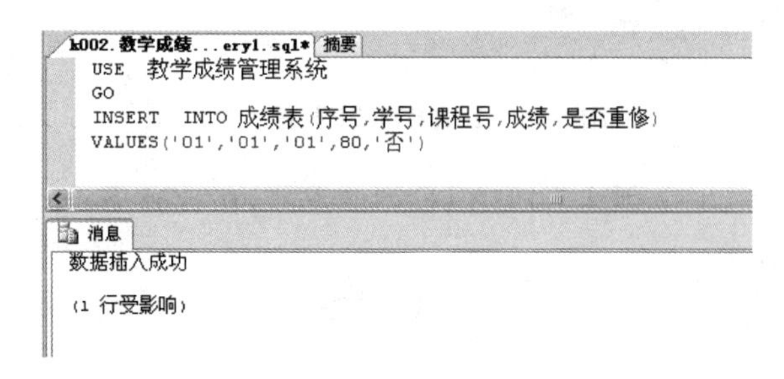

图 6-12　验证 INSERT 触发器

(2) 创建 DELETE 型触发器,在 SQL Server Management Studio 查询窗口中运行如下命令。

```
USE 教学成绩管理系统
GO
CREATE  TRIGGERscore_trigger2
ON 成绩表
INSTEAD OF DELETE
AS
PRINT'数据删除不成功'
GO
```

在"成绩表"中删除上面任务中新增的记录。

在 SQL Server Management Studio 查询窗口中运行如下命令。

```
DELETE
FROM 成绩表
WHERE 序号='01'
```

运行结果如图 6-13 所示。

再运行如下语句来验证刚才否确实完成了删除数据的操作。

在 SQL Server Management Studio 查询窗口中运行如下命令。

```
USE  教学成绩管理系统
Select  *
FROM 成绩表
```

如图 6-14 所示,用户此时可以发现上例新添加的记录仍然保留在"成绩表"中,可见在定义触发器时,定义的 INSTEAD OF 选项取消了触发 score_trigger2 的 DELETE 操作,所以该记录未被删除。

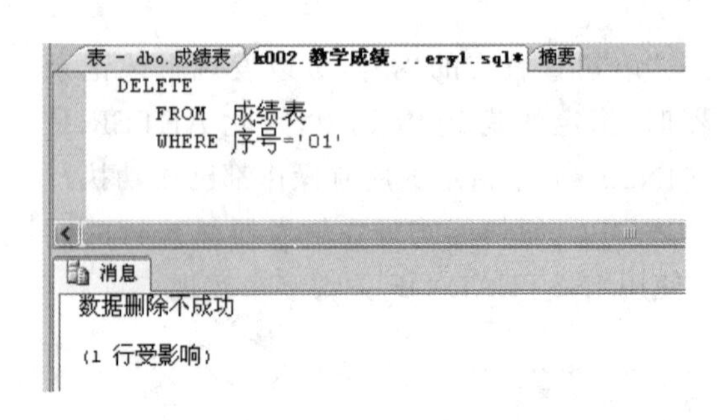

图 6-13 DELETE 触发器

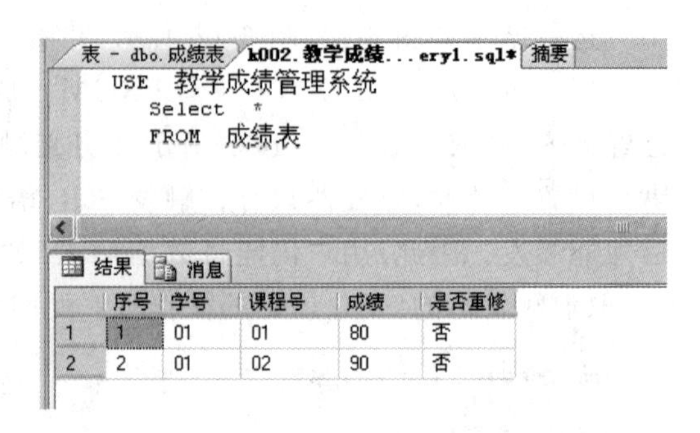

图 6-14 验证 DELETE 触发器

(3) 创建 UPDATE 型触发器，在 SQL Server Management Studio 查询窗口中运行如下命令。

```
USE 教学成绩管理系统
GO
CREATE TRIGGER score_trigger3
ON 成绩表
FOR UPDATE
AS
IF UPDATE(学号)
BEGIN
ROLLBACK TRANSACTION
END
```

在触发器建立后，在 SQL Server Management Studio 查询窗口中运行如下命令。

```
USE 教学成绩管理系统
GO
UPDATE 成绩表
SET 学号='10'
WHERE 序号='01'
```

运行结果如图 6-15 所示，可以发现上述更新操作并不能实现对表中"学号"列的更新。

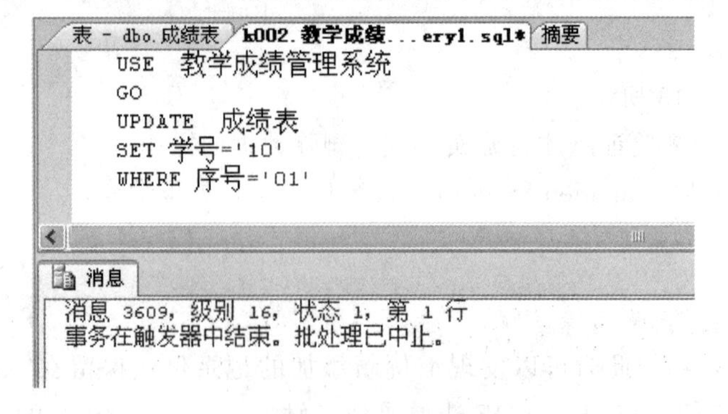

图 6-15 UPDATE 触发器

提示

UPDATE 操作可以对没有建立保护性触发的其他列进行更新，而不会激发触发器。

子任务 3.2 查看触发器

知识梳理

SQL Server2008 为用户提供多种查看触发器信息的方法。

一、使用系统存储过程查看触发器信息

系统存储过程 sp_help、sp_helptext 和 sp_depends 分别提供有关触发器的不同信息。

(1) 通过 sp_help 系统存储过程，可以了解触发器的一般信息(如名字、属性、类型、创建时间等)。例如，输入 sp_help score_trigger1 命令查看已经建立的 score_trigger1 触发器信息。

(2) 通过 sp_helptext 能够查看触发器的定义信息。例如，输入 sp_helptext score_trigger1 命令查看已经建立的 score_trigger1 触发器的定义文本。

(3) 通过 sp_depends 能够查看指定触发器所引用的表或指定的表涉及的所有触发器。例如，输入 sp_depends score_trigger1 命令查看已经建立的 score_trigger1 触发器所涉及的表，输入“sp_depends 成绩表”命令查看指定的“成绩表”表所涉及的触发器。

提示

用户必须在当前数据库中查看触发器的信息，而且被查看的触发器必须已经被创建。

用户也可以在创建触发器时，通过指定 WITH ENCRYPTION 来对触发器的定义文本信息进行加密，加密后的触发器无法用 sp_helptext 来查看。

用户还可以通过使用系统存储过程 sp_helptrigger 来查看某张特定表上存在的触发器的某些相关信息，具体命令的语法如下。

```
EXEC sp_helptrigger table_name
```

二、使用系统表查看触发器信息

用户还可以通过查询系统表 sysobjects 得到触发器的相关信息。

三、在 SQL Server Management Studio 的“对象资源管理器”面板中查看触发器

使用 SQL Server Management Studio 的“对象资源管理器”面板可以方便地查看数据库中某个表上的触发器的相关信息。

任务描述

(1) 使用系统过程 sp_helptrigger 查看“成绩表”表上存在的所有触发器的相关信息。

(2) 使用系统表 sysobjects 查看数据库“教学成绩管理系统”上的存在的所有触发器的相关信息。

(3) 使用 SQL Server Management Studio 的“对象资源管理器”面板查看数据库中某个表上的触发器的相关信息。

任务实施

(1) 使用系统过程 sp_helptrigger 查看“成绩表”表上存在的所有触发器的相关信息，在 SQL Server Management Studio 查询窗口中运行如下命令。

```
USE 教学成绩管理系统
GO
EXEC  sp_helptrigger  成绩表
GO
```

结果如图 6-16 所示，将返回在“成绩表”上定义的所有触发器的相关信息。从返回的信息中，用户可以了解到触发器的名称、所有者以及触发条件的相关信息。

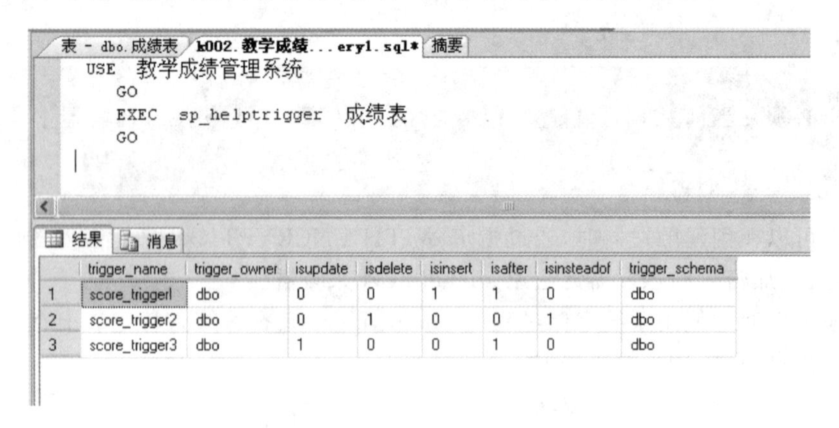

	trigger_name	trigger_owner	isupdate	isdelete	isinsert	isafter	isinsteadof	trigger_schema
1	score_triggerl	dbo	0	0	1	1	0	dbo
2	score_trigger2	dbo	0	1	0	0	1	dbo
3	score_trigger3	dbo	1	0	0	1	0	dbo

图 6-16　系统过程 sp_helptrigger 查看触发器

(2) 使用系统表 sysobjects 查看数据库“教学成绩管理系统”上的存在的所有触发器的相关信息，在 SQL Server Management Studio 查询窗口中运行如下命令。

```
USE 教学成绩管理系统
GO
SELECT name
FROM sysobjects
WHERE type='TR'
GO
```

查询结果返回在“教学成绩管理系统”数据库上定义的所有触发器的名称，如图 6-17 所示。

(3) 使用 SQL Server Management Studio 的“对象资源管理器”面板查看数据库中某个表上的触发器的相关信息。在 SQL Server Management Studio 的“对象资源管理器”面板中，展开“教学成绩管理系统”选项，再展开“表”选项，选中“dbo. 成绩表”选项并展开，最后再展开“触发器”选项，右击要查看的触发器名可以进行查看，如图 6-18 所示。

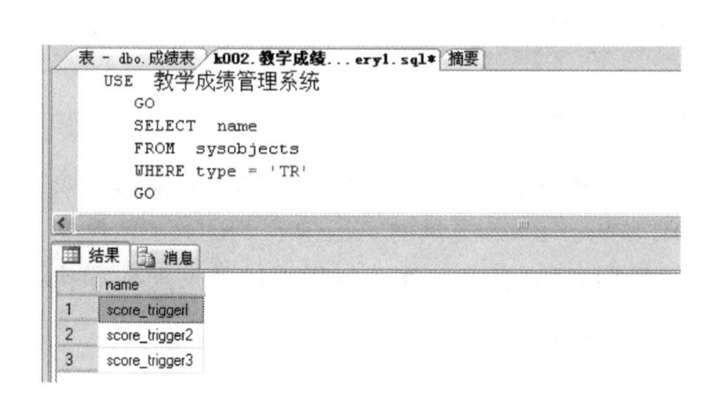

图 6-17 系统表 sysobjects 查看触发器

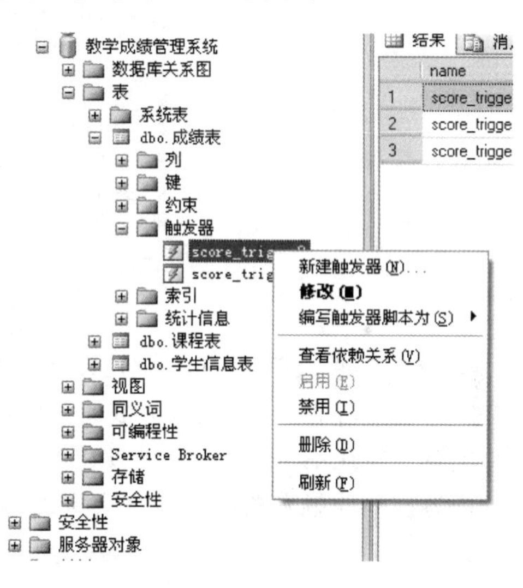

图 6-18 在“对象资源管理器”中查看触发器

子任务 3.3 修改触发器

知识梳理

通过使用 SQL Server Management Studio 窗口或系统存储过程或 T-SQL 命令，可以修改触发器的名字和正文。

(1) 使用 sp_rename 命令修改触发器的名字，其语法格式如下。

```
Sp_rename oldname,newname
```

其中：oldname 指触发器原来的名称；newname 指触发器的新名称。

(2) 通过在 SQL Server Management Studio 窗口中修改触发器定义。其操作步骤与查看触发器信息的步骤相同，如图 6-19 所示。

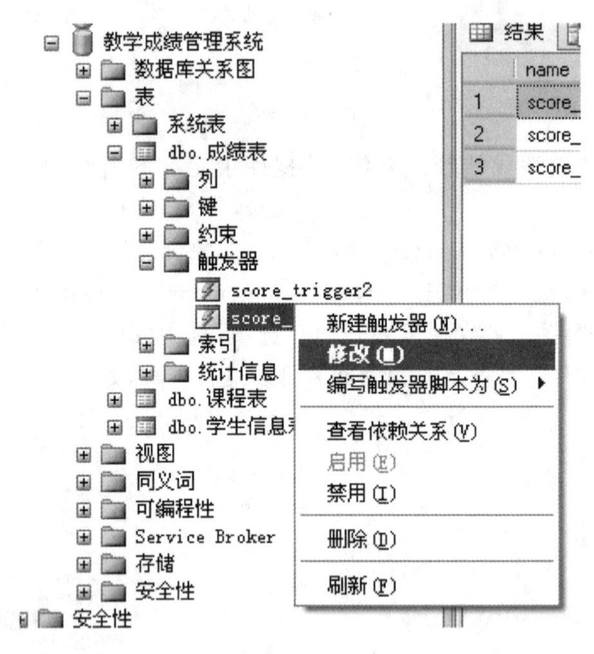

图 6-19　修改触发器

(3) 通过 ALERT TRIGGER 命令修改触发器的正文。在实际应用中，用户可能需要改变一个已经存在的触发器，可以通过使用 SQL Server 2008 提供的 ALERT TRIGGER 语句来实现。SQL Server 2008 可以在保留现有触发器名称的同时，修改触发器的触发动作和执行内容。修改触发器的具体语法格式如下。

```
ALTER  TRIGGER  trigger_name
ON  {table |view}
{ FOR | AFTER | INSTEAD  OF}  {[INSERT],[UPDATE],[DELETE]}
[WITH ENCRYPTION]
AS
IF UPDATE(cotumn_name)
[{ and | or} UPDATE  (column_name)…]
sql_statements
```

其中，各参数的意义与建立触发器语句中参数的意义相同。

任务描述

修改"教学成绩管理系统"数据库中的"成绩表"上建立的触发器 score_trigger5，使得在用户执行删除、增加、修改操作时，自动给出错误提示信息，撤销此次操作。

任务实施

在 SQL Server Management Studio 查询窗口中运行如下命令。

```
USE 教学成绩管理系统
GO
ALTER  TRIGGER  score_trigger5
ON 成绩表
INSTEAD  OF  DELETE,INSERT,UPDATE
AS
PRINT'你执行的删除、增加、修改无效'
```

子任务 3.4 删除触发器

知识梳理

删除已创建的触发器有以下 3 种方法。

(1) 使用命令 DROP TRIGGER 删除指定的触发器,删除触发器的具体语法格式如下。

```
DROP  TRIGGER trigger_name
```

例如,用户可以使用 DROP TRIGGER score_triggerl 命令删除触发器 score_triggerl。

(2) 删除触发器所在的表时,SQL Server 2008 将自动删除与该表相关的触发器。

(3) 按照前面介绍的方法进入"对象资料管理器"面板中右击相应的触发器,在弹出的右键快捷菜单中,选择"删除"命令即可。

任务描述

删除"教学成绩管理系统"数据库中的"成绩表"上建立的触发器 score_trigger5。

任务实施

在 SQL Server Management Studio 查询窗口中运行如下命令。

```
USE 教学成绩管理系统
GO
DROPTRIGGER score_trigger5
```

子任务 3.5 禁止和启动触发器

知识梳理

在使用触发器时，用户可能会遇到需要禁止某个触发器起作用的场合。例如，用户需要向某个有 INSERT 触发器的表中插入大量数据。当一个触发器被禁止，该触发器仍然存在于表上，只是触发器的动作将不再执行，直到该触发器被重新启用。禁止和启用触发器的具体语法格式如下。

```
ALTER TABLE  table_name
{ ENABLE|  DISABLE} TRIGGER
{ ALL |  triqqer_name[,…n]}
```

其中，各参数的意义如下。

(1) {ENABLE | DISABLE}TRIGGER 用于指定启用或禁止 trigger_name。当一个触发器被禁止时，它对表的定义依然存在；然而，当在表上执行 INSERT、UPDATE 或 DELETE 语句时，触发器中的操作将不执行，除非重新启用该触发器。

(2) ALL 用于指定启用或禁止表中所有的触发器。

(3) trigger_name 用于指定要启用或禁止的触发器名称。

任务描述

禁止或启用在“教学成绩管理系统”数据库中“成绩表”上创建的所有触发器。

任务实施

在 SQL Server Management Studio 查询窗口中运行如下代码。

```
ALTER TABLE 教学成绩管理系统  DISABLE TRIGGER ALL
ALTER TABLE 教学成绩管理系统  ENABLE  TRIGGER ALL
```

单元习题 6

1. 选择题

(1) 下面(　　)语句是用来创建视图的。

(A)CREATE VIEW　　(B)CREATE TABLE

(C)ALTER VIEW　　(D)ALTER TABLE

(2) 下面的说法是正确的是(　　)。

(A)视图是一种常用的数据库对象,使用视图不可以简化数据库操作

(B)使用视图可以提高数据库的安全性

(C)删除视图时同时删除了基本表

(D)视图和表一样是由数据构成的

(3) 建立视图的哪一个选项,将加密 CREATE VIEW 语句文本?(　　)

(A)WITH UPDATE　　(B)WITH READ ONLY

(C)WITH CHECK OPTION　　(D)WITH ENCRYPTION

(4) 执行哪一个系统存储过程,可以查看视图的定义信息?(　　)

(A)sp_helptext　　(B)sp_depends

(C)sp_help　　(D)sp_rename

(5) 下列代码中哪一行语法有错?(　　)

```
①USE book
②GO
③ALTER VIEW v_bookbycbs
④WITH ENCRYPTION
⑤AS
⑥SELECT 出版社,COUNT(*),SUM(定价)出版总价
⑦FROM bookl
⑧GROUP BY 出版社
```

(A)第1行　　(B)4行　　(C)第6行　　(D)没有错误

(6) SQL Server 将创建视图的 CREATE TABLE 语句文本存储在(　　)系统表中。

(A)sp_helptext　　(B)syscommens

(C)encryption　　(D)sysobjects

(7) 如果要防止用户通过视图对数据库进行增加、删除和修改,并且有意无意地对不属于视图范围内的基本表数据进行操作,则在视图定义时要加上(　　)子句。

(A)WITH READ ONLY　　(B)WITH CHECK OPTION

(C)CREATE VIEW　　(D)ORDER BY

(8) 以下语句中,(　　)是用来创建一个触发器。

(A)CREATE PROCEDURE　　(B)CREATE TRIGGER

(C)DROP PROCEDURE　　(D)DROP TRIGGER

(9)触发器创建在(　　)中。

(A)表　　(B)视图　　(C)数据库　　(D)查询

(10)CREATE PROCEDURE 是用来创建(　　)语句。

(A)程序　　(B)过程　　(C)触发器　　(D)函数

(11) 以下触发器是当对 bookl 表进行(　　)操作时触发。

(A)只修改　　(B)只插入

(C)只删除　　(D)插入、修改、删除

(12) 要删除一个名为 AA 的存储过程,应使用命令(　　)PROCEDURE AA。

(A)DELETE　　(B)ALTER　　(C)DROP　　(D)EXECUTE

(13) 触发器可以引用视图或临时表,并产生两个特殊的表是(　　)。

(A)DELETED、INSERTED　　(B)DELETE、INSERT

(C)VIEW、TABLE　　(D)VIEWL、TABLEL

(14) 执行带参数的过程,正确的方法为(　　)。

(A)过程名(参数)　　(B)过程名参数

(C)过程名=参数　　(D)A、B、C 三种都可以

(15) 当要将一个过程执行的结果返回给一个整型变量时,不正确的方法为(　　)。

(A)过程名(@整型变量)　　(B)过程名@整型变量

(C)过程名=@整型变量　　(D)@整型变量=过程名

(16)当删除(　　)时,与它关联的触发器也同时被删除。

(A)视图　　(B)临时表　　(C)过程　　(D)表

2. 简答题

(1) 引入视图的主要目的是什么?

(2) 当删除视图时所对应的数据表会删除吗?

(3) 视图有没有什么缺点? 如果有试说明其缺点。

(4) 视图有何优点? 如果有试说明其优点。

(5) 什么是存储过程?

(6) 写出删除一个存储过程的步骤?

(7) 使用触发器有什么优点?

(8) 举个实例,分别创建 INSERT、UPDATE、DELETE 触发器。

(9) 当一个表同时具有约束和触发器时,如何执行?

项目7 管理教学成绩管理系统数据库

SQL Server 2008 提供了灵活而强大的数据平台。没有各业务对数据安全存储与获取的需求，SQL Server 也就没有存在的必要。如果 SQL Server 2008 缺乏存储与保护各业务所依赖的数据的能力，业务数据也将不复存在。本项目对"教学成绩管理系统"的数据库进行管理与操作。

任务1 数据库的备份与还原

数据库备份与还原的主题类似与"鸡与蛋"的问题。如果没有完全理解如何恢复数据库，也就无法直接有效地创建数据库备份。同样，如果没有事先备份，恢复当然也就无从谈起。尽管我们的工作是从备份数据库开始，但我们所处理的每一次灾难恢复却都将从"恢复"入手。

知识梳理

数据库备份就是制作数据库中的数据结构、对象和数据等的副本，将其存放在安全可靠的位置；数据的恢复是将已备份的数据库恢复到系统中去，将其还原到数据库的某一个正确的状态。备份是还原的基础，还原是备份的目的。

一、数据的备份类型

Microsoft SQL Server 2008 中数据库的备份方法有 4 种，数据库所有者或管理员应该根据情况在不同的时间选择不同的备份方法，以便使用最少的时间和空间能将数据库恢复到某一正确状态，使数据丢失降到最低状态。

1. 完全备份

完全备份就是备份整个数据库，包括备份数据库文件、数据库文件的地址以及事务日志的某些部分(从备份开始时所记录的日志顺序号到备份结束时的日志顺序号)，备份时需要花费比较多的时间和占用较大的空间。在备份过程中，只允许添加或删除数据库文件和收缩数据库两种操作。完全备份是任何备份策略中都要求完成的第一种备份类型，因为其他所有备份类型都依赖于完全备份。换句话说，如果没有执行完全备份，就无法执行差异备份和事务日志备份。

提示

虽然从单独一个完全数据库备份就可以恢复数据库，但是完全备份与差异备份和事务日志备份相比，在其备份的过程中需要花费更多的空间和时间，所以完全备份不需要频繁的进行，如果只使用完全备份，那么进行数据恢复时只能恢复到最后一次完全备份时的状态，该状态之后的所有改变都将丢失。

2.差异备份

差异备份是指备份从最近一次完全数据库备份以后发生改变的数据。如果在完全备份后将某个文件添加至数据库，则下一个差异备份会包括该新文件。这样可以方便地备份数据库，而无须了解各个文件。例如，如果在星期一执行了完全备份，并在星期二执行了差异备份，那么该差异备份将记录自星期一的完全备份以来已发生的所有修改。而星期三的另一个差异备份将记录自星期一的完全备份以来已发生的所有修改。差异备份每进行一次就会变得更大一些，但仍然比完全备份小，因此差异备份比完全备份快。

提示

必须进行完全备份后才可以进行差异备份，差异备份不能独立于完全备份而存在。

3. 事务日志备份

事务日志备份只备份最后一次日志备份后的所有的事务日志记录，备份所需要的时间和空间上比上面两种备份更少一些，如可以在两次完全备份期间进行事务日志备份。尽管事务日志备份依赖于完全备份，但其并不备份数据库本身。这种类型的备份只记录事务日志的适当部分，准确地说，自从上一个事务以来已经发生了变化的部分。

事务日志备份比完全备份节省时间和空间，而且利用事务日志进行恢复时，可以指定恢复到某一个事务，如可以将其恢复到某个破坏性操作执行的前一个事务，完全备份和差异备份则不能做到。但是与完全备份和差异备份相比，用事务日志备份恢复数据库要花费较长的时间，这是因为事务日志备份仅仅存放日志信息，恢复时需要按照日志重新插入、修改或删除数据。所以，通常情况下，事务日志备份经常与完全备份和差异备份结合使用。例如，每周进行一次完全备份，每天进行一次差异备份，每小时进行一次事务日志备份。这样，最多只会丢失一个小时的数据。

4. 文件和文件组备份

当一个数据库很大时，对整个数据库进行备份可能会花费很多的时间，这时可以采用文件和文件组备份，即对数据库中的部分文件或文件组进行备份。文件组是一种将数据库存放在多个文件上的方法，并允许控制数据库对象（如表或视图）存储到这些文件当中的某些文件上。这样，数据库就不会受到只存储在单个硬盘上的限制，而是可以分散到许多硬盘上，因而可以变得非常庞大。

利用文件组备份，每次可以备份这些文件当中的一个或多个文件，而不是同时备份整个数据库。文件组还可以用来加快数据访问的速度，因为文件组允许将表存放在一个文件上，而将对应的索引存放在另一个文件上。尽管这么做可以加快数据访问的速度，但也会减慢备份过程，因为必须将表和索引作为一个单元来备份。

提示

为了使恢复的文件与数据库的其余部分保持一致，执行文件和文件组备份之后，必须执行事务日志备份。

二、数据库的恢复模式

数据库的恢复模式是数据库遭到破坏时还原数据库中数据的数据存储方式，它与可用性、性能、磁盘空间等因素有关。每一种恢复模式都按照不同的方式维护数据库中的数据和日志。Microsoft SQL Server 2008 系统提供了 3 种数据库的恢复模式。

1. 完全恢复模式

在这种还原模式下，任何对数据库的更改操作都记录在日志文件中，日志文件需要占用的空间也是最大的。完全恢复模式的特点如下。

(1) 允许将数据库还原到故障点状态。

(2) 数据库可以进行四种备份方式中的任何一种。

(3) 可以还原到即时点。

完全恢复模式的优缺点如下。

(1) 优点：数据丢失或损坏不会导致工作损失，可还原到即时点。

(2) 缺点：所有修改都记录在日志中，发生某些大容量操作时日志文件增长快。

2. 简单恢复模式

在这种还原模式下，所有对数据库的更改操作都不会记录在日志文件中，所以如果数据库工作在此还原模式下，将不能进行事务日志备份和文件或文件组备份，也就是说，只能进行完全备份和完全备份基础上的差异备份。简单恢复模式的特点如下。

(1) 允许将数据库还原到最新的备份。

(2) 数据库只能进行完全数据库备份和差异备份，不能进行事务日志备份以及文件和文件组备份。

(3) 不能还原到某个即时点。

简单恢复模式的优缺点如下。

(1) 优点：所有操作使用最少的日志空间记录，节省空间。

(2) 缺点：还原后重做更改，不能还原到即时点。

3. 大容量恢复模式

这种还原模式介于完全恢复模式和简单恢复模式之间，它对于大批量插入等操作不写入日志文件中，其他对数据库的更改操作均写入日志文件中。大容量恢复模式的特点如下。

(1) 还原允许大容量日志记录的操作。

(2) 数据库可以进行四种备份方式中的任何一种。

(3) 不能还原到某个即时点。

大容量恢复模式的优缺点如下。

(1) 优点：对大容量操作使用最少的日志记录，节省日志空间。

(2) 缺点：丧失了恢复到即时点的功能，如非特别需要，否则不建议使用。

子任务 1.1 管理备份设备

知识梳理

创建备份时，必须选择存放备份数据的备份设备，即存放备份的存储介质。备份设备就是用于存储数据库、事务日志或文件和文件组备份的存储介质。

一、备份设备的类型

常见的备份设备可以分为 3 种类型：磁盘备份设备、磁带备份设备和逻辑备份设备。

1. 磁盘备份设备

磁盘备份设备就是存储在硬盘或其他磁盘媒体上的文件，与常规操作系统文件一样。引用磁盘备份设备与引用任何其他操作系统文件一样。可以在服务器的本地磁盘上或共享网络资源的远程磁盘上定义磁盘备份设备，磁盘备份设备根据需要可大可小。最大的文件大小相当于磁盘上可用的闲置空间。如果磁盘备份设备定义在网络的远程设备上，则应该使用统一命名方式(UNC)来引用该文件，以\\Servername\Sharename\Path\File 格式指定文件的位置。在网络上备份数据可能受到网络错误的影响。因此，在完成备份后应该验证备份操作的有效性。

提示

不要将数据库事务日志备份到数据库所在的同一物理磁盘上的文件中。如果包含数据库的磁盘设备发生故障，由于备份位于同一发生故障的磁盘上，因此无法恢复数据库。

2. 磁带备份设备

磁带备份设备的用法与磁盘设备相同，不过磁带设备必须物理连接到运行 SQL Server 2008 实例的计算机上。如果磁带备份设备在备份操作过程中已满，但还需要写入一些数据，SQL Server 2008 将提示更换新磁带并继续备份操作。

若要将 SQL Server 2008 数据备份到磁带，那么需要使用磁带备份设备或者 Microsoft Windows 平台支持的磁带驱动器。另外，对于特殊的磁带驱动器，就仅使用驱动器制造商推荐的磁带。在使用磁带驱动器时，备份操作可能会写满一个磁带，并继续在另一个磁带上进行。所使用的第一个磁带称为“起始磁带”，该磁带含有媒体标头，每个后续磁带称为“延续磁带”，其媒体序列号比前一磁带的媒体序列号大 1。

3. 逻辑备份设备

物理备份设备名称主要用于供操作系统对备份设备进行引用和管理，如：C:\Backups\Acco-unting\Full. bak。逻辑备份设备是物理备份设备的别名，通常比物理备份设备能更简单、更有效地描述备份设备的特征。逻辑备份设备名称被永久保存在 SQL Server 的系统表中。

使用逻辑备份设备的一个优点是比使用长路径简单。如果准备将一系列备份数据写入相同的路径或磁带设备，则使用逻辑备份设备非常有用。逻辑备份设备对于标识磁带备份设备尤为有用。

可以编写一个备份脚本以使用特定逻辑备份设备，这样就无须更新脚本即可切换到新的物理备份设备。切换涉及以下过程。

(1) 删除原来的逻辑备份设备。

(2) 定义新的逻辑备份设备，新设备使用原来的逻辑设备名称，但映射到不同的物理备份设备。逻辑备份设备对于标识磁带备份设备尤为有用。

二、创建备份设备的方法

在 SQL Server 2008 中创建备份设备的方法有以下两种。

(1) 在 SQL Server Management Studio 中使用现有命令和功能，通过方便的图形化工具创建，即使用“对象资源管理器”来创建备份设备。

(2) 通过使用系统存储过程 sp_addumpdevice 来创建备份设备。

子任务 1.1.1 使用对象管理器创建备份设备

任务描述

使用“对象资源管理器”为学生管理系统中的数据库创建备份设备 bf_stu。

任务实施

使用 Microsoft SQL Server Management Studio 管理器创建备份设备的操作步骤如下。

(1) 选择“查看(V)”→“对象资源管理器”命令，如图 7-1 所示，打开“对象资源管理器”面板。

(2) 在“对象资源管理器”面板中,单击服务器名称以展开服务器树。

(3) 展开“服务器对象”,然后右击“备份设备”选项。

(4) 从弹出的右键快捷菜单中选择“新建备份设备(N)…”命令,打开“备份设备”窗口。如图 7-2 所示。

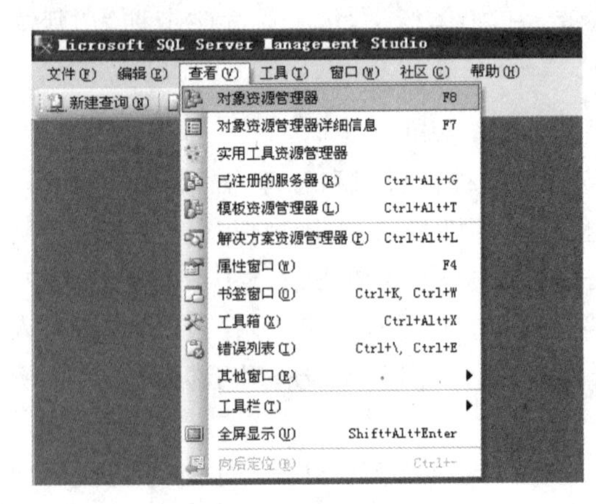

图 7-1　打开“对象资源管理器”对话框

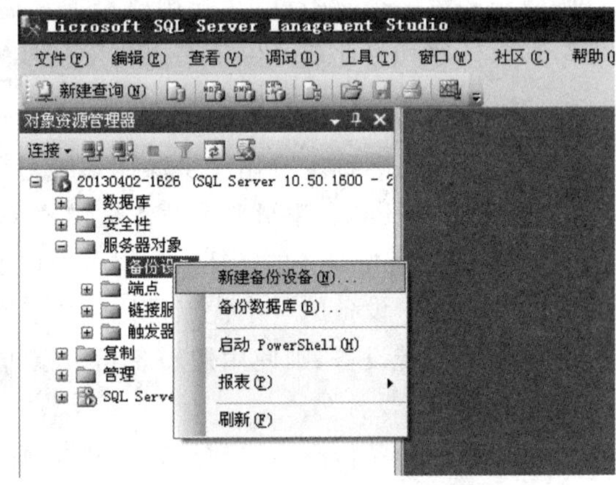

图 7-2　新建备份设备对话框

(5) 在“备份设备”窗口中,进行如下设置。在“设备名称(N)”文本框中输入该备份设备的名称;选中“文件(F)”单选框,选择备份设备所使用的物理文件(即存储路径)。单击“确定”按钮,完成备份设备的创建操作。如图 7-3 所示。

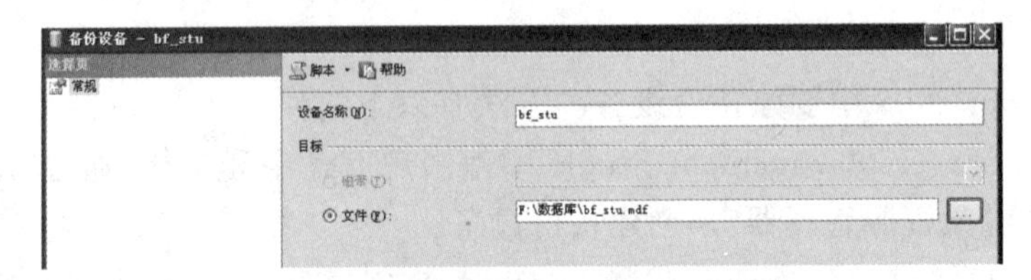

图 7-3　选择备份设备的存储路径对话框

当创建一个备份设备时,要分配一个逻辑名称和一个物理名称。物理名称是操作系统用于标识备份设备的名称,逻辑名称是用户定义的用于标识物理备份设备的别名。

(6) 查看已创建的备份设备。打开对象资源管理器,依次展开“服务器对象”和“备份设备”,如图 7-4 所示,便可以看到新创建的备份设备“bf_stu”。

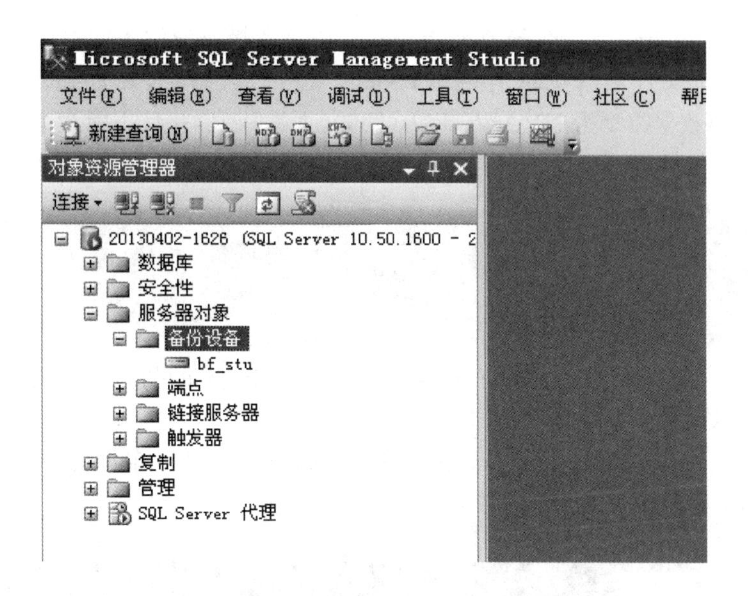

图 7-4 查看已经创建的备份设备对话框

子任务 1.1.2 使用存储过程创建备份设备

知识梳理

除了使用图形化工具创建备份设备外，还可以使用系统存储过程 sp_addumpdevice 来添加备份设备，这个存储过程可以添加磁盘和磁带设备。sp_addumpdevice 的基本语法格式如下。

```
sp_addumpdevice [ @devtype=] 'device_type'
    ,[ @logicalname =] 'logical_name'
    ,[ @physicalname =] 'physical_name'
    [,{ [ @cntrltype =] 'controller_type' |
      [ @devstatus =] 'device_status' }
    ]
```

下面对上述语法中的各参数进行简单的说明。

● [@devtype =]'device_type' 该参数指备份设备的类型。device_type 的数据类型为 VARCHAR(20)，无默认值，可以是 disk、tape 和 pipe。其中，disk 用于指硬盘文件作为备份设备；tape 用于指 Microsoft Windows 支持的任何磁带设备；pipe 是指使用命名管道备份设备。

● [@logicalname =]'logical_name' 该参数指在 BACKUP 和 RESTORE 语句中使用的备份设备的逻辑名称。logical_name 的数据类型为 SYSNAME，无默认值，并且不能为 NULL。

● [@physicalname =] 'physical_name' 该参数指备份设备的物理名称。物理名称必须遵从操作系统文件名规则或者网络设备的通用命名约定，并且必须包含完整路径。physical_name 的数据类型为 NVARCHAR(260)，无默认值，并且不能为 NULL。

提示

指定存放备份设备的物理路径必须真实存在，否则将会提示“系统找不到指定的路径”。

● [@cntrltype =] 'controller_type' 如果 cntrltype 的值是 2，则表示是磁盘；如果 cntrltype 值是 5，则表示是磁带。

● [@devstatus =] 'device_status' device-status 如果是 noskip，表示读 ANSI 磁带头；如果是 skip，表示跳过 ANSI 磁带头

任务描述

使用存储过程 sp_addumpdevice 为学生管理系统中的数据库创建备份设备 stu_backup。

任务实施

使用存储过程 sp_addumpdevice 为学生管理系统中的数据库创建备份设备 stu_backup 的步骤如下。

(1) 打开 SQL 编辑器。单击工具栏中的“新建查询(N)”按钮，如图 7-5 所示，打开 SQL 编辑器。

图 7-5　打开 SQL 编辑器

(2) 在“SQL 编辑器”中输入创建备份设备语句。

```
EXEC sp_addumpdevice 'disk','stu_backup','F:\数据库\stu_backup'
```

(3) 执行查询语句。单击“执行(X)”按钮，运行该语句，运行结果如图 7-6 所示。

(4) 查看已创建的备份设备。打开“对象资源管理器”面板，依次展开“服务器对象”和“备份设备”，便可以看到新创建的备份设备 stu_backup。

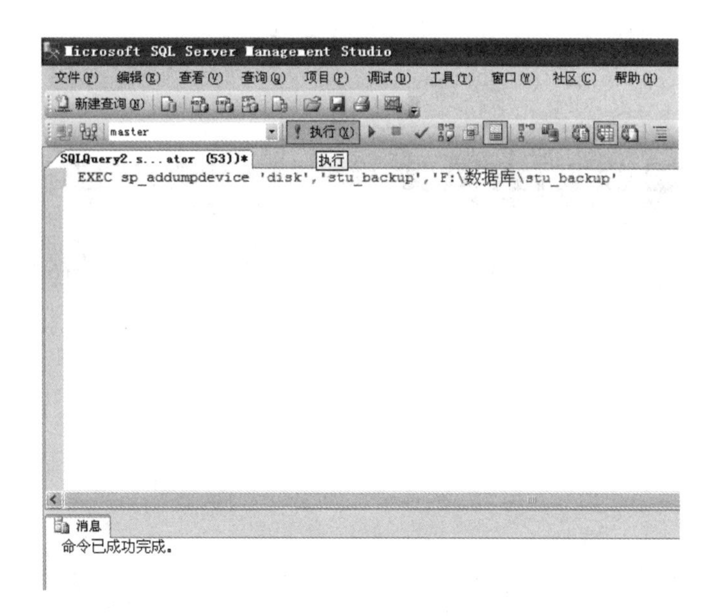

图 7-6　在 SQL 编辑器中执行 SQL 语句

子任务 1.1.3　删除备份设备

知识梳理

如果不再需要的备份设备，可以将其删除，删除备份设备后，其上的数据都将丢失。删除备份设备也有两种方式：一种是使用 SQL Server Management Studio 图形化工具，另一种是使用系统存储过程 sp_dropdevice。

1. 使用 SQL Server Management Studio 工具

使用 SQL Server Management Studio 图形化工具，可以删除备份设备。例如，将备份设备 Test 删除，操作步骤如下。

（1）在“对象资源管理器”面板中，展开相应的服务器。

（2）展开“服务器对象”的“备份设备”，右击要删除的备份设备 Test，在弹出的右键快捷菜单中选择“删除”命令，打开“删除对象”窗口。

（3）在“删除对象”窗口中单击“确定”按钮，即完成对该备份设备的删除操作。

2. 使用系统存储过程 sp_dropdevice

使用 sp_dropdevice 系统存储过程将服务器中备份设备删除，并能删除操作系统文件。具体语句如下。

```
sp_dropdevice'备份设备名' [,'DELETE']
```

上述语句中，如果指定了 DELETE 参数，则在删除备份设备的同时也删除其使用的操作文件。例如，删除名称为 stu_backup 的备份设备，基于可以使用如下语句。

```
EXEC sp_dropdevice 'stu_backup'
```

运行结果如图 7-7 所示。

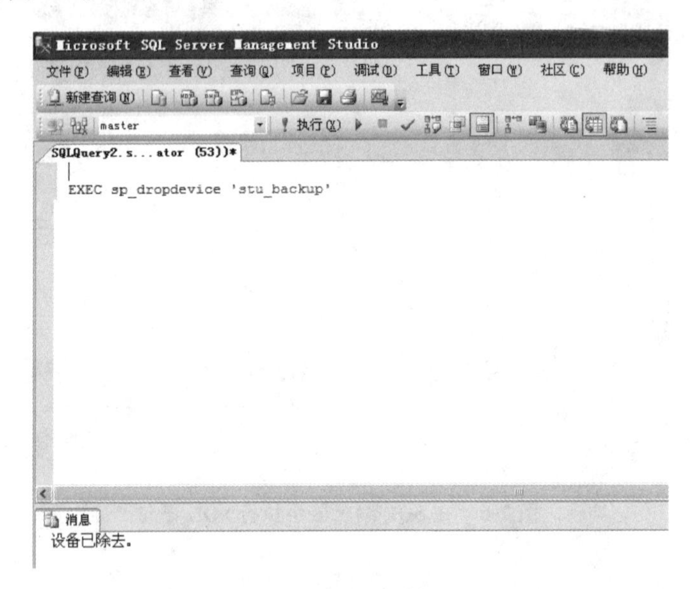

图 7-7　在 SQL 编辑器中删除备份设备

子任务 1.2　使用对象资源管理器完全备份数据库

知识梳理

完全备份是指包含所有数据文件的完整映像的任何备份。完全备份会备份所有数据和足够的日志，以便恢复数据。完全备份是任何备份策略中都要求完成的第一种备份类型。

任务描述

使用对象资源管理器完全备份 db_stu 数据库。

任务实施

使用对象资源管理器完全备份 db_stu 数据库的步骤如下。

1. 打开“备份数据库窗口”

打开“对象资源管理器”面板，展开“数据库”，右击“db_stu”，在弹出的右键快捷菜单中选择“任务(T)”→“备份(B)…”命令，如图 7-8 所示。

2. 备份数据库

打开如图 7-9 所示的“备份数据库”窗口，在窗口左侧选择“常规”选项，在窗口右侧会显示“源”选项组，有“数据库(T)”、“备份类型(K)”、“备份组件”等选项。其中：“恢复模式(M)”已选定为“FULL”，即完全恢复模式；在“数据库(T)”下拉列表框中选择要备份的数据库名称“db_stu”；在“备份类型(K)”下拉列表框中选择“完整”；在“备份组件”中选择“数据库(B)”单选框。

在“备份集”选项组中有“名称(N)”、“说明(S)”、“备份集过期时间”等选项。其中：在“名称(N)”文本框中输入此次备份的名称；在“说明(S)”文本框中输入必要的备份描述信息(可省略)；在“备份集过期时间”下选择默认选项“晚于(E)”或指定过期天数和日期。

在“目标”选项组中的“备份到”项中一般选择“磁盘”单选框，然后在其目标内容框中已列出默认备份文件位置和文件名。可单击右边的“删除(R)”按钮删除默认目标文件，然后单击“添加(D)…”按钮，打开如图 7-10 所示的“选择备份目标”对话框。在对话框中选择“文件名(F)”或“备份设备(B)”单选框，再确定文件的位置和设备的名称，然后单击“确定”按钮返回如图 7-9 所示的备份数据库窗口。

设置完成后，单击“备份数据库”窗口中的“确定”按钮，系统开始备份数据库。备份完成之后，将弹出如图 7-11 所示的完成对话框，单击“确定”按钮完成数据库的备份工作。

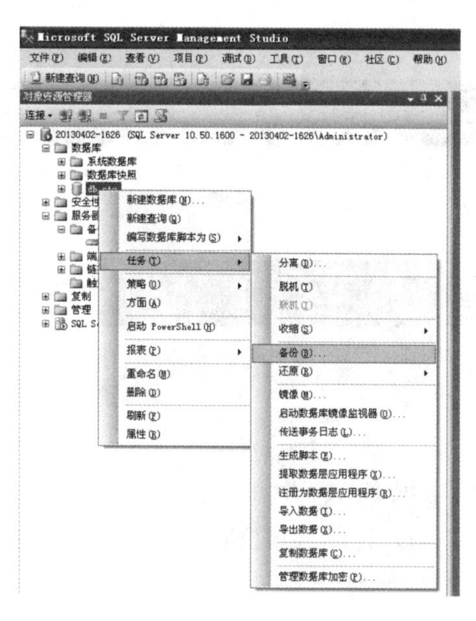

图 7-8 选择“备份(B)…”命令

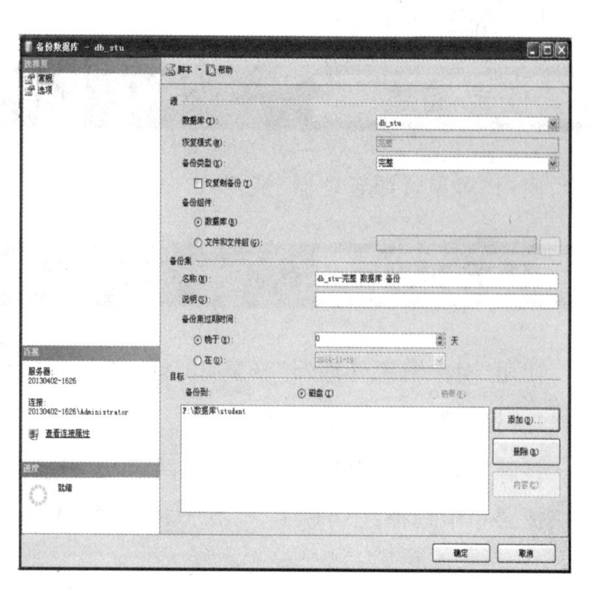

图 7-9 “备份数据库”窗口

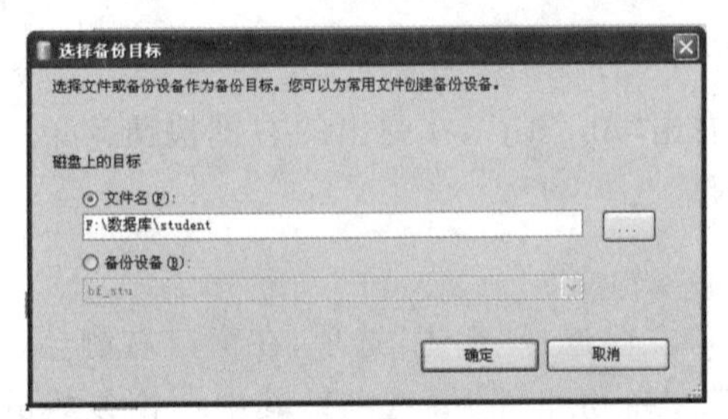

图 7-10 “选择备份目标”对话框

图 7-11 “备份”完成对话框

子任务 1.3 使用对象资源管理器恢复数据库

知识梳理

恢复数据库，就是让数据库根据备份的数据回到备份时的状态。当恢复数据库时，SQL Server 会自动将备份文件中的数据全部复制到数据库，并回滚任何未完成的事务，以保证数据库中的数据的完整性。

在执行任何恢复操作前，用户要对事务日志进行备份，这样有助于保证数据的完整性。如果用户在恢复之前不备份事务日志，那么用户将丢失从最近一次数据库备份到数据库脱机之间的数据更新。

任务描述

使用“对象资源管理器”恢复 db_stu 数据库。

任务实施

使用“对象资源管理器”恢复 db_stu 数据库的步骤如下。

1. 打开“还原数据库”窗口

打开“对象资源管理器”面板，如图 7-12 所示，展开“数据库”，右击“db_stu”，在弹出的右键快捷菜单中选择“任务(T)”→“还原(R)”→“数据库(D)...”命令，打开“还原数据库”窗口，如图7-13 所示。

2. 还原数据库

打开如图 7-13 所示的窗口中，在“还原的目标”选项组中选定要还原的目标数据库“db_stu”；在“还原的源”选项组中选择还原方式为“源数据库(R)”将会还原数据库，但要求还原的备份必须在系统数据库中保留有历史记录，也就是说从其他服务器备份的数据库不能使用此种方式还原到本服务器上，而只能使用“源设备(D)”这种还原方式。

当选择“源数据库(R)”方式时，在“选择用于还原的备份集(E)”列表栏下列出了对数据库进行的所有备份，并显示出了每个备份的类型、日期时间、大小、备份集名称等内容，用户可以选择中备份前的“还原”复选框来选择要恢复的备份。默认情况下，系统会自动为用户选择最新的全库备份、最后一次差异备份以及最后一次差异备份后的所有事务日志备份。

在“还原数据库”窗口中的“选项”页中可以设置还原选项，如图 7-14 所示。

 **提示**

在“还原选项”选项组中有 4 个复选框，选择第一个复选框“覆盖现有数据库(WITH REPLACE)(O)”。在“将数据库文件还原为(S)”选项组中给出了要还原的数据库文件的原始文件和将要还原成的文件名，默认时二者是相同的，用户可以根据需要修改。在“恢复状态”选项组中可选择三个单选框中的一个，默认选择第一个单选框。

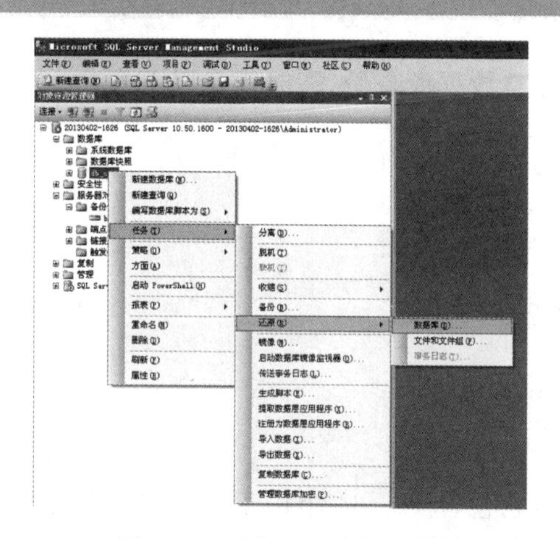

图 7-12　选择还原数据库命令

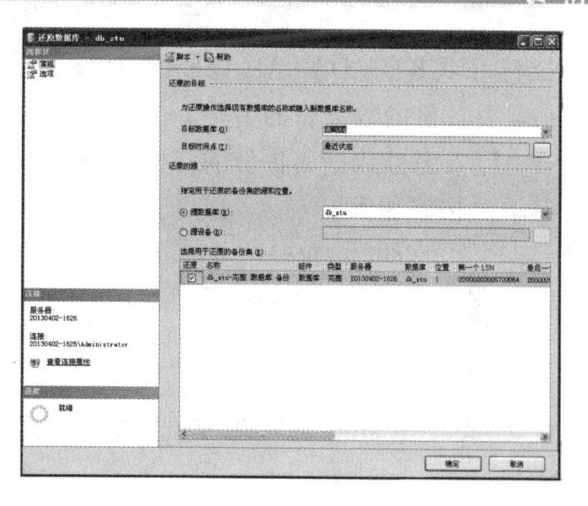

图 7-13　“还原数据库”窗口中的“常规”页

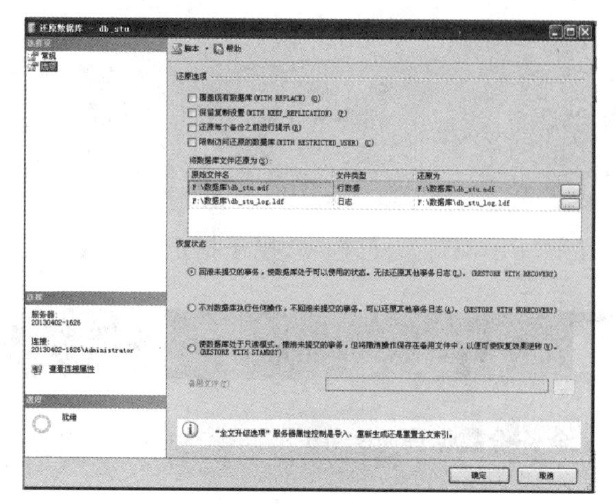

图 7-14　“还原数据库”窗口中的“选项”页

所有设置完成后，单击“确定”按钮，系统开始执行数据库的恢复操作，当弹出如图 7-15 所示的对话框，单击“确定”按钮完成恢复工作。

图 7-15　完成还原数据库提示框

子任务 1.4　使用 T-SQL 语句完全备份数据库

知识梳理

执行 BACKUP DATABASE 语句可以创建完整数据库备份，同时指定以下两项。

(1) 要备份的数据库的名称。

(2) 写入完整数据库备份的备份设备。

其语法格式如下。

```
BACKUP DATABASE database_name
TO backup_device [, … n ]
[ WITH with_options [, … o ] ];
```

其中，各参数意义如下。

- database_name：为要备份的数据库。
- backup_device[, … n]：用于指定一个列表，它包含 1～ 64 个用于备份操作的备份设备。可以指定物理备份设备，也可以指定对应的逻辑备份设备(如果已定义)。

提示

若要指定物理备份设备，请使用 disk 或 tape 选项：{disk | tape}＝physical_backup_device_name

- WITH with_options [, … o]：为可选项，用于指定一个或多个其他选项。

任务描述

使用 T-SQL 语句完全备份数据库 db_stu。

任务实施

使用 T-SQL 语句完全备份数据库 db_stu 的具体操作步骤如下。

(1) 打开 SQL 编辑器。单击工具栏中的“新建查询(N)”按钮打开 SQL 编辑器窗口。

(2) 在 SQL 编辑器中输入如下创建备份设备语句。

```
BACKUP DATABASE db_stu TO bf_stu WITH INIT
```

提示

INIT 用于指定覆盖所有备份集,但是保留媒体标头。如果指定了 INIT,将覆盖该设备上所有现有的备份集。

(3) 执行查询语句。单击 “执行(X)”按钮,运行该语句,运行结果如图 7-16 所示。

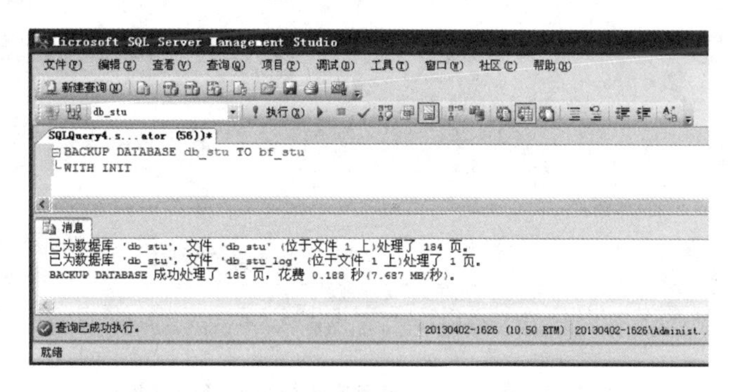

图 7-16 使用 SQL 编辑器执行还原数据库操作

子任务 1.5 使用 T-SQL 语句差异备份数据库

知识梳理

其语法格式如下。

```
BACKUP DATABASE database_name
TO < backup_device>
WITH DIFFERENTIAL
```

其中,各参数意义如下。

- database_name:用于指定数据库名。
- backup_device:用于指定用于备份操作的备份设备。

任务描述

使用 T-SQL 语句差异备份数据库 db_stu。

任务实施

使用 T-SQL 语句差异备份数据库 db_stu 的具体操作步骤如下。

(1) 打开 SQL 编辑器。单击工具栏中的“新建查询(N)”按钮打开 SQL 编辑器窗口。

(2) 在 SQL 编辑器中输入创建备份设备语句。

```
BACKUP DATABASE   db_stu TO bf_stu
WITH DIFFERENTIAL
```

(3) 执行查询语句。单击 “执行(X)”按钮，运行该语句，运行结果如图 7-17 所示。

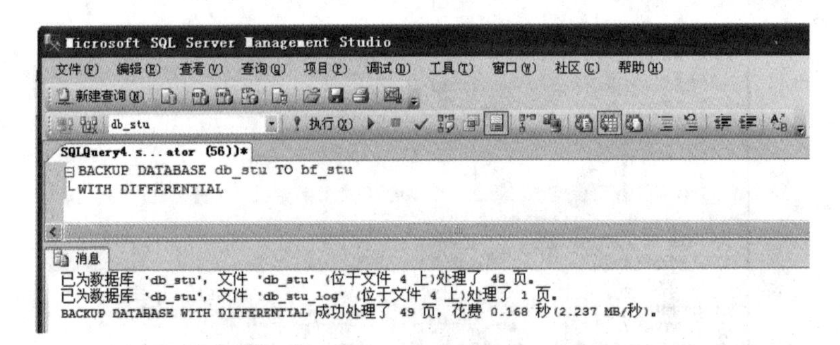

图 7-17　使用 SQL 编辑器执行差异备份数据库

子任务 1.6　使用 T-SQL 语句事务日志备份数据库

知识梳理

执行 BACKUP LOG 语句以备份事务日志，同时指定下列对象。

(1) 要备份的事务日志所属的数据库的名称。

(2) 写入事务日志备份的备份设备。

其语法格式如下。

```
BACKUP LOG database_name
TO < backup_device>
```

其中，各参数意义如下。

● database_name：用于指定数据库名。

● backup_device:用于指定用于备份操作的备份设备。

在执行任何事务日志备份之前,用户必须至少拥有一个完全备份。然后,可以在除事务日志备份以外的任何备份过程中备份事务日志。建议经常执行事务日志备份,这样既可以尽可能减少丢失工作的风险也可以启用日志截断。通常,在还原数据库之前,应尝试备份日志尾部。

任务描述

使用 T-SQL 语句对数据库 db_stu 进行事务日志备份。

任务实施

使用 T-SQL 语句对数据库 db_stu 进行事务日志备份的具体操作步骤如下。

(1) 打开 SQL 编辑器。单击工具栏中的"新建查询(N)"按钮打开 SQL 编辑器窗口。

(2) 在 SQL 编辑器中输入如下的创建备份设备语句。

```
BACKUP LOG  db_stu TO bf_stu
```

(3) 执行查询语句。单击"执行(X)"按钮,运行该语句,运行结果如图 7-18 所示。

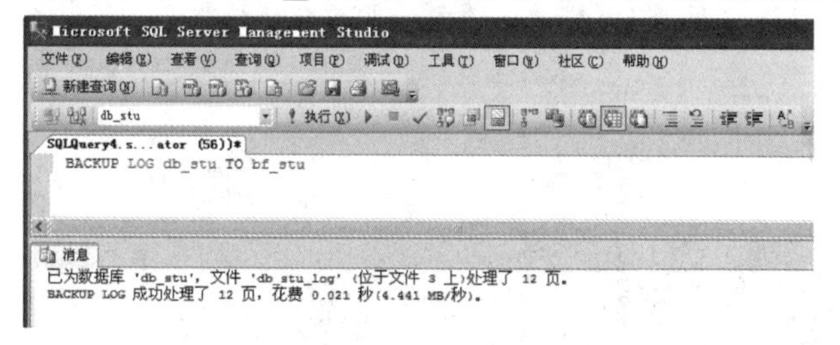

图 7-18 使用 SQL 编辑器执行数据库备份

子任务 1.7 使用 T-SQL 语句还原数据库

知识梳理

T-SQL 语言里提供了 RESTORE DATABASE 语句来恢复数据库备份,使用该语句可以恢复完全备份、差异备份、文件和文件组备份。如果要还原事务日志备份则还可以用 RESTORE LOG 语句。本任务只执行还原完全备份操作。

其语法格式如下。

```
RESTORE DATABASE database_name
FROM < backup_device>
WITH REPLACE
```

其中,各参数的意义如下。

- database_name：用于指定数据库名。
- backup_device：用于指定用于备份操作的备份设备。
- WITH REPLACE：用于覆盖日志内容。

任务描述

使用 T-SQL 语句还原数据库 db_stu。

任务实施

使用 T-SQL 语句还原数据库 db_stu 的具体操作步骤如下。

(1) 打开 SQL 编辑器。单击工具栏中的“新建查询(N)”按钮打开 SQL 编辑器窗口。

(2)在 SQL 编辑器中输入如下创建备份设备语句。

```
RESTORE DATABASEdb_stu FROM bf_stu WITH REPLACE
```

(3) 执行查询语句。单击“执行(X)”按钮，运行该语句，运行结果如图 7-19 所示。

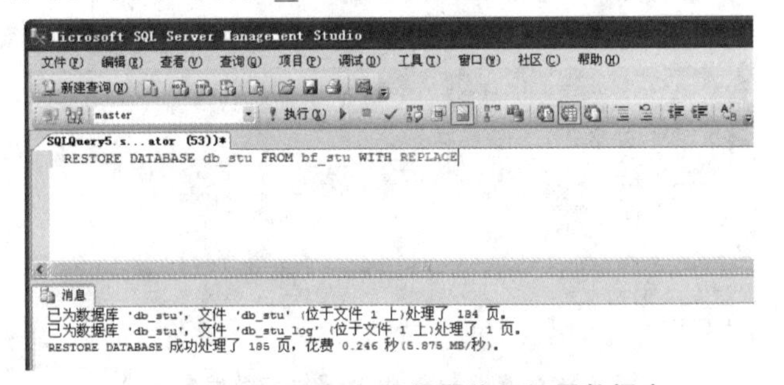

图 7-19　使用 SQL 编辑器执行还原数据库

任务 2 数据库的导入与导出

知识梳理

数据的导入与导出是指 SQL Server 数据库系统与外部系统进行数据交换的操作。导入数据是从外部数据源(非 SQL Server 数据)中查询或指定数据源，并将其插入到 SQL Server 的数据表中的过程，也就是说把其他系统中的数据引入到 SQL Server 数据库中；而导出数据是指将 SQL Server 数据库中的数据转换为用户指定格式的数据过程，即把数据从 SQL Server 数据库中引入到其他系统中去。

在涉及 SQL Server 编程或是管理时一定会用到数据的导入与导出，导入与导出的方法有很多种，具体如下。

一、SQL Server 导入与导出向导

导入向导，微软提供了多种数据源驱动，包括 SQL Server Native Client，OLE DB For Oracle，Flat File Source，Access，Excel，XML 等，基本上可以满足系统开发的需求。同样导出向导也有同样多的目的源驱动，可以把数据导入到不同的目的源。对数据库管理人员来说这种方式简单容易操作，导入时 SQL Server 也会帮助用户建立相同结构的 Table。

二、用.NET 的代码实现

(1) 最为常见的就是循环读取 txt 的内容，然后一条一条加入到 Table 中。

(2) 集合整体读取，使用 OLE DB 驱动。具体程序如下。

```
string strOLEDBConnect =
       @"Provider=Microsoft.Jet.OLEDB.4.0;Data Source=D:\1\;
Extended Properties='text;HDR=Yes;FMT=Delimited'";
OleDbConnection conn =
       new OleDbConnection(strOLEDBConnect);conn.Open();
SQLstmt ="select *from 1.txt";
//读取.txt 中的数据
DataTable dt=new DataTable();
OleDbDataAdapter da = new OleDbDataAdapter(SQLstmt,conn);da.Fill(dt);
//在 DataSet 的指定范围中添加或刷新行以匹配使用 DataSet、DataTable 和 IDataReader
名称的数据源中的行
if(dt.Rows.Count>0)
foreach(DataRow dr in dt.Rows)
  {
  SQLstmt ="insert into MyTable values('"+dr…"
```

三、T-SQL 命令执行数据的导入和导出

1. BULK INSERT

其为 T-SQL 命令，允许直接导入数据。其语法格式如下。

```
BULK INSERT 数据库名.用户名.表名
FROM'数据文件路径'
WITH'数据文件路径'(formatfile ='格式文件路径'
FirstRow=2--指定数据文件中开始的行数,默认是 1)
```

2. OPENROWSET(BULK)函数

T-SQL 的命令，包含有 DB 连接的信息和其他导入方法不同的是，OPENROWSET 可以作为一个目标表参与 INSERT，UPDATE，DELETE 操作。其语法格式如下。

```
INSERT INTO to_table_name SELECT filed_name_list
FROM OPENROWSET
(BULK N'path_to_data_file',FORMATFILE=N'path_to_format_file')
AS new_table_name
```

子任务 2.1 使用对象资源管理器导入数据

任务描述

使用“对象资源管理器”，将一个名称为 db_access 的 Access 数据库中的数据导入到 db_stu 数据库中。

任务实施

使用“对象资源管理器”，将一个名称为 db_access 的 Access 数据库中的数据导入到 db_stu 数据库中的具体操作步骤如下。

1. 打开“SQL Server 导入和导出向导”

打开“对象资源管理器”面板，如图 7-20 所示，展开“数据库”，右击“db_stu”，在弹出的右键快捷菜单中选择“任务(T)”→“导入数据(I)...”命令，打开“SQL Server 导入和导出向导”对话框，如图 7-21 所示。

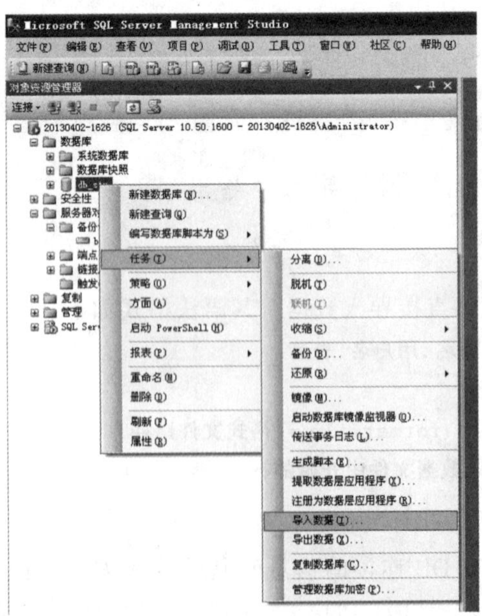

图 7-20 选择“导入数据(I)”命令

2. 按照向导导入数据

在如图 7-21 所示的“SQL Server 导入和导出向导”对话框中，单击“下一步(N)”按钮。

打开“选择数据源”对话框，如图 7-22 所示。在“数据源(D)”文本框中选择“Microsoft Access”，并在“文件名(I)”文本框确认文件路径，单击“下一步(N)”按钮。

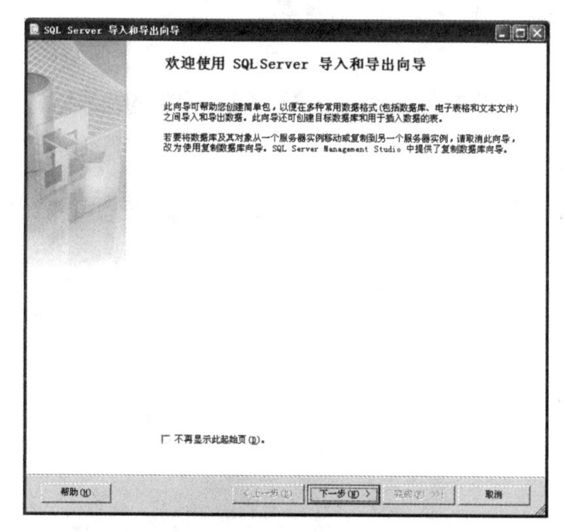

图 7-21 “SQL Server 导入和导出向导”对话框

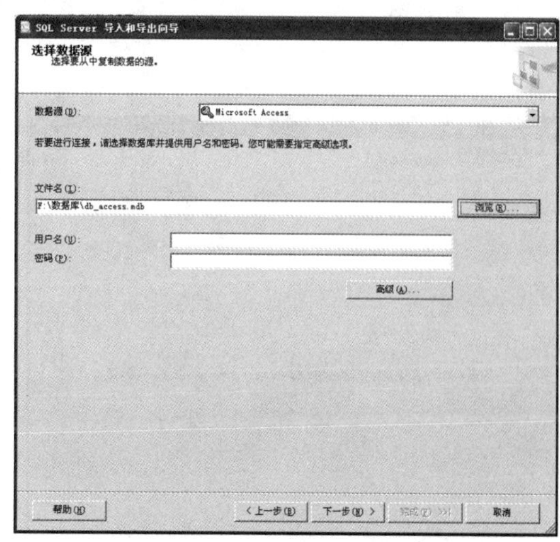

图 7-22 “选择数据源”对话框

在如图 7-23 所示的“选择目标”对话框中需要确定要转换的目标数据源、服务器名称、身份验证方式和数据库名称，然后单击“下一步(N)”按钮。

打开“指定表复制或查询”对话框，如图 7-24 所示。在其中使用默认选择，然后单击“下一步(N)”按钮，如图 7-25 所示，然后再单击“下一步(N)”按钮。

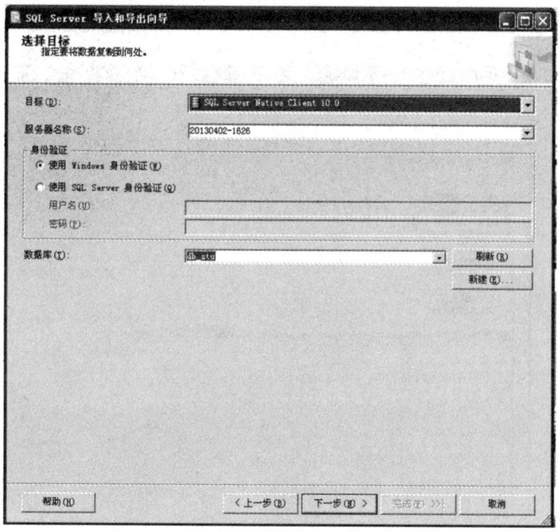

图 7-23 “选择目标”对话框

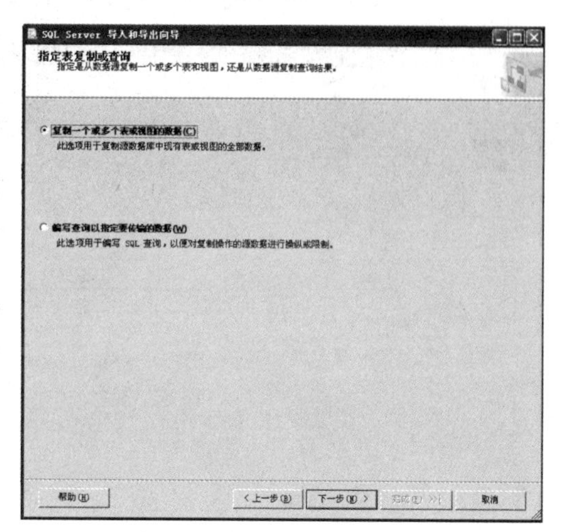

图 7-24 “指定表复制或查询”对话框

打开“选择源表和源视图”对话框，如图 7-26 所示。在列表框中选择 student 表，然后单击“下一步(N)”按钮。

如果 Access 数据库中有多个表，可以选择其中的一个或多个表。

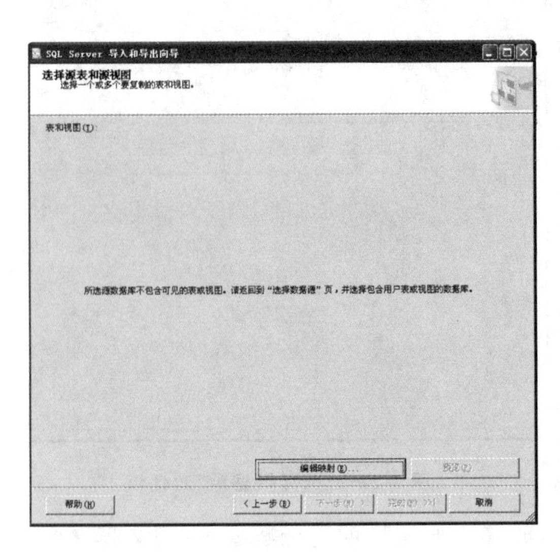

图 7-25　“选择源表和源数据”对话框一

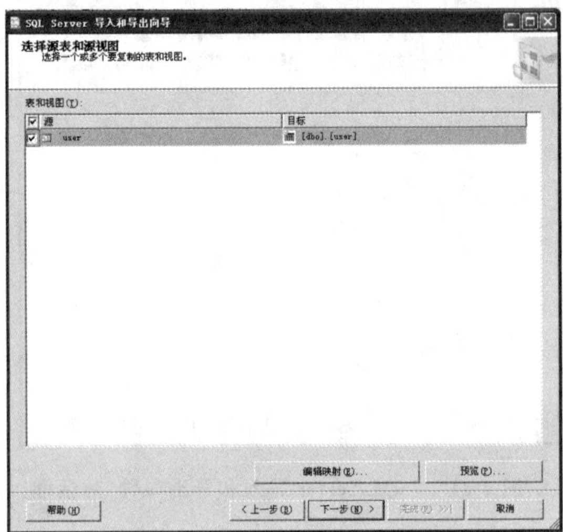

图 7-26　“选择源表和源数据”对话框二

打开“保存并执行包”对话框，如图 7-27 所示。在其中使用默认选择，单击“下一步(N)”按钮。

打开“完成该向导”对话框，如图 7-28 所示。单击“完成(F)”按钮。

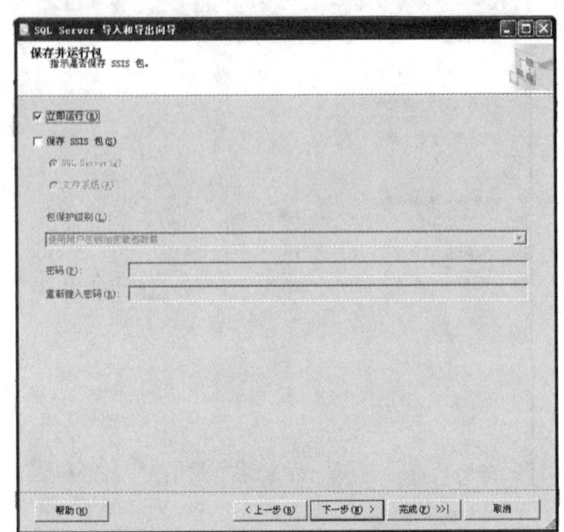

图 7-27　“保存并运行包”对话框

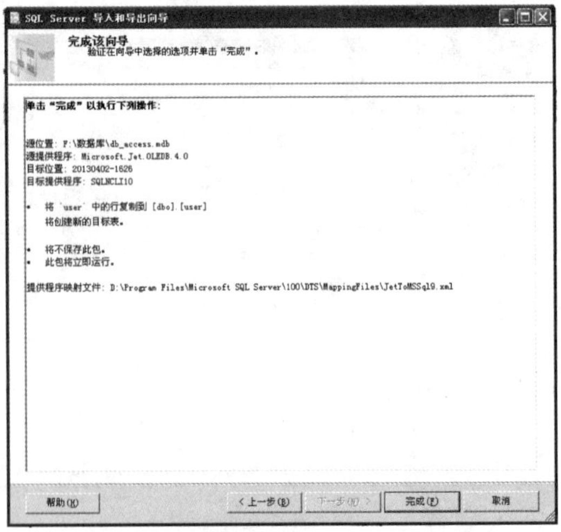

图 7-28　“完成该向导”对话框

打开“执行成功”对话框，如图 7-29 所示。单击“关闭”按钮，导入数据成功完成。

图 7-29 “执行成功”对话框

3. 查看导入数据

打开“对象资源管理器”面板，依次展开“数据库”、“db_stu”、“表”，在“db_stu”数据库中已经加入了一个“dbo. user”表，其数据内容与 Access 数据库中表的内容对应相等。

子任务 2.2 使用“对象资源管理器”导出数据

任务描述

将 db_stu 数据库中的 student 表中的数据导出到 Excel 中。

任务实施

1. 打开“SQL Server 导入和导出向导”对话框

打开“对象资源管理器”面板，如图 7-30 所示，展开“数据库”，右击“db_stu”，选择“任务(T)”→“导出数据(X)…”命令，打开“SQL Server 导入和导出向导”对话框，如图 7-31 所示。

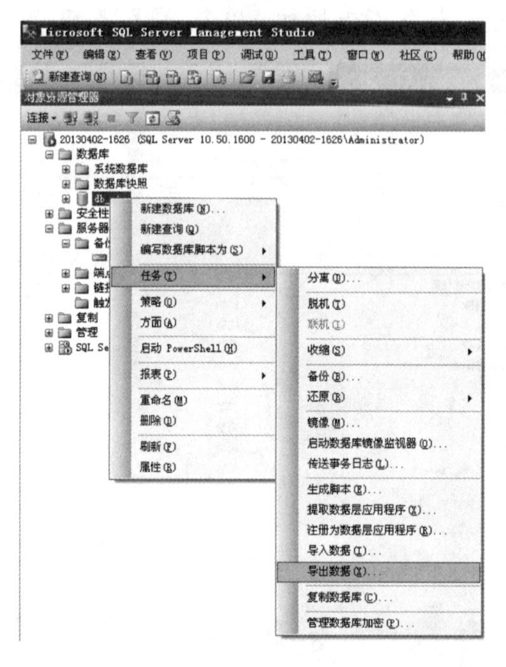

图 7-30　选择导出数据命令

2. 导出数据

打开“SQL Server 导入和导出向导”对话框，如图 7-31 所示。单击“下一步(N)”按钮。

打开“选择数据源”对话框，如图 7-32 所示。“数据源(D)”为默认的“SQL Server Native Client 10.0”，设置服务器名称、身份验证方式和数据库名称。然后单击“下一步(N)”按钮。

打开“选择目标”对话框，如图 7-33 所示。确定要转换的目标数据源名称，“目标(D)”选择“Microsoft Excel”，并设置目标 Excel 文件所在的位置和名称。单击“下一步(N)”按钮。

打开“指定表复制或查询”对话框，如图 7-34 所示。使用默认选择，单击“下一步(N)”按钮。

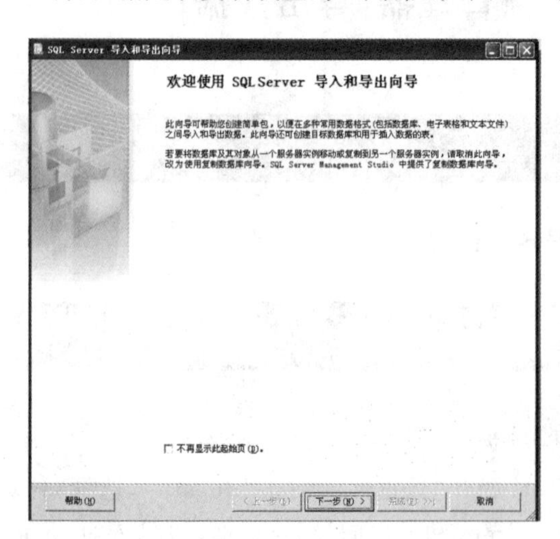

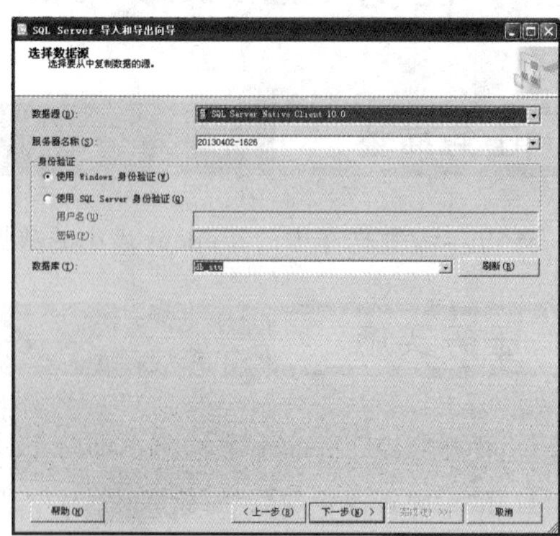

图 7-31　“SQL Sever 导入和导出向导”对话框

图 7-32　“选择数据源”对话框

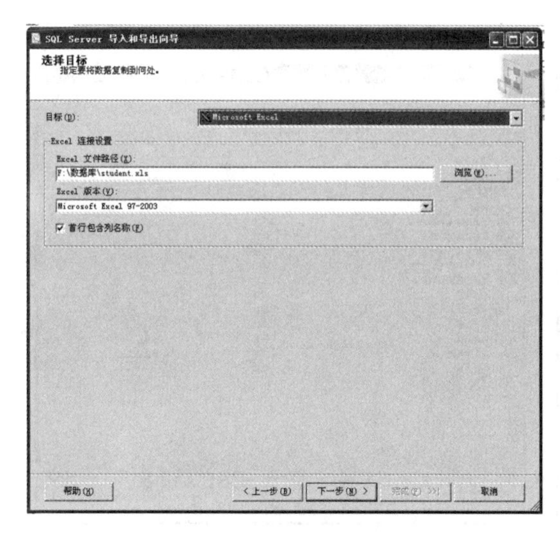

图 7-33 “选择目标”对话框

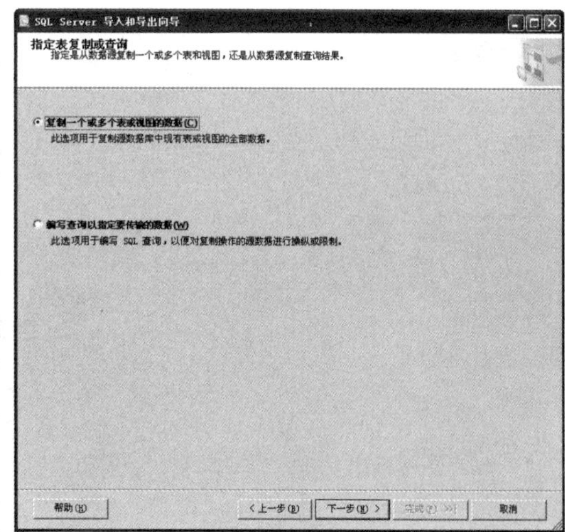

图 7-34 “指定表复制或查询”对话框

打开“选择源表和源视图”对话框，如图 7-35 所示。选择 student 表，单击“下一步(N)”按钮。

打开“查看数据类型映射”对话框，如图 7-36 所示。使用默认设置，单击“下一步(N)”按钮。

图 7-35 “选择源表和源数据”对话框

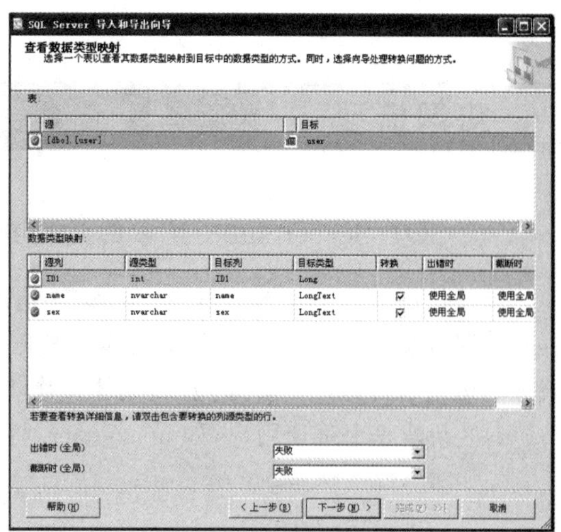

图 7-36 “查看数据类型映射”对话框

打开“保存并执行包”对话框，如图 7-37 所示。使用默认选择，单击“下一步(N)”按钮。

打开“执行成功”对话框，如图 7-38 所示。单击“关闭”按钮，导出数据成功完成。

3. 查看导出数据

打开导出的 Excel 文件，其中的内容与数据库 db_stu 中的表 student 内容一致，表明导出数据成功。

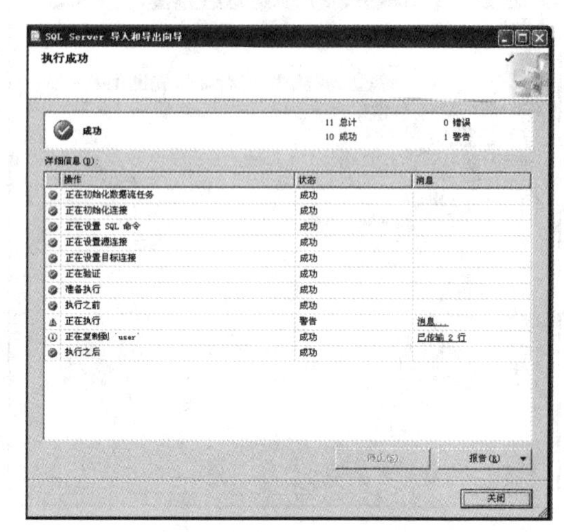

图 7-37 “保存并运行包”对话框

图 7-38 “执行成功”对话框

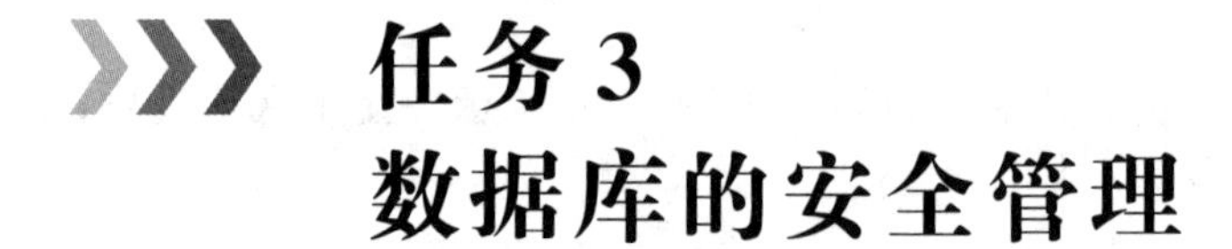

任务 3 数据库的安全管理

知识梳理

一、SQL Server 2008 服务的运行身份

默认情况下，SQL Server 2008 服务是以本地系统的身份运行的。也就是说，SQL Server 服务进程对系统拥有一切操作的权限，这是很不安全的。因此，需要将 SQL Server 服务的运行身份修改为普通用户，具体操作步骤如下。

(1) 新建一个普通用户，如 mssqluser，将此用户加入以下两组。

```
SQLServerMSSQLUser
SQLServerSQLAgentUser
```

(2) 授予 C 盘 mssqluser 用户的读取权限，授予 D、E 盘等其他分区 mssqluser 用户的修改权限；设置 mssql 安装目录(如 D:\Program Files\Microsoft SQL Server)，数据库文件存放目录(如 D:\mssqldata)；授予 mssqluser 用户的完全控制权限。

(3) 将 SQL Full-text Filter Daemon Launcher (MSSQLSERVER) SQL Server (MSSQLSERVER)服务的登录修改为 mssqluser 用户，然后重启这两个服务。

二、sa 密码的安全性

很多数据库服务器管理员都会发现，总有人会乐此不疲地去破解 sa 密码。因此，将 sa 密码 BT 化就变成不可或缺的一步设置。另外，可以将 sa 重命名为 sa1，sa2，sa3……之类的用户，这样可以进一步提高 sa 密码的安全性。修改之后，不要忘了更新有使用 sa 密码的管理程序。

三、SQL Server 安全管理方式

假如用户想操作 SQL Server 中某一数据库中的数据，则必须满足以下三个条件：①登录 SQL Server 服务器时必须通过身份验证；②必须是该数据库的用户或者某一数据库角色的成员；③必须有执行该操作的权限。

从上面三个条件可以看出，SQL Server 数据库的安全性检查是通过登录名、用户、权限来完成。有了登录名，用户就能访问 SQL Server 了，即能登录到 SQL Server 服务器。登录名本身并不能让用户访问服务器中的数据库资源。要访问特定的数据库，还应有用户名。用户名在特定的数据库内创建，并关联一个登录名（当创建一个用户时，必须指定一个登录名与其关联）。当有了用户名后，通过授予用户权限来控制用户在 SQL Server 数据库中所允许进行的活动。

子任务 3.1 使用"对象资源管理器"设置验证模式

SQL Server 2008 的身份验证模式有如下两种：一种是 Windows 身份验证模式。这种验证模式下用户能够通过 Windows 用户账户进行连接；另一种是 SQL Server 和 Windows 身份验证模式（即混合模式）。这种验证模式下，用户能够通过 Windows 身份验证或 SQL Server 身份验证与 SQL Server 实例连接。

在 Windows 身份验证模式或混合验证模式下，都可以通过 Windows 用户账户进行连接。

对于大多数数据库服务器来说，有 SQL Server 身份验证就足够了，只可惜目前的服务器身份验证模式里没有这个选项，所以只能选择同时带有 SQL Server 和 Windows 身份验证的模式（混合模式）。但这样就产生了如下两个问题。

（1）混合模式里包含了 Windows 身份验证这个我们所不需要的模式，即设置上的冗余性。程序的安全性是与冗余性成反比的。

（2）所谓 Windows 身份验证，实际上就是通过当前 Windows 管理员账户（通常为 Administrator）的登录凭据来登录 MSSQLServer。使用 Windows 身份验证，会增加 Administrator 密码被盗的风险。

为解决以上两个问题，我们需要限制混合模式里的 Windows 身份验证。

任务描述

为 db_stu 数据库所在的服务器设置验证模式。

任务实施

为 db_stu 数据库所在的服务器设置验证模式的具体操作步骤如下。

1. 打开“服务器属性”窗口

打开“对象资源管理器”面板，如图 7-39 所示，右击 db_stu 数据库所在的服务器，在弹出的右键快捷菜单中选择“属性(R)”命令。

2. 设置服务器验证方式

打开“服务器属性”窗口，如图 7-40 所示。单击左侧“安全性”选择页，选择用户想使用的身份验证模式，单击“确定”按钮，完成验证模式的设置。

如果要从“Windows 身份验证模式”切换到“混合身份验证模式”，系统不会自动启动 sa 账户；如果需要使用此账户，则需要启用此账户。在身份验证模式修改后，需要重新启动 SQL Server 服务器才能生效。

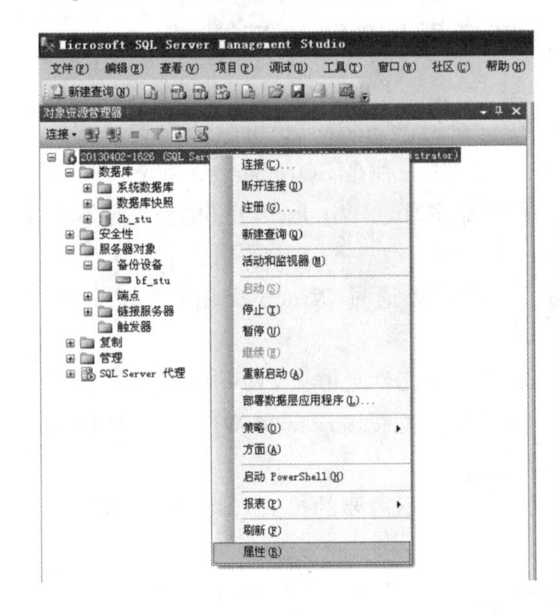

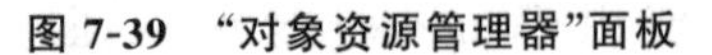

图 7-39 “对象资源管理器”面板

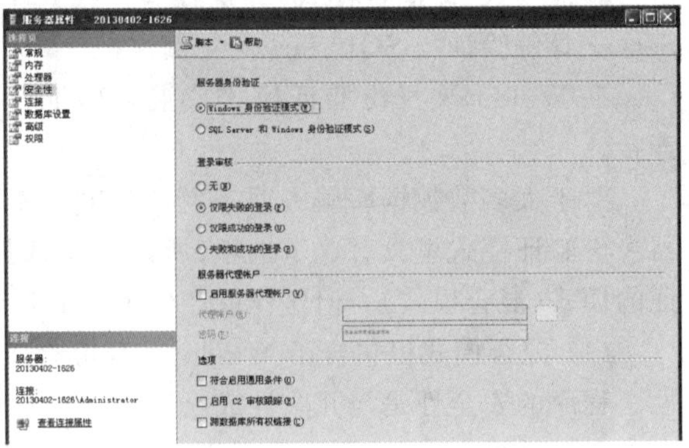

图 7-40 “服务器属性”窗口

子任务 3.2 使用“对象资源管理器”管理用户账户

知识梳理

数据库用户是 Microsoft SQL Server 2008 采用的安全模型的另一个组成部分。用户可直接或通过一个或多个数据库角色中的成员关系访问安全的数据库对象。用户也可与表、视图和存储过程之类的对象的所有权相关联。

子任务 3.2.1 查看登录账户

任务描述

查看 db_stu 数据库所在服务器的登录账户。

任务实施

打开“对象资源管理器”面板，依次展开“服务器”、“安全性”、“登录名”，用户可以看到当前服务器所有的登录账户，如图 7-41 所示。

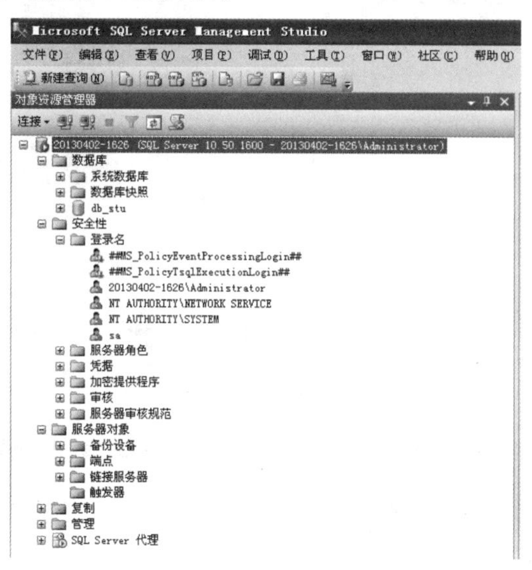

图 7-41 当前服务器所有的登录账户

子任务 3.2.2 创建 Windows 登录账户

任务描述

为 db_stu 数据库所在服务器创建 Windows 登录账户。

任务实施

打开“对象资源管理器”面板，依次展开“服务器”、“安全性”、“登录名”，右击“登录名”，在弹出的右键快捷菜单中选择“新建登录名(N)...”命令，如图 7-42 所示。

打开“登录名-新建”对话框，如图 7-43 所示。在“常规”选择页中，选择“Windows 身份验证(W)”单选框；在“登录名(N)”文本框中输入要被授权访问 SQL Server 的 Windows 账户（以“计算机名\用户名”的形式），也可以单击“搜索(E)...”按钮，在弹出的对话框中选择用户。

在“默认数据库(D)”下拉列表框中，选择用户在登录到 SQL Server 实例后所连接的默认数据库 db_stu。

单击“确定”按钮，完成登录名的创建。

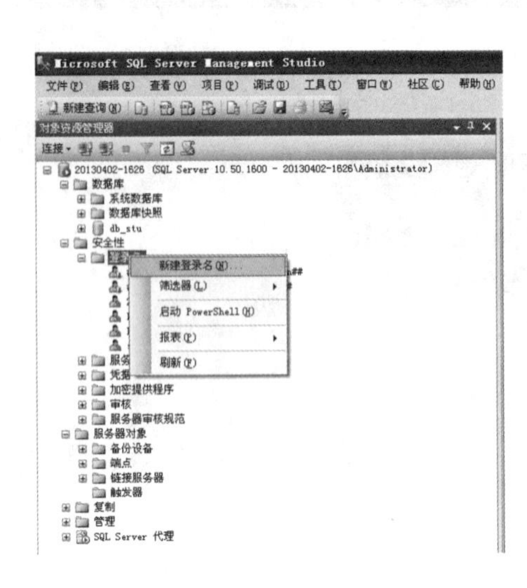

图 7-42 选择“新建登录名(N)...”命令

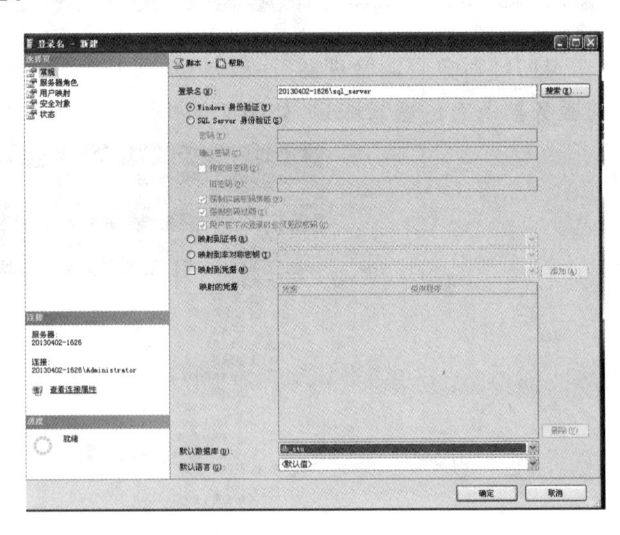

图 7-43 打开“登录名-新建”对话框

子任务 3.2.3 创建 SQL Server 登录账户

任务描述

为 db_stu 数据库所在的服务器创建 SQL Server 登录账户。

任务实施

在 SQL Server Management Studio 的"对象资源管理器"面板中，依次展开"服务器"、"安全性"、"登录名"，右击"登录名"，在弹出的右键快捷菜单中选择"新建登录名(N)..."命令。

打开"登录名-新建"窗口，如图 7-44 所示。在"常规"选择页中，选择"SQL Server 身份验证(S)"单选框；在"登录名(N)"文本框中输入 SQL Server 登录的名称；在"密码(P)"和"确认密码(C)"文本框中输入密码。

在"默认数据库(D)"下拉列表框中，选择用户在登录到 SQL Server 实例后所连接的默认数据库 db_stu。

单击"确定"按钮，完成登录名的创建。

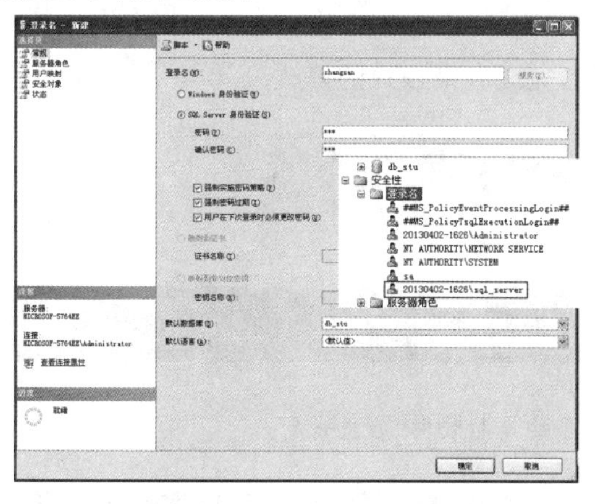

图 7-44 "登录名-新建"窗口

子任务 3.2.4 修改登录账户

任务描述

为 db_stu 数据库所在服务器修改登录账户。

任务实施

在 SQL Server Management Studio 的“对象资源管理器”面板中，依次展开“服务器”、“安全性”、“登录名”，右击需要修改的登录名，在弹出的右键快捷菜单中选择“属性(R)”命令，如图 7-45 所示。

打开“登录属性”窗口，如图 7-46 所示。在此对话框中可以对相应的属性进行修改。

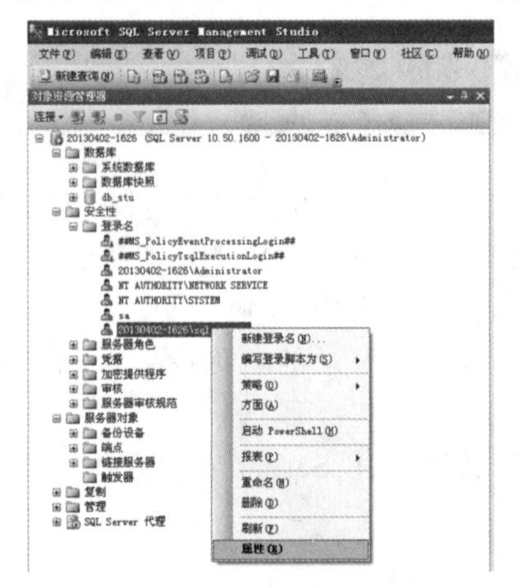

图 7-45　选择“属性(R)”命令

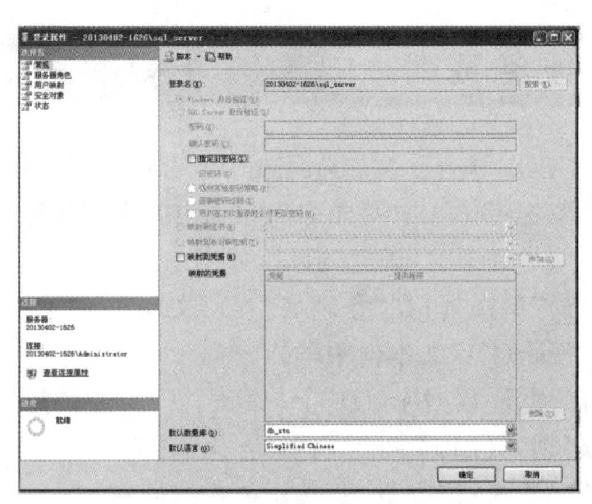

图 7-46　“登录属性”窗口

单击“确定”按钮，完成登录账户的修改。

子任务 3.2.5　删除登录账户

任务描述

为 db_stu 数据库所在服务器删除登录账户。

任务实施

在 SQL Server Management Studio 的“对象资源管理器”面板中，依次展开“服务器”、“安全性”、“登录名”，右击需要修改的登录名，在弹出的右键快捷菜单中选择“删除(D)”命令，如图 7-47 所示。

打开“删除对象”窗口，如图 7-48 所示。单击“确定”按钮。

弹出如图 7-49 所示的对话框，单击“确定”按钮，成功删除此登录账户。

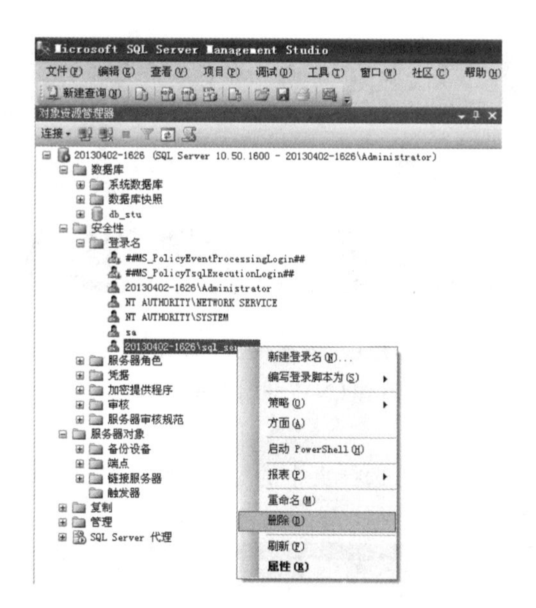

图 7-47 删除登录名

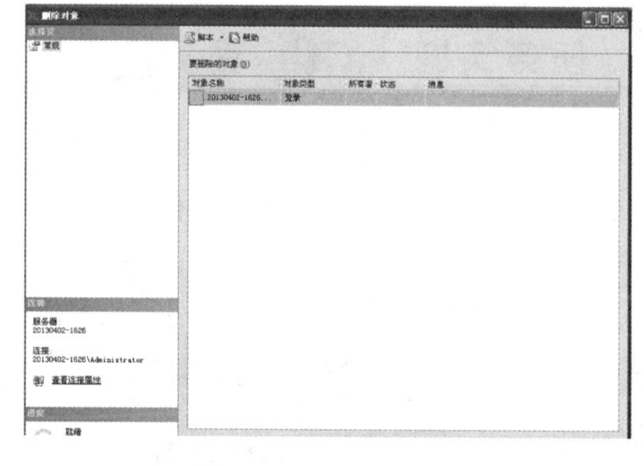

图 7-48 “删除对象”窗口

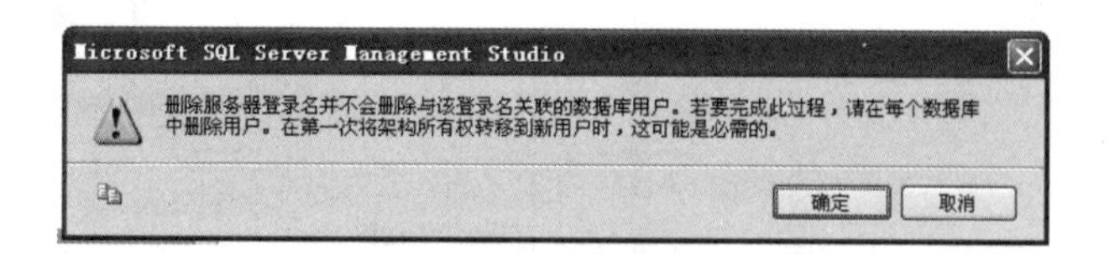

图 7-49 对话框

子任务 3.3 使用“对象资源管理器”创建数据库用户

知识梳理

有了登录名后，能够登录到 SQL Server 上，但还不能访问数据库。要让用户能够访问某数据库，需要在被访问的数据库中生成数据库用户账户。

默认的数据库用户有以下几种。

(1) 数据库所有者(dbo)：它拥有数据库中的所有对象。每个数据库都有 dbo，dbo 用户无法删除，并且此用户始终出现在每个数据库中。

(2) Guest 用户：允许没有用户账户的登录名访问数据库；可以和其他用户一样设置用户权限；不能删除 Guest 用户，但可在除 master 和 template 之外的任何数据库中禁用 Guest 用户。

(3) Information_schema 和 sys 用户：它们位于目录视图中，用于获取有关数据库的元数据信息。

任务描述

使用“对象资源管理器”为数据库 db_stu 创建数据库用户。

任务实施

在 SQL Server Management Studio 的“对象资源管理器”面板中，依次展开“服务器”、“数据库”、“db_stu”，右击“安全性”，在弹出的右键快捷菜单中选择“新建(N)”→“用户(U)…”命令，如图 7-50 所示。

打开“数据库用户-新建”窗口，如图 7-51 所示。在“常规”选择页中的“用户名(U)”文本

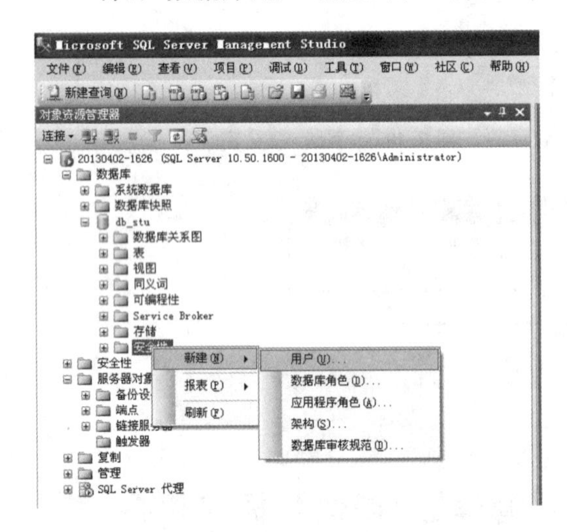

图 7-50　选择“新建(N)”→“用户(U)…”命令

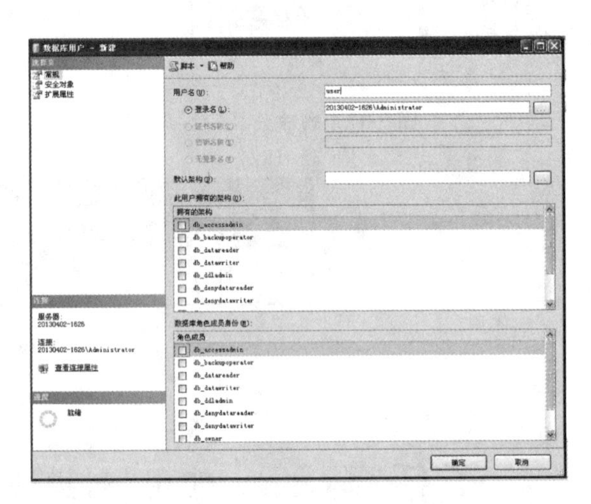

图 7-51　“数据库用户-新建”窗口

框中输入新用户的名称。在“登录名(L)”文本框中输入或选择要映射到数据库用户的 Windows 或 SQL Server 登录名的名称。单击“确定”按钮完成设置。

子任务 3.4　使用“对象资源管理器”创建角色

知识梳理

角色分为服务器角色（又称固定服务器角色）和数据库角色两种。其中，服务器角色是服务器级别的一个对象，只能包含登录名；数据库角色是数据库级别的一个对象，只能包含数据库用户名，数据库角色又分为固定数据库角色和自定义数据库角色两种。

(1) 固定服务器角色(系统自动创建 8 个固定服务器角色),具体如下。

- sysadmin:在 SQL Server 中执行任何活动。
- sysadmin:配置服务器范围的设置。
- setupadmin:添加和删除连接服务器,并执行某些系统存储过程。
- securityadmin:管理服务器登录。
- processadmin:管理在 SQL Server 实例中运行的进程。
- dbcreator:创建和改变数据库。
- diskadmin:管理磁盘文件。
- bulkadmin:执行大容量插入语句。

(2) 固定数据库角色(系统自动创建 10 个固定数据库角色),具体如下。

- db_owner:数据库所有者,可以执行所有数据库角色的活动,以及数据库中的其他维护和配置活动。
- db_accessa:在数据库中添加和删除 Windows 用户以及 SQL Server 用户。
- db_datareader:查看来自数据库中所有用户表的全部数据。
- db_datawriter:添加、修改或删除来自数据库中所有用户表的全部数据。
- db_ddladmin:添加、修改或删除数据库中的对象。
- db_securityadmin:管理数据库角色的角色和成员,并管理数据库中的语句和对象权限。
- db_backupoperator:有备份数据库的权限。
- db_denydatareader:不允许查看数据库数据。
- db_denydatawriter:不允许更改数据库数据。
- public:数据库中用户的所有默认权限。

任务描述

使用"对象资源管理器"为数据库 db_stu 创建数据库角色。

任务实施

在 SQL Server Management Studio 的"对象资源管理器"面板中,依次展开"服务器"、"数据库"、"db_stu",右击"安全性",在弹出的右键快捷菜单中选择"新建(N)"→"数据库角色(D)…"命令,如图 7-52 所示。

打开"数据库角色-新建"窗口,如图 7-53 所示。在"常规"选择页的"角色名称(N)"文本框中输入新角色的名称。若不指定所有者,则创建此角色的用户是其所有者。单击"添加(D)…"按钮,选择数据库用户或角色成为此角色的成员。单击"确定"按钮,完成操作。

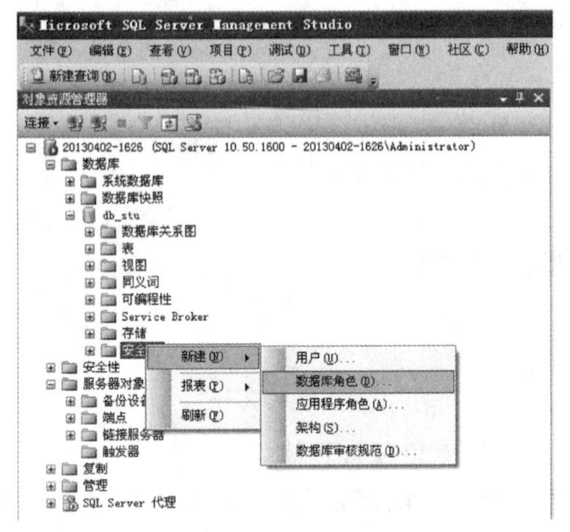

图 7-52 选择“新建(N)”→“数据库角色(D)...”命令

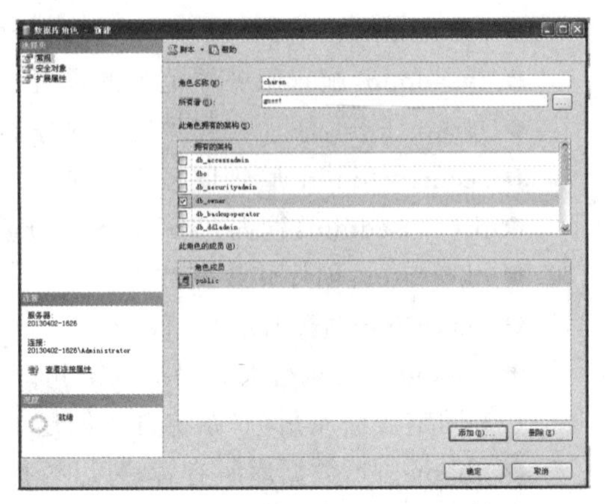

图 7-53 “数据库角色-新建”窗口

子任务 3.5 使用“对象资源管理器”授予权限

知识梳理

权限用于控制用户如何访问数据库对象。一个用户可以直接分配到权限，也可以作为一个角色成员间接得到权限。一个用户可以同时属于具有不同权限的多个角色。

权限分为三种状态：授予、拒绝和撤销。

● 授予权限(GRANT)：授予权限以执行相关的操作。通过角色，所有该角色的成员继承此权限。

● 撤销权限(REVOKE)：撤销授予的权限，但不会显示阻止用户或角色执行操作。用户或角色仍然能继承其他角色的 GRANT 权限。

● 拒绝权限(DENY)：显式拒绝执行操作的权限，并阻止用户或角色继承权限，该语句优先于其他授予的权限。

任务描述

使用“对象资源管理器”为数据库 students 授予权限。

任务实施

启动 Microsoft SQL Server Management Studio 管理平台，连接到适当的服务器。

在“对象资源管理器”面板中展开“数据库”，右击“students”，在弹出的右键快捷菜单中选择“属性(R)”命令。在打开的“数据库属性-权限”窗口中，选择“权限”选择页。如图7-54所示。

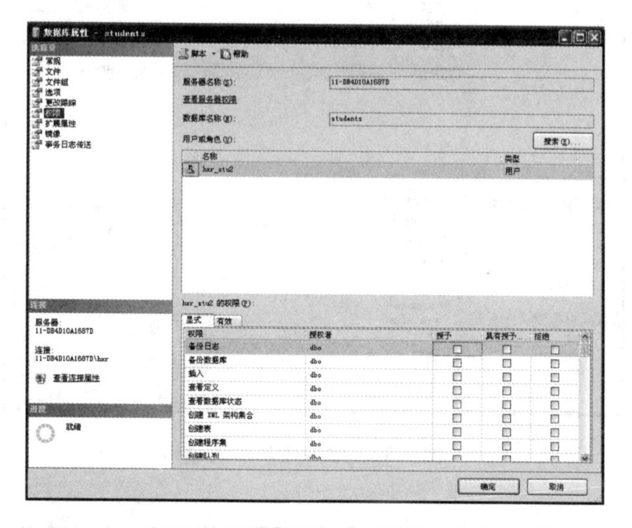

图 7-54　“数据库属性-权限”窗口

如果要对所有用户分配默认的权限，就为 public 角色分配权限。要添加用户或角色，则单击“搜索(E)…”按钮，然后弹出“选择用户或角色”对话框，如图 7-55 所示。单击其中的“浏览(B)…”按钮，弹出“查找对象”对话框，在其中选中“名称”为“[public]”的“数据库角色”，如图7-56所示。

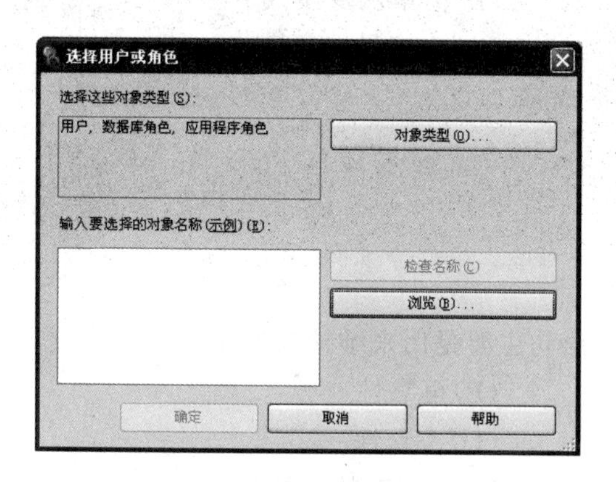

图 7-55　“选择用户或角色”对话框

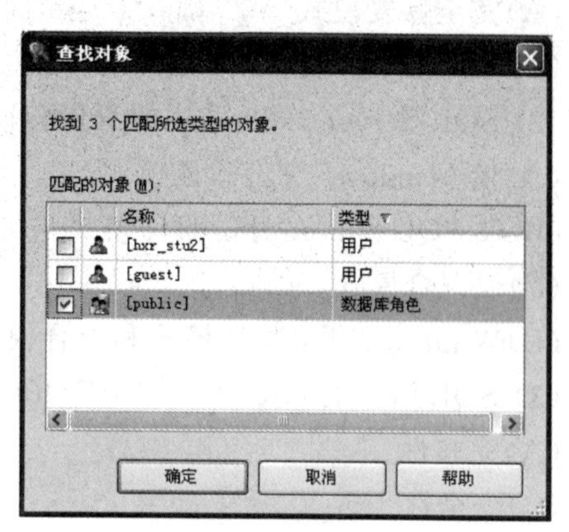

图 7-56　“查找对象”对话框

单击“确定”按钮，即可把“public”添加到“用户或角色(U)”列表中，如图 7-57 所示。

要为个别用户或角色分配权限，首先选择一个用户或者一个角色，然后在“public 的权限(P)”列表框中根据需要允许或拒绝权限，或者清除所有“授予”或“拒绝”复选框，撤销先前授予或拒绝的权限。

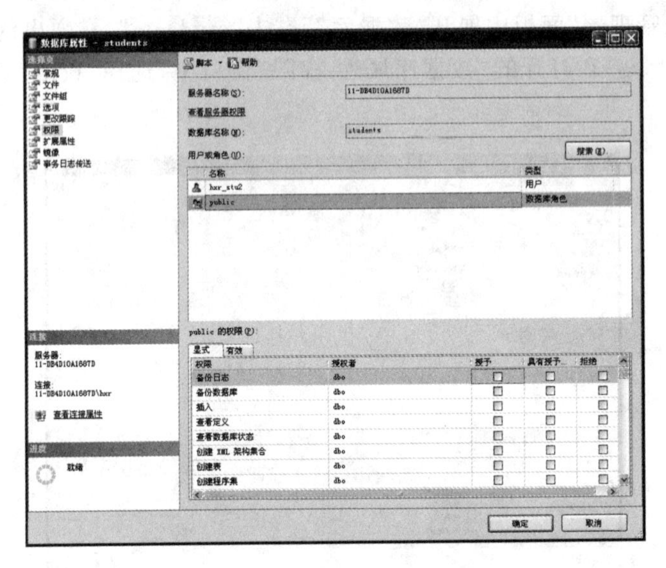

图 7-57　添加成功后的窗口

单元习题 7

1. 选择题

(1) 以下不属于数据库恢复模式的是(　　)。

(A)完全恢复模式　　(B)简单恢复模式

(C)审计技术恢复模式　　(D)大容量恢复模式

(2) SQL Server 2008 采用的身份验证模式有(　　)。

(A)仅 Windows 身份验证模式

(B)仅 SQL Server 身份验证模式

(C)仅混合模式

(D)Windows 身份验证模式和混合模式

(3) SQL 语言的 GRANT 和 REMOVE 语句主要是用来维护数据库的(　　)。

(A)完整性　　(B)可靠性

(C)安全性　　(D)一致性

(4) 安全性控制的防范对象是(　　)，防止他们对数据库数据的存取。

(A)不合语义的数据　　(B)非法用户

(C)不正确的数据　　(D)不符合约束的数据

(5) 找出下面 SQL 命令中的数据控制命令(　　)。

(A)GRANT　　(B)COMMIT　　(C)UPDATE　　(D)SELECT

(6) 找出下面不属于用户权限的选项(　　)。

(A)GRANT　　(B)REVOKE　　(C)UPDATE　　(D)DENY

(7) 下列关于 SQL Server 2008 数据库日志的说法错误的是(　　)。

(A)日志文件是维护数据库完整性的重要工具

(B)所有的对 SQL 数据库的操作都需要写日志

(C)当日志文件的空间占满时,将无法写日志

(D)当修改数据库时,必先写日志

(8) 下面不属于常见的备份设备类型的有(　　)。

(A)磁盘备份设备　　(B)磁带备份设备

(C)物理设备　　(D)逻辑设备

2. 简答题

(1) 简述备份和还原数据库的方法。

(2) 简述 SQL Server 2008 数据库的安全管理。

项目8　图书管理系统的构建

任务1 系统的初步设计

子任务1.1　系统概述

知识梳理

一、C/S模式

Client/Server(客户端/服务器端)，又称为C/S结构，是20世纪80年代末逐步发展起来的一种模式。C/S结构的关键在于功能的分布，即一些功能放在客户端执行，另一些功能放在服务器端上执行。简单地讲，C/S模式就是基于企业内部网络的应用系统。

二、B/S模式

B/S结构(Browser/Server，浏览器/服务器模式)，是Web兴起后的一种网络结构模式，Web浏览器是客户端最主要的应用软件。这种模式统一了客户端，将系统功能实现的核心部分集中到服务器上，简化了系统的开发、维护和使用。

任务描述

了解图书管理系统软件的应用背景。

任务实施

图书馆的图书管理工作是院校图书管理的一个重要环节，并且该环节的顺利实施有助于推动办公自动化的发展。目前，越来越多的院校图书馆的图书管理不再局限于人工管理，而是采用了图书管理类的软件进行图书的管理，这样做可以大幅提高图书馆工作人员的工作效率。

鉴于目前这种应用背景，图书管理系统便应运而生，该系统采用B/S模式，使用基于.NET平台的面向对象程序设计思想进行开发。该系统针对目前大多数院校图书馆管理模式设计了有关图书信息管理、读者信息管理、图书借阅管理、系统信息查询等功能模块。

本系统采用以下环境开发。

- 操作系统：Microsoft Windows XP Professional。
- 开发工具：Microsoft Visual Studio 2010。
- 数据库环境：SQL Server 2008 开发版。

子任务1.2 系统需求分析

知识梳理

一、软件需求分析的概念

软件需求分析是对可行性研究确定的系统功能进行进一步具体化，并通过系统分析员与用户之间的广泛交流，最终形成一个完整、清晰、一致的软件需求规格说明书的过程。

软件需求分析的任务主要是以软件计划阶段确定的软件工作范围为指南，通过分析综合建立分析模型，编制出软件需求规格说明书，具体步骤如下。

(1) 认清问题、分析资料、建立分析模型。

(2) 编写软件需求说明书。

二、软件需求分析的步骤

1. 需求获取

从分析当前系统包含的数据开始，进行调查研究，通过与用户的交流沟通，了解当前系统的结构、输入与输出、日常数据处理等内容。

2. 分析建模

分析建模的过程，是指从当前系统的物理模型中抽象出当前系统的逻辑模型，再利用当前系统的逻辑模型，去除其中非本质的东西，抽象出目标系统的逻辑模型的过程。

3. 文档编写

把描述目标系统的逻辑模型的文档称为软件需求规格说明书。已经确定的目标系统的逻辑模型应当得到清晰准确的描述。

4. 需求验证

在实现的过程中会出现各种各样的问题，如需求不一致的问题、二义性问题等，这些都必须通过需求分析的验证、复审来发现，需求验证是软件需求分析任务完成的标志。

任务描述

通过了解图书管理系统的项目需求，获取系统所需的信息需求、功能处理需求以及系统各功能模块。具体来说，图书管理工作主要包括以下几项。

(1) 管理员需要用户名及密码才能进入图书管理系统。

(2) 新进图书由管理员录入图书的编号、分类、名称、作者姓名、出版社、出版日期、定价、内容摘要、实际数量、注册日期等相关信息至系统内。

(3) 管理员可以对图书分类、图书信息进行增、删、改等维护工作。

(4) 新读者由管理员录入读者的编号、密码、姓名、性别、班级、联系电话、E-mail、注册日期等相关信息至系统内。

(5) 图书的借阅、归还过程由管理员录入至系统内，归还过程还涉及罚款金额的处理。

(6) 管理员可以查询全部图书信息、全部读者信息以及全部图书借阅信息等相关内容。

(7) 读者可以根据读者编号及密码进入系统，并查询全部图书信息及读者已借阅图书信息、读者个人信息等相关内容。

任务实施

通过对以上图书管理工作的了解，得出系统的信息需求、功能处理需求以及系统各功能模块如下。

1. 信息需求

(1) 图书信息：图书的编号、分类编号、名称、作者姓名、出版社、出版日期、定价等。

(2) 图书分类：图书分类编号、分类说明等。

(3) 读者信息：读者的编号、密码、姓名、性别、班级、联系电话、E-mail、注册日期等。

(4) 图书借阅信息：图书编号、读者编号、借阅数量、借阅日期、应归还日期等。

(5) 用户信息：管理员用户名、管理员密码等。

2. 功能处理需求

(1) 图书信息维护。

(2) 读者信息维护。

(3) 图书借出处理。

(4) 图书归还处理。

(5) 图书、读者、图书借阅信息查询。

(6) 管理员、读者登录处理。

3. 系统功能模块划分

(1) 管理员功能模块划分，如图 8-1 所示。

(2) 读者功能模块划分，如图 8-2 所示。

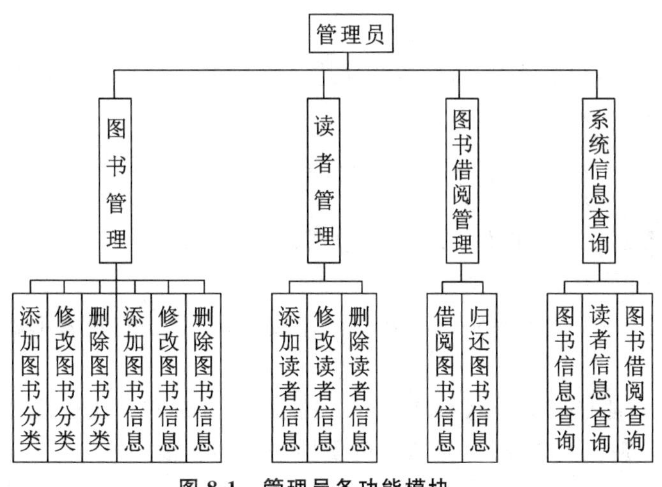

图 8-1 管理员各功能模块

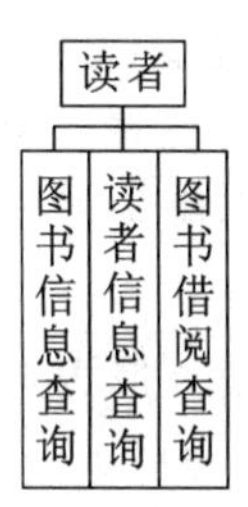

图 8-2 读者各功能模块

任务 2 数据库设计

子任务 2.1 数据库概念结构设计

知识梳理

一、E-R(实体-联系)模型

1. 实体

实体是客观存在并可相互区分的事物,可以是人、物等实际对象,也可以是某些概念;可以是事物本身,也可以是事物之间的联系。

2. 属性和属性值

每个实体具有的特性称为属性。一个实体可以由若干个属性来描述,每个属性都有其取值范围,称为值集或值域。

3. 实体集

具有相同属性的实体的集合称为实体集。在同一个实体集内,每个实体拥有的属性及其值域都是相同的,但取值可能不相同。

4. 联系

现实社会中事物之间是有联系的，信息世界中必然要描述这些联系。实体间的联系可以为三类：一对一(1∶1)、一对多(1∶n)和多对多(m ∶n)。

二、E-R(实体-联系)图

E-R 模型是用来 E-R 图来表示的。E-R 图的基本图素包括以下几项。

(1) 用长方形表示实体，在框内写上实体名。

(2) 用椭圆形表示实体的属性，并用线段将实体与其属性连接起来，双线椭圆表示属性是实体的码。

(3) 用菱形表示实体间的联系，菱形内写上联系名，用线段把菱形分别与有关的实体相连，在连线旁标上联系的类型，若联系也具有属性，则联系的属性和菱形连接。

任务描述

根据系统需求分析，确定系统所需实体及实体间关系。

任务实施

1. 系统的整体 E-R 图设计

根据图书管理系统的特点归纳总结出以下规律：一个图书分类可以包含多种图书；一个借阅信息依赖于读者信息及图书信息。因此，得出 E-R 图如图 8-3 所示。

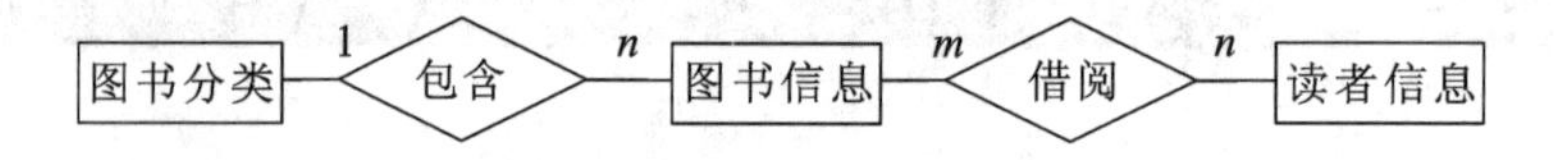

图 8-3 图书管理系统 E-R 图

2. 系统实体例图设计

由图 8-3 所示的 E-R 图可知，本系统应包含图书分类实体、图书信息实体、读者信息实体，由于图书信息实体与读者信息实体间是多对多的关系，从而导出两者的复合实体借阅实体。另外还有管理员用户实体，具体实体及其实体属性如下。

图书分类实体如图 8-4 所示。

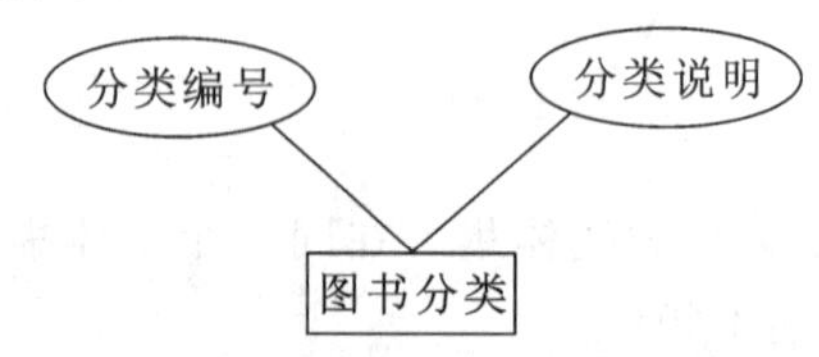

图 8-4 图书分类实体

图书信息实体如图 8-5 所示。

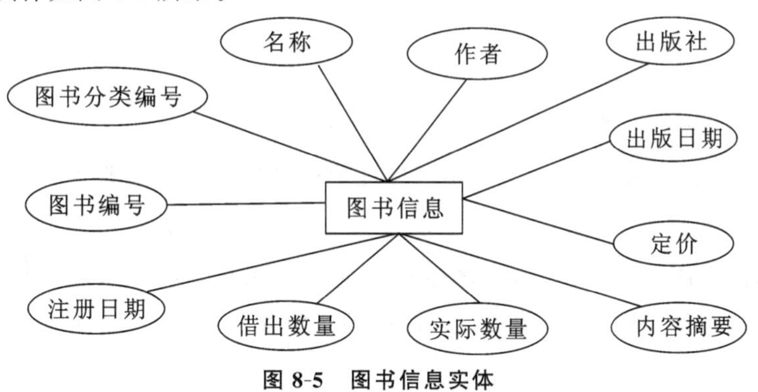

图 8-5　图书信息实体

读者信息实体如图 8-6 所示。

借阅实体如图 8-7 所示。

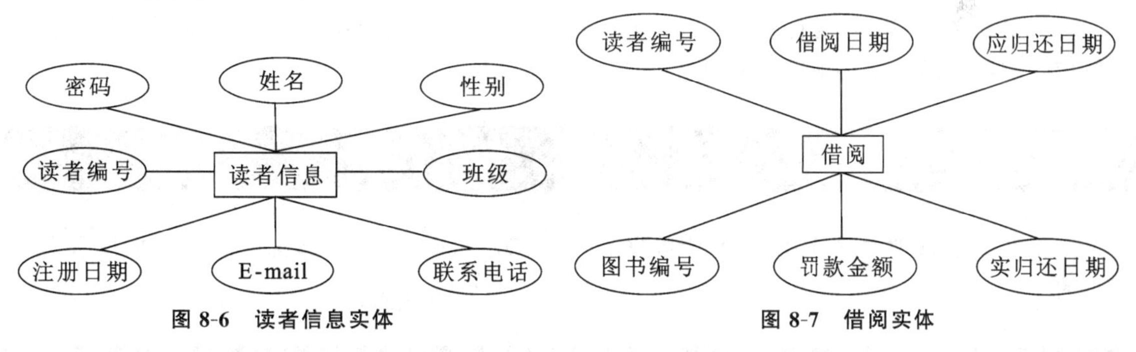

图 8-6　读者信息实体　　**图 8-7　借阅实体**

管理员用户实体如图 8-8 所示。

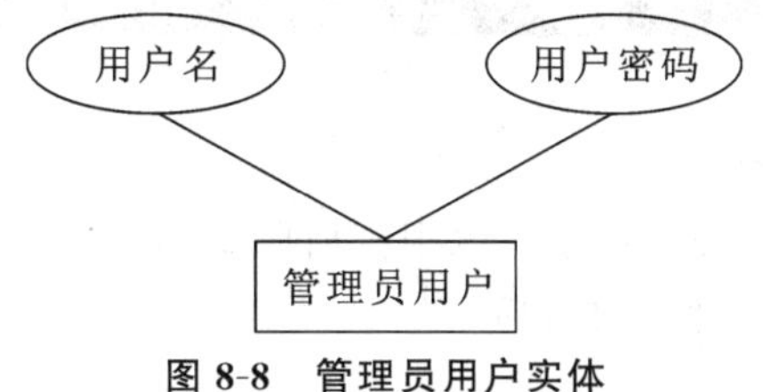

图 8-8　管理员用户实体

子任务 2.2　数据库逻辑结构设计及实现

知识梳理

一、关系模型的概念

一个关系对应于一张二维表格。这个二维表格是指含有有限个不重复行的二维表格。

在 E-R 模型中的属性在此转化成二维表格的列，称为属性。每个属性的名称称为列名。

二、关系完整性

1. 域完整性

域完整性(domain integrity)：关系中的属性值应是指定的数据类型和范围的值。

2. 实体完整性

实体完整性(entity integrity)：实体完整性的基本思想是标识数据库中存放的每个实体，要求每个实体都保持唯一性，即每个实体都必须拥有一个主键或其他的唯一标识列。

3. 参照完整性

参照完整性(referential integrity)：插入或删除数据时，维护表格间数据一致性的手段。

4. 用户定义的完整性

用户定义的完整性是针对某一具体数据库的约束条件，由应用环境决定，它反映某一具体应用所涉及的数据必须满足的语义要求。

任务描述

根据图书管理系统 E-R 图设计数据表，在 SQL Server 2008 里实现创建数据库及数据表。

任务实施

1. 数据库逻辑结构设计

数据库的概念结构设计完成后，便可以根据所归纳的 E-R 图列出所需要的数据表信息，本系统所需所有表名称及说明如表 8-1 所示。

表 8-1　总体表预览

表名称	表说明
bookSortInfo	图书分类表
bookInfo	图书信息表
readerInfo	读者信息表
lendInfo	图书借阅表
userInfo	管理员用户表

按照表名称及前期的数据库设计，现将各表字段、字段类型定义以及相关设置说明如下。

(1) 图书分类表：bookSortInfo，如表 8-2 所示。

表 8-2 图书分类表

字　段	字段类型	是否为空	主键或外键	字段说明
sortID	VARCHAR(4)	NOT Null	PK	图书分类编号
sortName	VARCHAR(50)	NOT Null		图书分类说明

(2) 图书信息表:bookInfo,如表 8-3 所示。

表 8-3 图书信息表

字　段	字段类型	是否为空	主键或外键	字段说明
bookID	VARCHAR(10)	NOT Null	PK	图书编号
bookName	VARCHAR(50)	NOT Null		名称
author	VARCHAR(20)	NOT Null		作者
publish	VARCHAR(50)	NOT Null		出版社
sortID	VARCHAR(4)	NOT Null		图书分类编号
price	DECIMAL(18,2)	NOT Null		定价
total	INT	NOT Null		实际数量
lendNum	INT	NOT Null		借出数量
pubDate	SMALLDATETIME	NOT Null		出版日期
regDate	SMALLDATETIME	NOT Null		注册日期
summary	TEXT	Null		内容摘要

(3) 读者信息表:readerInfo,如表 8-4 所示。

表 8-4 读者信息表

字　段	字段类型	是否为空	主键或外键	字段说明
readerID	VARCHAR(10)	NOT Null	PK	读者编号
readerPwd	VARCHAR(30)	NOT Null		密码
readerName	VARCHAR(20)	NOT Null		姓名
sex	VARCHAR(4)	Null		性别
className	VARCHAR(20)	Null		班级
phone	VARCHAR(20)	Null		联系电话
eMail	VARCHAR(30)	Null		E-Mail
regDate	SMALLDATETIME	NOT Null		注册日期

(4) 图书借阅表:lendInfo,如表 8-5 所示。

表 8-5　图书借阅表

字　　段	字段类型	是否为空	主键或外键	字段说明
ID	INT	NOT Null	PK	标识字段，记录自增 1
bookID	VARCHAR(10)	NOT Null	FK	图书编号
readerID	VARCHAR(10)	NOT Null	FK	读者编号
lendDate	SMALLDATETIME	NOTNull		借阅日期
returnDate	SMALLDATETIME	NOT Null		应归还日期
actualDate	SMALLDATETIME	Null		实归还日期
returnFlag	BIT	Null		归还标识
fine	DECIMAL(18,2)	Null		罚款金额

（5）管理员用户表：userInfo，如表 8-6 所示。

表 8-6　管理员用户表

字　　段	字段类型	是否为空	主键或外键	字段说明
userName	VARCHAR(30)	NOT Null	PK	管理员用户名
userPwd	VARCHAR(30)	NOT Null		管理员用户密码

2. 在 SQL Server 2008 中实现数据库逻辑结构设计所产生的数据表

在 SQL Server 2008 中新建名为“BookDB”的数据库，其余设置保持默认，然后在“BookDB”数据库内按照表 8-2 至表 8-6 所示的数据表结构依次建立各数据表。并在管理员用户表中添加如表 8-7 所示的记录。在读者信息表中添加如表 8-8 所示的记录。

表 8-7　管理员用户表添加记录

序　　号	userName	userPwd
1	admin	admin

表 8-8　读者信息表添加记录

序　　号	readerID	readerPwd	readerName	sex	className	phone	eMail	regDate
1	001	001	Tom					2012-4-1
2	002	002	Rose					2012-4-1

子任务 2.3　设置表之间的依赖关系

任务描述

实现“BookDB”数据库中有关数据表的关联。

任务实施

(1) 打开“Microsoft SQL Server Management Studio”窗口，在“对象资源管理器”面板中找到所建立的“BookDB”数据库，然后单击其左侧的⊞符号，展开后可以看到“数据库关系图”选项。

(2) 右击“数据库关系图”，在弹出的右键快捷菜单中选择“新建数据库关系图(N)”命令，如图 8-9 所示。

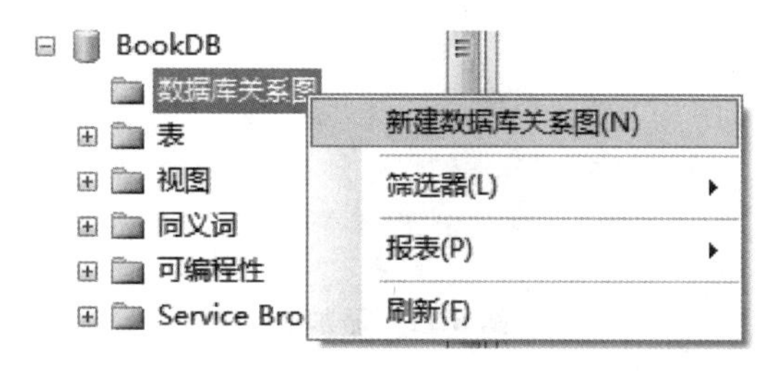

图 8-9 选择“新建数据库关系图(N)”命令

(3) 弹出如图 8-10 所示的“添加表”对话框，选择需要添加的表。在建立的关联中，需要用到 bookInfo、bookSortInfo、lendInfo、readerInfo 这 4 个表。

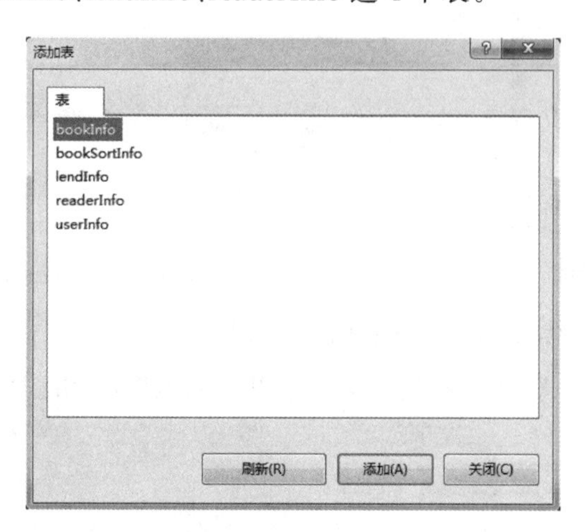

图 8-10 “添加表”对话框

(4) 依次将这 4 个表添加进来，添加完成后，单击“关闭(C)”按钮，并将添加的表罗列为如图 8-11 所示。

(5) 先建立图书分类表与图书信息表之间的关联，然后再建立图书借阅表与图书信息表及读者信息表之间的关联。其中，图书分类表与图书信息表之间的关联是建立在图书分类编号(sortID)字段上的，所以用鼠标左键按住图书分类表中的图书分类编号(sortID)字段旁的🔑符号，然后将其拖动至图书信息表的图书分类编号(sortID)字段上，弹出如图 8-12 所示的用于设置外键关联的“表和列”对话框，单击“确定”按钮，即可建立如图 8-13 所示的表间关联。

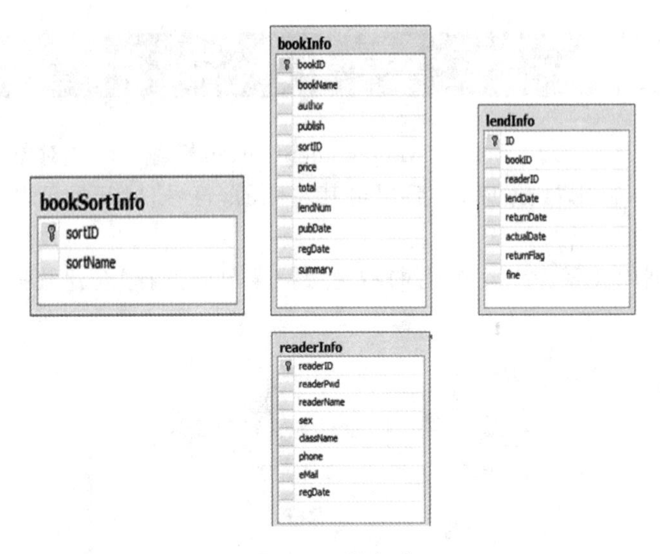

图 8-11　添加表

图 8-12　“表和列”对话框

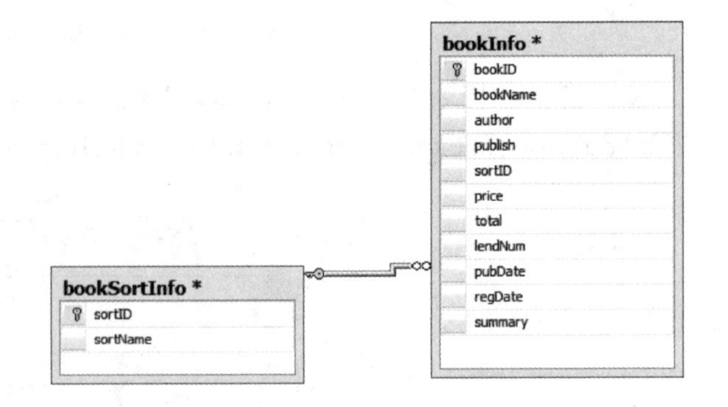

图 8-13　完成关联建立效果图

（6）选择如图 8-13 所示矩形区域的外键关联，再查看如图 8-14 所示的“外键关联”对话框，展开“INSERT 和 UPDATE 规范”设置项，将“更新规则”和“删除规则”选项设置为“层叠”。

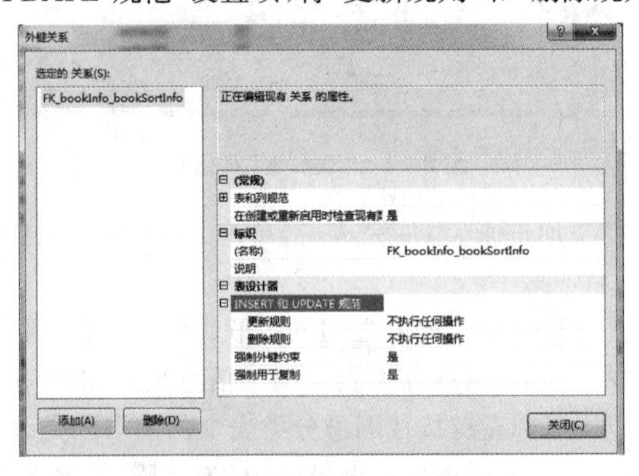

图 8-14　“外键关联”对话框

(7) 按照步骤(5)、(6)所示的操作步骤完成图书借阅表与图书信息表及读者信息表之间的关联,最后单击按钮,以默认名称进行保存。完成关联后的结果如图 8-15 所示。

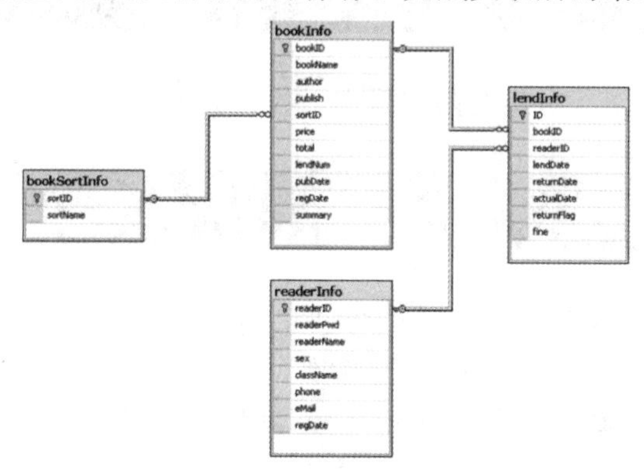

图 8-15　表之间的依赖关系效果图

子任务 2.4　数据库的分离与附加

知识梳理

分离数据库是指将数据库从当前服务器中分离,但其数据库文件和事务日志文件还存放于磁盘上。附加数据库是分离数据库的反过程,通过数据库文件和事务日志文件的重新定位,将数据库附加于 SQL Server 服务器。

一、使用 SQL Server Management Studio 分离与附加数据库

1. 分离数据库

(1) 打开 SQL Server Management Studio 窗口,在"对象资源管理器"面板中展开"数据库",右击要分离的数据库,在弹出的右键快捷菜单中选择"任务(T)"→"分离(D)…"命令,打开"分离数据库"窗口。

(2) "消息"列表显示了该数据库有一个活动连接,选中"删除连接"复选框,其余采用默认设置。

(3) 单击"确定"按钮,完成数据库的分离。

2. 附加数据库

(1) 打开 SQL Server Management Studio 窗口,在"对象资源管理器"面板中右击"数据库",在弹出的右键快捷菜单中选择"附加"命令,打开"附加数据库"窗口。

(2) 单击"添加(A)"按钮,选择要附加的数据库的主数据文件,单击"确定"按钮完成数据库的附加。

任务描述

对“BookDB”数据库进行分离与附加操作。

任务实施

(1) 查看数据库存储路径。打开“Microsoft SQL Server Management Studio”窗口，在“对象资源管理器”面板中右击“BookDB”数据库，在弹出的右键快捷菜单中选择“属性(R)”命令，在打开的“数据库属性”窗口中选择“文件”选项，显示效果如图 8-16 所示。在“路径”栏可以查看“BookDB”数据库的存储路径信息。

(2) 实现数据库分离。右击“BookDB”数据库，在弹出的右键快捷菜单中选择“任务(T)”→“分离(D)…”命令，打开如图 8-17 所示“分离数据库”窗口。选中“删除连接”复选框，单击“确定”按钮，实现数据库分离。在“对象资源管理器”面板中展开“数据库”选项，其中已无“BookDB”数据库。

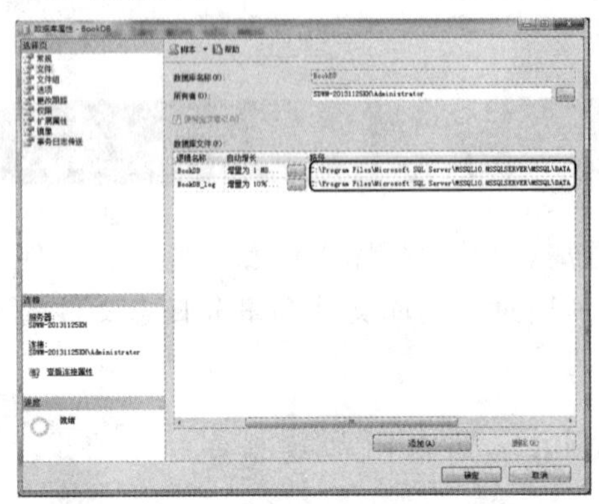

图 8-16 “数据库属性-BookDB”窗口

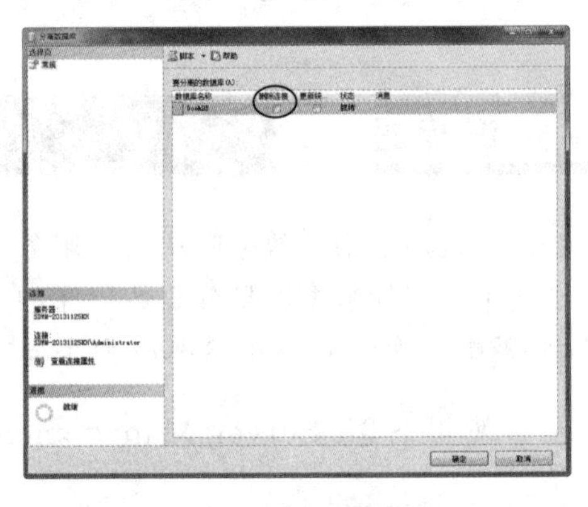

图 8-17 “分离数据库”窗口

(3) 保存分离的“BookDB”数据库文件。按照步骤(1)中的“BookDB”数据库存储路径，找到该数据库文件，如图 8-18 所示，将此文件保存至 D 盘根目录下，留至后续任务中使用。

图 8-18 “BookDB”数据库文件

(4) 附加“BookDB”数据库。按照图 8-19 所示的操作，打开如图 8-20 所示的“附加数据库”窗口，右击选择“附加(A)…”命令，打开如图 8-21 所示的“定位数据库文件”窗口，在“所选路径(P)”文本框中输入 D 盘根目录，单击“确定”按钮，完成数据库文件添加，如图 8-22 所示。再次单击“确定”按钮即可完成数据库附加操作。此时“对象资源管理器”面板中的“数据库”选项中可以看到“BookDB”数据库。

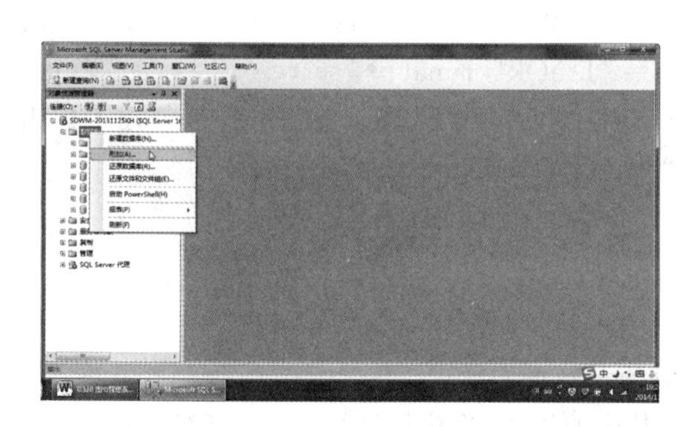

图 8-19 选择"附加(A)..."命令

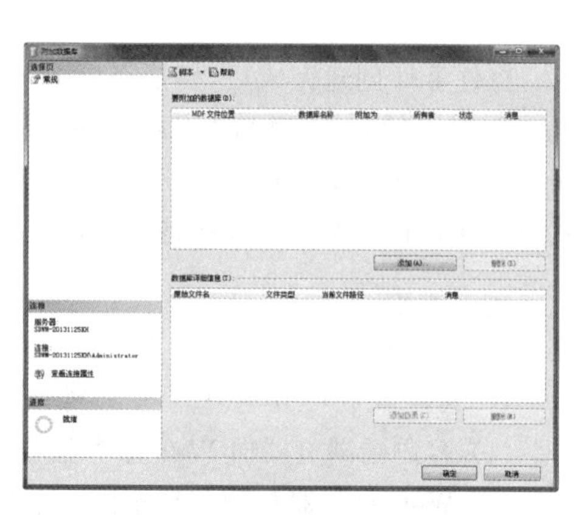

图 8-20 "附加数据库"窗口

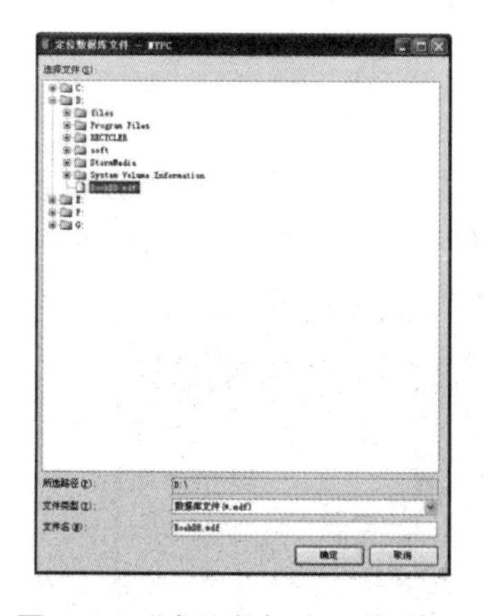

图 8-21 "定位数据库文件"窗口

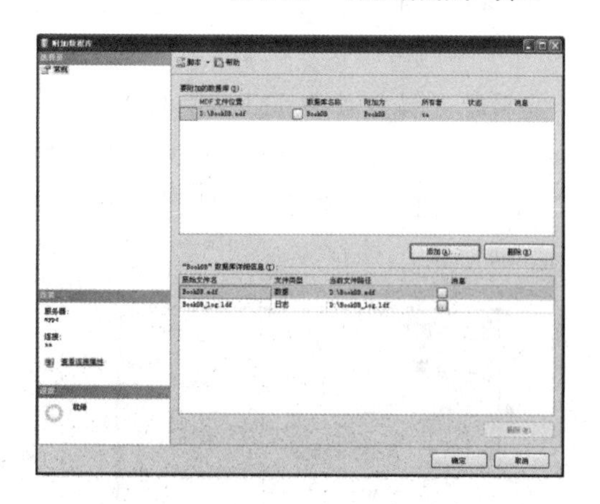

图 8-22 附加数据库文件后的窗口

任务 3 图书分类的添加、修改、删除、查询

子任务 3.1 创建网站及网页

知识梳理

一、设计控件响应的事件

一般控件的默认事件,通过双击控件的方式就能创建,如方法 1。若要创建控件的其他事件可以选择方法 2 实现。

控件事件创建完成后，切换至网页界面代码即 Web 窗体编辑区源程序视图，发现此时 Button 按钮的代码变为“＜asp：Button ID＝"btnOk" runat＝"server" Text＝"确定" OnClick＝"btnOk_Click" /＞”，其中“OnClick＝"btnOk_Click"”即表示该控件创建了单击事件，“OnClick”表示此事件是“单击”事件，“btnOk_Click”表示该事件的名称。

二、事件的响应机制

1. 动态网页执行过程

（1）客户端浏览器向 Web 服务器发出对动态网页的请求。

（2）Web 服务器找到此动态网页并执行其中的指令，将执行结果生成 HTML 流。

（3）将执行结果生成的 HTML 流传送回客户端浏览器。

（4）客户端浏览器收到此 HTML 流后将其显示出来。

2. 常用服务器控件与 HTML 控件

一般来说，“工具箱”中的“标准”项、“数据”项、“验证”项等所含控件都是服务器控件，而“工具箱”中的“HTML”项所含控件都是 HTML 控件即 HTML 标签，分别如图 8-23(a)和图 8-23(b)所示。

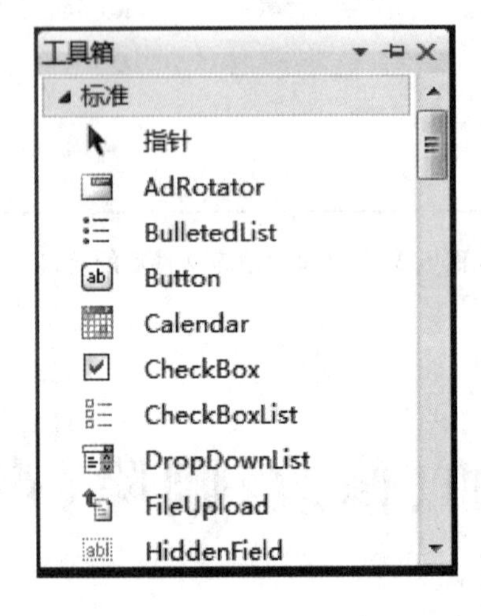

(a)服务器控件

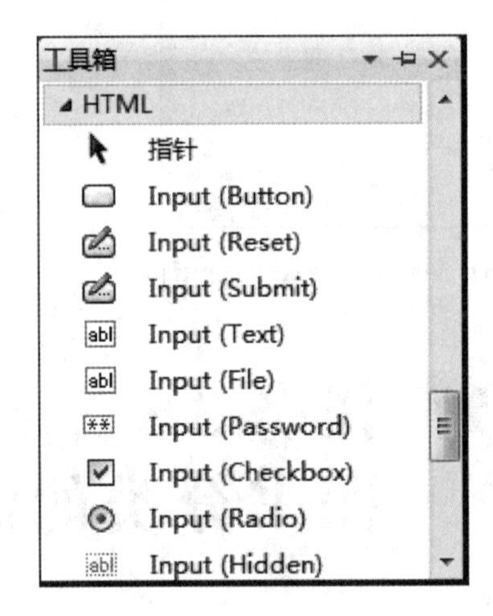

(b)HTML控件

图 8-23　常用服务器控件与 HTML 控件

3. 网页回递

当网页首次运行，即第一次加载后，此时已经完成了一次向 Web 服务器的请求及将 Web 服务器的请求结果在客户端浏览器上显示。这时如果网页上的服务器控件事件被触发，如单击 Button 按钮控件，这时客户端浏览器将再次向 Web 服务器发送请求，Web 服务器收到请求后，首先执行该网页的“Page_Load()”事件，再执行引发回递的事件，即 Button 按钮的单击事件，执行完成后，再将结果回送给客户端浏览器，因为这是由服务器控件事件引发的请求，所以这次的请求及结果回送称为网页回递。

通常在“Page_Load()”事件中存放页面每次加载时都要运行的代码，使用“IsPostBack”回递属性可以判断用户页面是否是回递页面。

当“IsPostBack”返回值为 False 时，表示网页首次运行，即第一次加载；当“IsPostBack”返回值为 True 时，表示网页是回递页面。

任务描述

应用 Visual Studio 2010 建立名为“BookMS”的网站，以及名为“test. aspx”的网页，如图 8-24(a)和图 8-24(b)所示，并且能运行该网站，浏览“test. asps”网页。

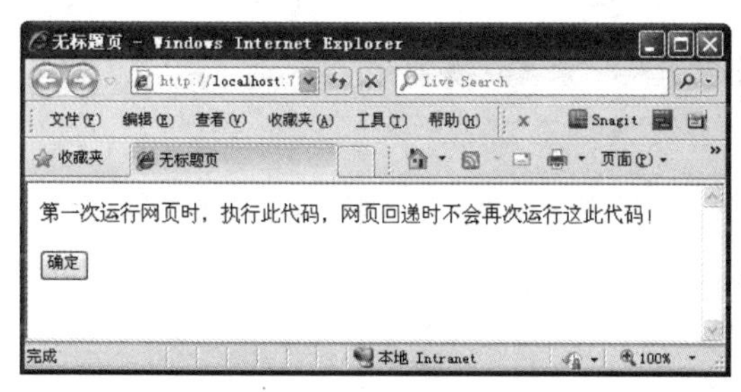

(a)“test.asps”网页初始页面

(a)单击“确定”按钮后“test.asps”页面

图 8-24 创建“BookMS”网站

任务实施

1. 新建网站

(1) 选择“开始”→“所有程序”→“Microsoft Visual Studio 2010”→“Microsoft Visual Studio 2010”命令，运行 Visual Studio 2010，选择“文件(F)”→“新建(N)”→“网站(W)...”命令，如图 8-25 所示。

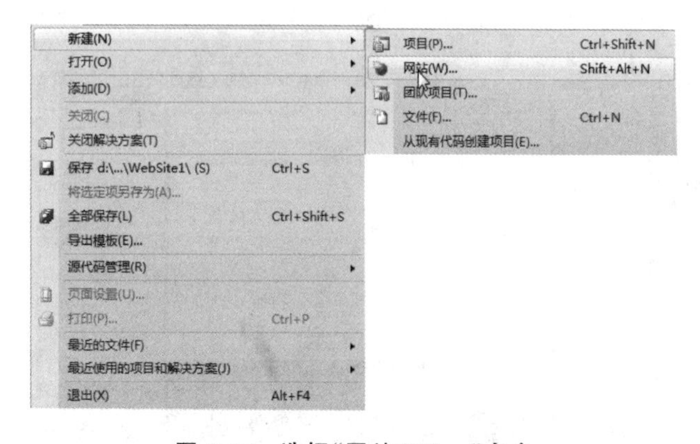

图 8-25 选择“网站(W)...”命令

（2）弹出如图 8-25 所示“新建网站”对话框，在其中选择“ASP. NET 网站”，在“Web 位置(L)”文本框中选择“文件系统”选项，单击“浏览(B)…”按钮可以选择网站的存放位置，这里我们设置的存放位置为“F:\”(F 盘根目录下)，并将网站名称设为“BookMS”，那么所有与网站有关的文件都将存放在“F:\BookMS”文件夹下。

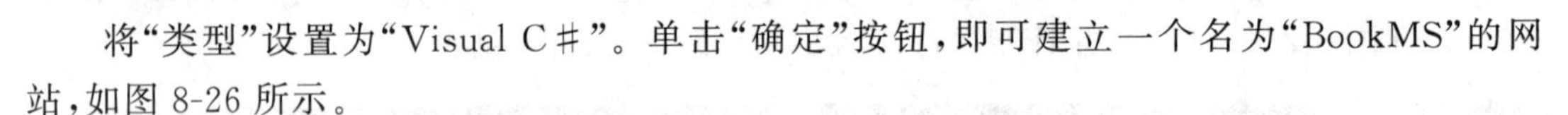

“BookMS”文件夹不需要提前建立，Visual Studio 2010 会根据输入自动建立。

将“类型”设置为“Visual C#”。单击“确定”按钮，即可建立一个名为“BookMS”的网站，如图 8-26 所示。

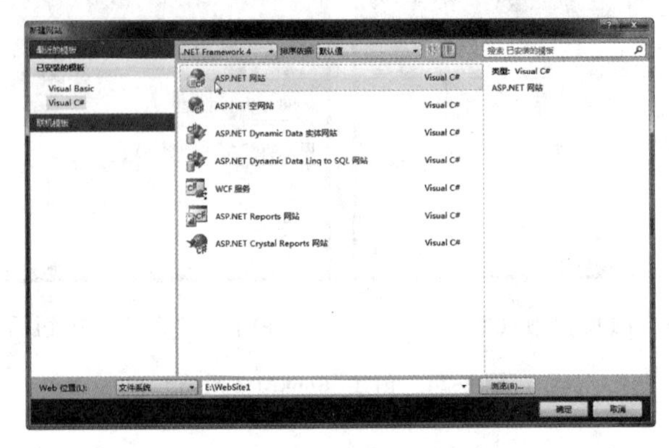

图 8-26　“新建网站”对话框

2. 新建网页

建立好网站后，系统将转换到如图 8-27 所示的窗口，注意窗口右侧的“解决方案资源管理器”面板中默认建立了一个名为“App_Data”文件夹，同时还建立了一个名为“Default.aspx”网页和相应的程序文件“Default. aspx. cs”，Web 窗体编辑区默认打开了“Default.aspx”网页的“源”视图，等待用户输入程序代码。

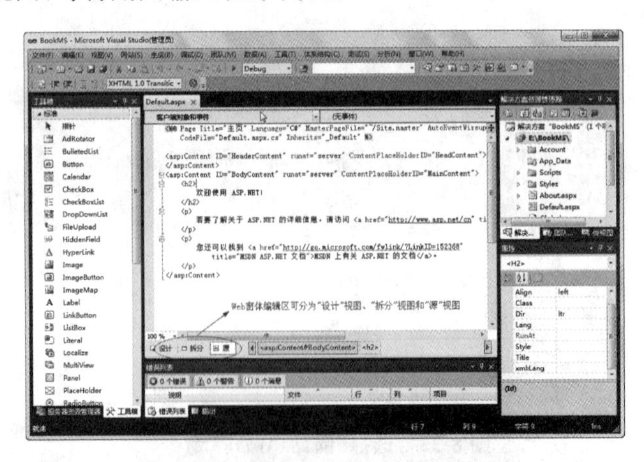

图 8-27　Visual Studio 2010 工作界面

(1) 如图 8-28 所示，右击“解决方案资源管理器”面板中的“E:\BookMS\”项目，在弹出的右键快捷菜单中选择“添加新项(W)…”命令，打开如图 8-29 所示的“添加新项”对话框，在其中选择“Web 窗体”，在“名称(N)”文本框中输入“test.aspx”，其余选项按默认设置，单击“添加(A)”按钮，即可在该项目内创建一个名为“test.aspx”的网页。

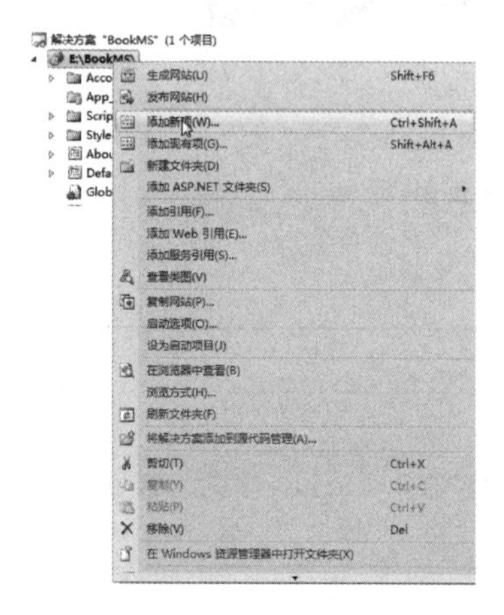

图 8-28 选择“添加新项(W)…”命令

图 8-29 “添加新项”对话框

(2) 在.aspx 网页和.aspx.cs 文件之间使用类似如图 8-30 所示的代码进行联系(以 test 网页为例)。

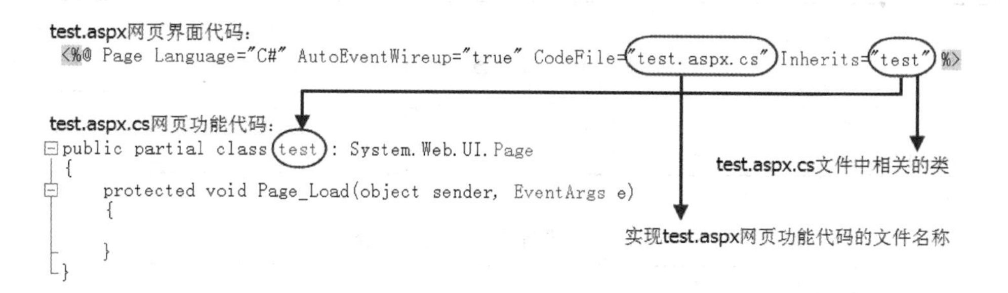

图 8-30 .aspx 网页和.aspx.cs 文件间关系

(3) 添加控件至网页页面，并设置控件相关的属性值，通常有如下两种方法。

① 方法 1。

● 添加控件至网页页。选择“工具箱”→“标准”中的 ab Button 按钮，并将其拖曳至如图 8-31所示 Web 窗体编辑区中的选定位置，即可完成将 Button 按钮添加至网页页面。

● 设置控件属性值：将图 8-31 中选中的代码更改为“＜asp:Button ID="btnOk" runat="server" Text="确定" /＞”，即可完成对“ID”属性及“Text”属性的设置。

如图 8-31 所示的 HTML 标签、服务器控件标签分别在表 8-9、表 8-10 和表 8-11 中介绍。

```
<html xmlns="http://www.w3.org/1999/xhtml" >
<head runat="server">
    <title>无标题页</title>
</head>
<body>
    <form id="form1" runat="server">
        <div>
            <asp:Button ID="Button1" runat="server" Text="Button" />
        </div>
    </form>
</body>
</html>
```

图 8-31　方法 1：将 Button 按钮添加至页面

表 8-9　HTML 标签

标签名称	作　　用
html	告知浏览器这是一个 HTML 文档
head	用于定义 HTML 文档的头部，它是所有头部元素的容器。<head>中的元素可以引用脚本、指示浏览器在哪里找到样式表、提供元信息等
body	定义 HTML 文档的主体
title	定义 HTML 文档的标题
div	定义 HTML 文档中的分区或节，又称为层，网页中的层可以有多个，也可以嵌套，服务器控件最好能放置在其中

表 8-10　服务器控件标签

标签名称	作　　用	选取位置	图　　标
<asp:Button/>	命令按钮	“工具箱”→“标准”	ab Button

表 8-11　服务器控件属性设置

服务器控件类型	属　性　名	属　性　值
Button	ID	btnOk
	Text	确定
	runat	server

“ID”属性是标识网页页面上各控件的唯一标识，不能重复；“Text”属性是设置文本在控件表面的显示；“runat”属性表示此控件是服务器控件。

② 方法 2。

● 加控件至网页页面。选择“工具箱”→“标准”项中的 ab Button 按钮，并将其拖曳至如图 8-32 所示 Web 窗体编辑区的设计视图的选定位置，即可完成将 Button 按钮添加至网页页面。

● 设置控件属性值。在 Web 窗体编辑区的设计视图中，选中 Button 按钮，查看如图 8-33 所示的“属性”对话框，选择相关属性，并进行修改。

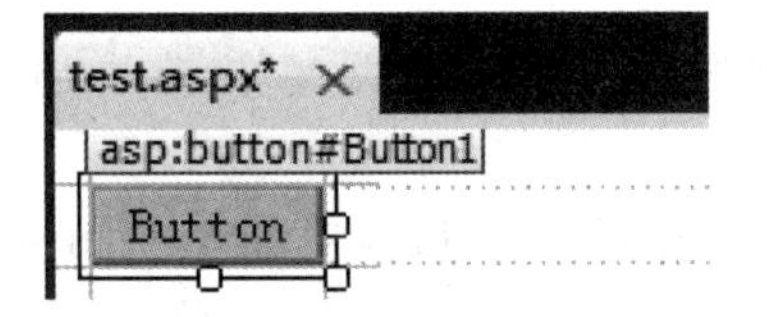

图 8-32　方法 2:将 Button 按钮添加至页面

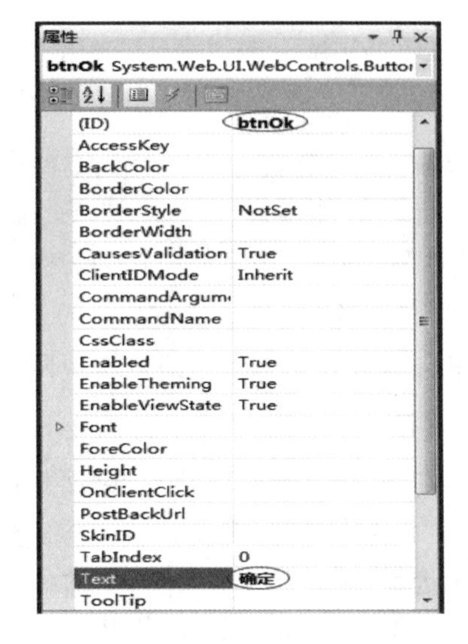

图 8-33　“属性”对话框

3. 实现网页功能代码

网页创建后，网页功能代码中将自动创建页面加载事件“protected void Page_Load(object sender,EventArgs e){}”。

1) 创建控件事件

(1) 方法 1　在 Web 窗体编辑区中选择设计视图，双击 Button 按钮，自动切换至网页功能代码编辑区，此时可以看到系统自动创建了 Button 按钮的单击事件“protected void btnOk_Click(object sender,EventArgs e){}”。

(2) 方法 2　在 Web 窗体编辑区的设计视图中，选中 Button 按钮，查看如图 8-34 所示的“属性”事件对话框。在“Click”事件项右侧双击，即可完成 Button 按钮的单击事件创建。

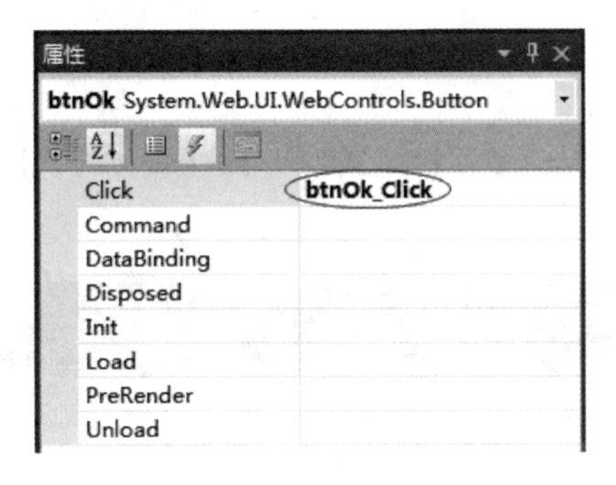

图 8-34　“属性”事件对话框

2) 添加代码

在页面加载事件“Page_Load”中，添加代码 8-1 所示内容。

```
/*代码 8-1*/
test.aspx.cs
if (!IsPostBack)
Response.Write("第一次运行网页时,执行此代码,网页回递时不会再次运行这次代码!");
else
    Response.Write("网页回递时,执行此代码!< br> ");          //< br> 是换行符
```

3）保存文件

单击工具栏上的按钮即可实现网页文件的保存。

4. 运行网页

（1）在“解决方案资源管理器”面板中右击“test. aspx”网页文件，在弹出的右键快捷菜单中选择“设为起始页”命令。

（2）选择“调试”→“启动调试”命令或工具栏中的按钮，弹出如图 8-35 所示的“未启用调试”对话框，选择“添加新的启用了调试的 Web. config 文件”选项，单击“确定”按钮，即在网站内添加了“Web. config”文件。同时弹出运行的“test. aspx”网页，如图 8-23(a)所示，单击“test. aspx”网页上的“确定”按钮，将显示如图 8-23(b)所示的网页。

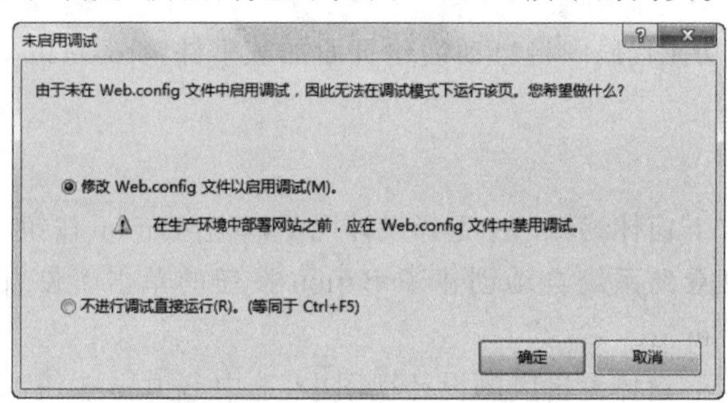

图 8-35 “未启用调试”对话框

子任务 3.2 实现图书分类管理页界面布局

知识梳理

一、常用 CSS 属性

（1）“body{}”：为网页即<body></body>标签设置样式。

（2）“#container {}”：为 id 值为“container”的层设置样式。

（3）“#header{}”：为 id 值为“header”的层即<div id="header"></div>标签设置样式。

（4）“#content {}”：为 id 值为“content”的层即<div id="content"></div>标签设置样式。

二、使用 href 属性实现网页间链接

“href”是用于链接样式表文件的属性,"../webStyle/bookSortStyle.css "是链接到名为“bookSortStyle.css”样式表文件的相对路径。也可采用如图 8-36 所示的方式来进行设置。

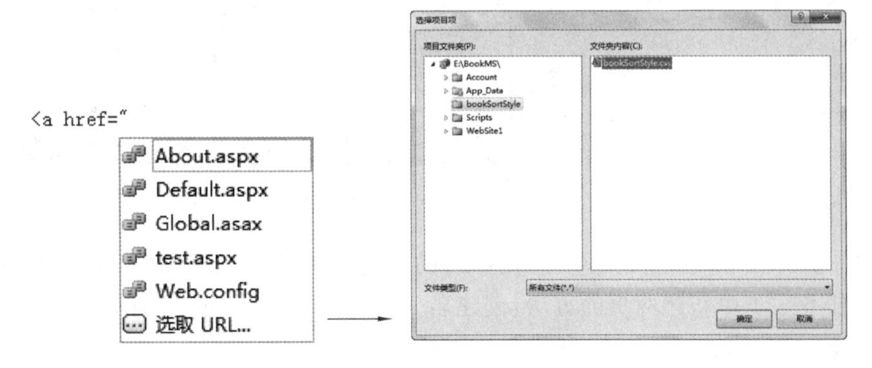

图 8-36　样式表文件的相对路径设置

任务描述

创建图书分类管理页,并按照如图 8-37 所示进行网页界面设计。

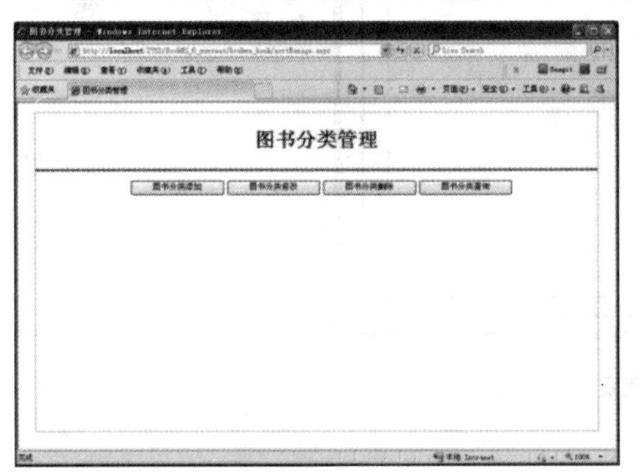

(a)图书分类管理页初始页面

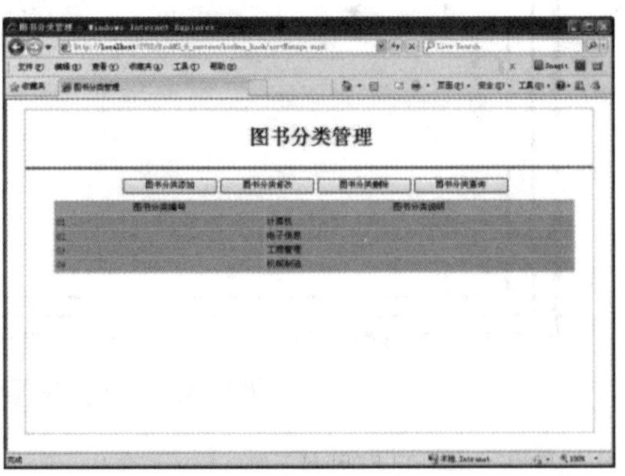

(b)单击“图书分类查询”按钮后的页面

图 8-37　网页界面设计

任务实施

1. 建立图书分类管理页

(1) 按如图 8-38 所示的方法添加“bookms_book”文件夹。通常网站是由多个模块组成的,而不同的模块文件放置在不同的文件夹内。

图 8-38　添加文件夹的方法

（2）右击“bookms_book”文件夹，在弹出的右键快捷菜单中选择“添加新项（W）...”命令，按照子任务 3.1 中新建网页的方法，创建名为“sortManage. aspx”的图书分类管理页。

2. 分析网页布局中所需的层(DIV)

如图 8-37 所示的图书分类管理页，该网页所需各层及层间关系如图 8-39 所示。

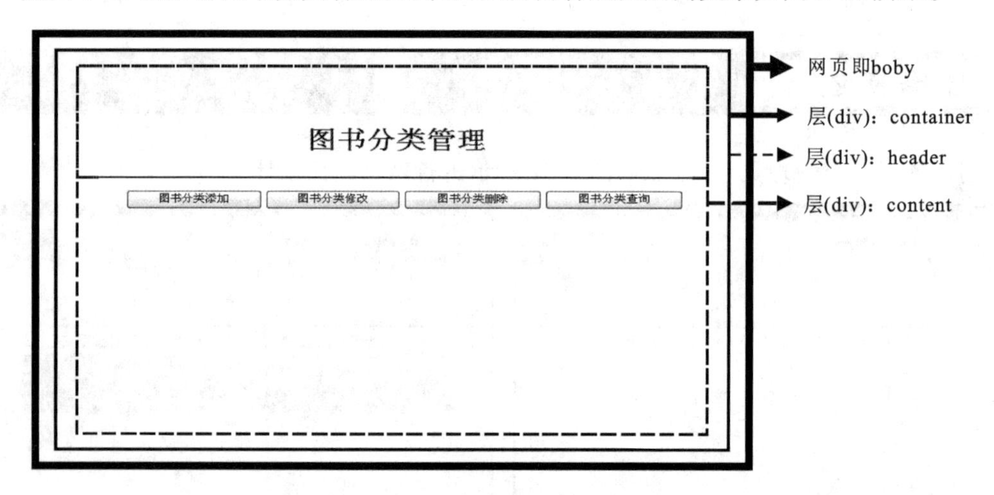

图 8-39　图书分类管理页所需层及层间关系

3. 创建样式表文件

（1）在“E:\bookMS\”项下创建名为“webStyle”的文件夹，该文件夹内存放本网站不同页面所需的样式表文件。

（2）右击“webStyle”文件夹，在弹出的右键快捷菜单中选择“添加新项（W）...”命令，打开如图 8-40 所示的“添加新项”对话框，在其中选择“样式表”，在“名称（N）”文本框中输入“bookSortStyle. css”，其余选项使用默认参数，单击“添加（A）”按钮，即可在该文件夹内创建一个名为“bookSortStyle. css”的样式表文件。

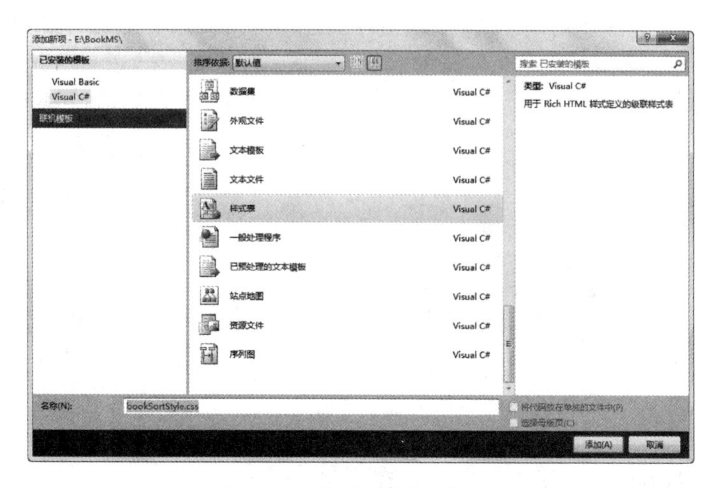

图 8-40 “添加新项”对话框

(3) 在“bookSortStyle.css”样式表文件中,为如图 8-39 所示的网页及各层创建不同的样式设置,具体见代码 8-2。

```
/*代码 8-2 */
bookSortStyle.css
body{
    margin:0px;              /*设置上、右、下、左外边距 是 0px */
    padding:0px;             /*设置上、右、下、左内边距 是 0px */
    text-align:center;       /*设置元素中文本的水平对齐方式为居中*/
    font-size:14px;          /*设置字体的尺寸为 14px*/
    overflow:hidden;         /*"hidden"表示内容会被修剪,并且其余内容是不可见的*/
}
#container{
    margin:15px auto;/*上、下外边距 15px,左、右外边距"auto"表示浏览器计算外边距*/
    padding:0px;
    border:solid 1px Silver;/*设置所有的边框的线形是"solid",宽度为 1px,颜色为"Silver"*/
    width:900px;         /*设置元素的宽度为 900px */
    text-align:center;
}
#header{
    margin:0px;
    padding:0px;
    border-bottom:solid 2px Blue;/*设置下边框线形是"solid",宽度为 2px,颜色为"Blue"*/
    width:900px;
    height:90px;         /*设置元素的高度为 90px */
```

```
        line-height:90px;/＊设置行间的距离(行高)为 90px,与"height"一致可以设置垂直居中＊/
        font-size:32px;
        font-weight:bold;      /＊设置文本的粗细,"bold"表示粗体字符＊/
    }
    #content{
        margin:0px;
        padding:0px;
        width:900px;
        height:400px;
    }
    #content ul{
        margin:10px 30px;
        padding:0px;
    }
    #content li {
        margin:0px;
        padding:5px 0px 5px 15px;/＊设置上、下内边距 5px,右内边距 0px,左内边距 15px＊/
        list-style-type:none;/＊设置列表项标记的类型,"none"表示无标记＊/
    }
```

(4)单击工具栏上的按钮即可实现该样式表文件的保存。

4．网页引用样式表文件

网页页面使用 <link> 标签链接到样式表文件,具体见代码 8-3。

```
    /＊代码 8-3*/
    sortManage.aspx
    < head runat="server">
        < title> 图书分类管理< /title>
        < link rel="stylesheet" type="text/css" href="../webStyle/bookSortStyle.
css"/>
    < /head>
```

5．将样式应用到层(DIV)

按照如图 8-39 所示的网页层及层关系,创建各层,以及将各层即 div 的“id”属性设置为指定的样式名称即可。具体见代码 8-4,画波浪线的部分代码为“id”属性值的设置。

```
    /＊代码 8-4 ＊/
    sortManage.aspx
    < body>
        < form id="form1" runat="server" style="width: 900px; margin: 0 auto;
display:block">
            < divid="container">
                < divid="header "> 图书分类管理< /div>
                < divid="content">
```

```
                < /div>
            < /div>
        < /form>
    < /body>
```

6. 添加所需控件至网页

在代码 8-4 的注释位置即“<! --这里为界面所需控件的代码插入位置-->”中，按照如图 8-37 所示的网页界面，添加各控件及进行控件属性设置，具体见代码 8-5。

```
    /*代码 8-5*/
    sortManage.aspx
    < ul>
        < li>
                < asp:Button ID="btnAdd" runat="server" Text="图书分类添加" Width=
"150px" />
                < asp:Button ID="btnEdit" runat="server" Text="图书分类修改" Width
="150px" />
                < asp:Button ID="btnDel" runat="server" Text="图书分类删除" Width=
"150px" />
                < asp:Button ID="btnQuery" runat="server" Text="图书分类查询" Width
="150px" />
        < /li>
        < li>
                < asp:Repeater ID="Repeater1" runat="server"< /asp:Repeater>
        < /li>
    < /ul>
```

代码 8-5 中的 HTML 标签、服务器控件标签分别介绍如表 8-12 及表 8-13、表 8-14 所示。

表 8-12 HTML 标签

标签名称	作用
ul	定义无序列表
li	定义列表项目，<li>标签可用在有序列表<ol>和无序列表<ul>中

表 8-13 服务器控件标签

标签名称	作用	选取位置	图标
<asp:Button/>	命令按钮	“工具箱”→“标准”	ab Button
<asp:Repeater></asp:Repeater>	重复列表	“工具箱”→“数据”	Repeater

Repeater 服务器控件的作用及用法，将在子任务 3.4 中介绍。

表 8-14　服务器控件属性设置

服务器控件类型	属　性　名	属　性　值
Button	ID	btnAdd
	Text	图书分类添加
Button	ID	btnEdit
	Text	图书分类修改
Button	ID	btnDel
	Text	图书分类删除
Button	ID	btnQuery
	Text	图书分类查询
Repeater	ID	Repeater1

子任务 3.3　实现图书分类管理页添加、修改、删除功能

知识梳理

一、添加（修改、删除同理）

一条记录至数据表中，一般需要以下步骤（修改与删除操作类似）。

(1) 使用 SqlConnection 数据库连接对象与数据库服务器进行连接，并打开连接。

(2) 定义 SQL 语句，创建、设置 SqlCommand 命令对象。

(3) 执行 SqlCommand 对象的 ExecuteNonQuery()方法。

(4) 关闭数据库连接对象

二、命令类 SqlCommand 的 ExecuteNonQuery()方法

为保证代码 8-8 正常执行，需引入“System. Data. SqlClient”命名空间。

“public int ExecuteNonQuery(string strSQL){}”为自定义方法的语法。其中，“int”表示方法有 int 类型的返回值；“ExecuteNonQuery”表示方法的名称，可自行定义；“string strSQL”表示方法有 1 个 string 类型的参数，参数名为“strSQL”；“{}”表示方法体，即方法完成功能的代码。

例如：“int rowCount = ExecuteNonQuery(strSQL);”表示调用名为“ExecuteNonQuery”的方法，并将调用方法后的返回值赋值给 int 类型的变量“rowCount”。

将代码 8-8 中的矩形框包围的代码即“btnAdd_Click”事件代码，修改为如代码 8-9 所

示，即可实现添加 4 条记录。

```
/*代码 8-9*/
sortManage.aspx.cs
string strSQL=
    "INSERT INTO bookSortInfo(sortID,sortName) VALUES ('01','计算机')";
    int rowCount=ExecuteNonQuery(strSQL);//调用"ExecuteNonQuery"方法
strSQL="INSERT INTO bookSortInfo(sortID,sortName) VALUES ('02','电子信息计算机')";
rowCount=rowCount+ExecuteNonQuery(strSQL);
strSQL="INSERT INTO bookSortInfo(sortID,sortName) VALUES ('03','工商管理')";
rowCount=rowCount+ExecuteNonQuery(strSQL);
strSQL="INSERT INTO bookSortInfo(sortID,sortName) VALUES ('04','机械制造')";
rowCount=rowCount+ExecuteNonQuery(strSQL);
Response.Write("< script> alert('成功添加"+rowCount+"条！')< /script> ");
```

任务描述

图书分类管理页主要用于实现图书分类的添加、修改、删除、查询功能，其中查询功能将在子任务 3.4 中实现。

任务实施

1. 配置"Web. Config"文件与数据库相连

通常为了编程和后续维护方便，常将数据库的连接信息存放在"Web. Config"文件中。在"解决方案资源管理器"面板中找到"Web. Config"文件，双击将其打开，将"<connectionStrings/>"替换为代码 8-6 中所示的内容。

```
/*代码 8-6*/
Web.Config
< connectionStrings>
        < add name= "sqlConn" connectionString= "Data Source= mypc;Initial Catalog= BookDB;Integrated Security=  False;User= sa;Pwd= 1;" providerName= "System.Data.SqlClient" />
< /connectionStrings>
```

2. 添加数据库文件

将子任务 2.4 中分离出的数据库文件复制到"解决方案资源管理器"面板下的"App_Data"文件夹中，然后将此数据库文件按照子任务 2.4 中附加数据库的方法，附加至数据库中。

3. 实现"图书分类添加"按钮的功能

为突出重点，本次添加操作将执行添加 4 条记录，具体信息见表 8-15。

表 8-15　添加图书分类记录的具体信息

序　　号	sortID	sortName
1	01	计算机
2	02	电子信息计算机
3	03	工商管理
4	04	机械制造

(1) 真正进行代码编制操作以前，要先在以“. aspx. cs”为扩展名结尾的文件开头引入相应的命名空间，在此使用“using System. Data. SqlClient;”命名空间。

(2) 双击“图书分类添加”按钮，创建“btnAdd_Click”事件。在事件块中填写与添加有关的代码。“sortManage. aspx. cs”网页功能代码具体同见代码 8-7。

```
/*代码 8-7 */
sortManage.aspx.cs
using System;
using System.Data;
using System.Configuration;
using System.Collections;
using System.Web;
using System.Web.Security;
using System.Web.UI;
using System.Web.UI.WebControls;
using System.Web.UI.WebControls.WebParts;
using System.Web.UI.HtmlControls;
using System.Data.SqlClient;//引入相应命名空间
public partial class bookms_book_sortManage : System.Web.UI.Page{
    protected void Page_Load(object sender,EventArgs e)//页面加载事件
    {
    }
    protected void btnAdd_Click(object sender,EventArgs e)//图书分类添加按钮事件
    {
      string connStr = ConfigurationManager.ConnectionStrings["sqlConn"].
ConnectionString;//获取数据库连接字符串,"sqlConn"即为在 WebConfig 中定义的连接名称
        SqlConnection conn= new SqlConnection(connStr);//创建连接对象 conn
        conn.Open();//打开连接
        string strSQL =
            "INSERT INTO bookSortInfo(sortID,sortName) VALUES ('01','计算机
')";SqlCommand cmd=new SqlCommand(strSQL,conn);
        cmd.ExecuteNonQuery();//执行命令
        conn.Close();//关闭连接
```

```
            Response.Write("< script> alert('添加成功! ')< /script> ");//弹出"添
加成功"对话框
        }
    }
```

(3) 运行"sortManage.aspx"网页文件,单击"图书分类添加"按钮,测试程序是否成功。

(4) 以上步骤可以完成1条记录的添加,如何添加4条记录?这里通过创建方法以及调用方法来解决这个问题。将原"btnAdd_Click"事件内添加记录功能的代码修改为代码8-8所示的形式。

```
    /*代码 8-8 */
    sortManage.aspx.cs
    public partial class bookms_book_sortManage : System.Web.UI.Page{
        protected void Page_Load(object sender,EventArgs e)//页面加载事件
        {
        }
        protected void btnAdd_Click(object sender,EventArgs e)//图书分类添加按钮事件
        {
            string strSQL=
                "INSERT INTO bookSortInfo(sortID,sortName) VALUES ('01','计算机')";
            int rowCount=ExecuteNonQuery(strSQL);//调用"ExecuteNonQuery"方法
            Response.Write("< script> alert('添加成功! ')< /script> ");//弹出"添
加成功"对话框
        }
        public int ExecuteNonQuery(string strSQL)//自定义方法
        {
            string connStr = ConfigurationManager.ConnectionStrings [ "sqlConn"].
ConnectionString;
            SqlConnection conn=new SqlConnection(connStr);//创建连接对象 conn
            conn.Open();//打开连接
            SqlCommand cmd= new SqlCommand(strSQL,conn);//创建命令对象 cmd
            cmd.ExecuteNonQuery();//该方法可以执行添加、修改、删除类的 SQL 语句
            conn.Close();//关闭连接
        }
    }
```

4. 实现"图书分类修改"按钮的功能

将 sortID 值为"02",sortName 值为"电子信息计算机"的记录中的 sortName 值修改为"电子信息"。

双击"图书分类修改"按钮,创建"btnEdit_Click"事件。在事件块中填写与修改有关的代码。"btnEdit_Click"事件代码具体见代码8-10。

```
/* 代码 8-10*/
sortManage.aspx.cs
string strSQL=
            "UPDATE bookSortInfo SET sortName= '电子信息' WHERE sortID= '02'";
int rowCount= ExecuteNonQuery(strSQL);//调用"ExecuteNonQuery"方法
Response.Write("< script> alert('成功修改"+ rowCount+ "条! ')< /script> ");
```

5. 实现"图书分类删除"按钮的功能

将 sortID 值为"04"，sortName 值为"机械制造"的记录删除。

双击"图书分类删除"按钮创建"btnDel_Click"事件。在事件块中填写与删除有关的代码。"btnDel_Click"事件代码具体见代码 8-11。

```
/* 代码 8-11*/
sortManage.aspx.cs
string strSQL="DELETE FROM bookSortInfo WHERE sortID='04'";//将要执行的 SQL 语句
int rowCount=ExecuteNonQuery(strSQL);//调用"ExecuteNonQuery"方法
Response.Write("< script> alert('成功删除"+rowCount+"条! ')< /script> ");
```

子任务 3.4 实现图书分类管理页查询功能

知识梳理

一、DataSet 类和 DataAdapter 类

1. DataSet 对象

DataSet 类类似于一个远程数据库在内存中的副本，具有与数据库完全类似的结构，拥有数据表及数据表关联，但是它与数据库并不相连，它的作用是实现独立于任何数据库的数据访问，具有与平台无关性，它通过 DataAdapter 对象从数据库得到数据。DataSet 中可以包含任意数量的 DataTable(数据表)，通过 DataAdapter 对象的 Fill 方法，将数据表内容填充到 DataSet 对象中，而且可以填充多个表，利用别名来区分多个表。

2. DataAdapter

DataAdapter(数据适配器)的作用就是在 DataSet 和数据库之间建立连接，DataAdapter 将数据库中数据加载到 DataSet 中，同时它又连接回数据库，根据 DataSet 所执行的操作来更新数据库中的数据。

二、实现数据访问的步骤

(1) 准备数据库连接。

(2) 创建 SqlDataAdapter 对象,设置 SQL 语句、连接对象,执行查询。

(3) 建立 DataSet 对象,并将 SqlDataAdapter 对象的查询结果填充到 DataSet 对象中。

(4) 将 DataSet 对象中的表送给显示控件 Repeater,显示结果。

任务描述

单击图书分类管理页中的“图书分类查询”按钮,将在页面内显示所有图书分类信息,包括图书分类编号,图书分类说明。

任务实施

1. 设置显示控件

Repeater 控件又称为重复列表控件,是一个无外观的控件,主要用于模板化的数据绑定列表,即根据模板定义样式显示绑定数据源内的数据。

(1) 添加 Repeater 控件至页面的代码表示。

如代码 8-5 所示,“<asp:Repeater ID="Repeater1" runat="server"</asp:Repeater>”即实现了在页面中添加 Repeater 控件。但是这时的 Repeater 控件并没有设置显示的模板及标签、样式,所以数据这时还不能通过 Repeater 控件在页面上显示出来。

(2) 根据图 8-36(b)所示,设置 Repeater 控件的模板及标签、样式,见代码 8-12。

```
    /* 代码 8-12*/
    sortManage.aspx
    < asp:Repeater ID="Repeater1" runat="server">
    < HeaderTemplate>
    < table border="1" cellspacing="0" cellpadding="2px" style="text-align:
center;width:100% ">
                  < tr style="background-color:Silver">
                        < td> 图书分类编号< /td>
                        < td> 图书分类说明< /td>
                        < /tr>
            < /HeaderTemplate>
            < ItemTemplate>
                  < tr style="background-color:Aqua";align= "left">
                        < td style="width:40% "><% # Eval("sortID")% > < /td>
                        < td style= "width:60% "> < % # Eval("sortName")% > < /td>
                  < /tr>
            < /ItemTemplate>
            < FooterTemplate>
               < /table>
```

```
        </FooterTemplate>
    </asp:Repeater>
```

分析代码 8-12 中模板、HTML 标签及属性设置,具体如下。

① Repeater 控件关键的部分是模板,其包含的 5 个模板如表 8-16 所示。

表 8-16 Repeater 控件的 5 个模板及说明

模板名	说明	备注
ItemTemplate	数据模板,包含数据源中每条记录所含数据项的 HTML 标签及控件设置	必选参数
AlternatingItemTemplate	隔行数据模板,同"ItemTemplate"模板,两者一起使用可以达到隔行显示不同样式数据的效果	可选参数
HeaderTemplate	头模板,包含列表的开始处呈现的文本及控件	可选参数
FooterTemplate	结尾模板,包含列表的结尾处呈现的文本及控件	可选参数
SeparatorTemplate	分割线模板,记录与记录间呈现的 HTML 标签,如 hr 标签	可选参数

② 如代码 8-12 所示的 HTML 标签及属性设置分别介绍如表 8-17、表 8-18 所示。

表 8-17 HTML 标签

标签名称	作用
table	定义 HTML 表格
tr	定义 HTML 表格中的行
td	定义 HTML 表格中的标准单元格

表 8-18 HTML 标签

<table>
<tr><th>HTML 标签名称</th><th colspan="2">属性名</th><th>作用</th><th>属性值</th></tr>
<tr><td rowspan="5">table</td><td colspan="2">border</td><td>表格边框宽度</td><td>1</td></tr>
<tr><td colspan="2">cellspacing</td><td>表格单元格之间的空间距离</td><td>0</td></tr>
<tr><td colspan="2">cellpadding</td><td>单元边沿与其内容之间的距离</td><td>2px</td></tr>
<tr><td rowspan="2">style</td><td>text-align</td><td>表格内文字对齐方式</td><td>center</td></tr>
<tr><td>width</td><td>表格宽度</td><td>100%</td></tr>
<tr><td rowspan="2">tr</td><td rowspan="2">style</td><td>background-color</td><td>背景色</td><td>Silver
Aqua</td></tr>
<tr><td>align</td><td>对齐方式</td><td>left</td></tr>
<tr><td>td</td><td>style</td><td>width</td><td>宽度即表格列宽</td><td>40%
60%</td></tr>
</table>

根据表 8-16、表 8-17、表 8-18 及代码 8-12，Repeater 控件使用了 3 个模板，分别是“HeaderTemplate”(头模板)，“ItemTemplate”(数据模板)，“FooterTemplate”(结尾模板)，Repeater 控件根据这 3 个模板构造了一个表格。“ItemTemplate”数据模板部分自动重复，显示出绑定数据源中的所有记录至表中，数据源中记录的各数据项(字段)对应表格行中的各单元格。

(3) 数据绑定实现。

在“ItemTemplate”数据模板中定义了要显示的数据字段的样式，同时利用“<% # Eval("sortID") %>”和“<% # Eval ("sortName") %>”语句将数据表中的 sortID 字段、sortName 字段的信息绑定到当前位置显示出来。

2. “图书分类查询”按钮的功能代码

(1) 双击“图书分类查询”按钮，创建“btnQuery_Click”事件。

(2) 在“btnQuery_Click”事件中添加代码 8-13 所示的内容。

```
/* 代码 8-13*/
sortManage.aspx.cs
string connStr=ConfigurationManager.ConnectionStrings["sqlConn"].ConnectionString;
        SqlConnection conn=new SqlConnection(connStr);//创建连接对象 conn
        string strSQL="SELECT sortID,sortName FROM bookSortInfo";
        SqlDataAdapter dapter=new SqlDataAdapter(strSQL,conn);
        DataSet ds=new DataSet();//建立 DataSet 对象 ds
        dapter.Fill(ds,"dtName");//将 dapter 查询结果填充到 ds 内表名为“dtName”的表中
        Repeater1.DataSource=ds.Tables["dtName"];
        Repeater1.DataBind();
```

任务 4 登录模块、图书模块、借阅模块的实现

由于数据库操作类已经在子任务 3.5 中建立，所以任务 4 所有访问数据库的操作都将使用数据库操作类来完成。

子任务 4.1 至子任务 4.8 中所使用服务器控件标签如表 8-19 示，控件作用、属性设置及使用将在子任务 4.1 至子任务 4.8 中详细说明。

表 8-19　服务器控件标签

标签名称	别　名	选取位置	图　标
<asp:Button/>	命令按钮	“工具箱”→“标准”	ab Button

续表

标签名称	别　名	选取位置	图　标
<asp:TextBox></asp:TextBox>	文本框	“工具箱”→“标准”	TextBox
<asp:RequiredFieldValidator></asp:RequiredFieldValidator>	必填验证	“工具箱”→“验证”	RequiredFieldValidator
<asp:DropDownList></asp:DropDownList>	下拉列表框	“工具箱”→“标准”	DropDownList
<asp:Label></asp:Label>	标签	“工具箱”→“标准”	A Label
<asp:HyperLink></asp:HyperLink>	超级链接	“工具箱”→“标准”	A HyperLink
<asp:Repeater></asp:Repeater>	重复列表	“工具箱”→“数据”	Repeater
<asp:CheckBox/>	复选框	“工具箱”→“标准”	CheckBox

子任务 4.1 实现用户登录功能

知识梳理

一、TestBox 控件

TestBox 控件又称为文本框，用于提供一个输入框，默认是输入单行文本的。“Text”属性用于设置 TestBox 文体框中所显示的内容，或取得使用者的输入。“TextMode”属性用于在当取值为“SingleLine”时，显示一行文本，为默认选项；当取值为“MultiLine”时，显示多行文本并显示垂直滚动条；当取值为“Password”时，显示为“＊”，通常作为密码的输入形式。

二、DropDownList 控件

DropDownList 控件又称为下拉列表框，其允许用户从预定义的多个选项中选择一项，并且在选择前，用户只能看到第一个选项，其余的选项“隐藏”起来。这里我们用此控件来设置登录角色的选择。

三、Label 控件

Label 控件又称为标签控件，用于显示文本信息。我们用此控件来显示程序执行过程中的异常信息。

任务描述

按照图 8-41 所示创建用户登录页。以管理员身份登录时，若用户名及密码正确，跳转至管理员主页；以读者身份登录时，若用户名及密码正确，跳转至读者主页；否则报错。

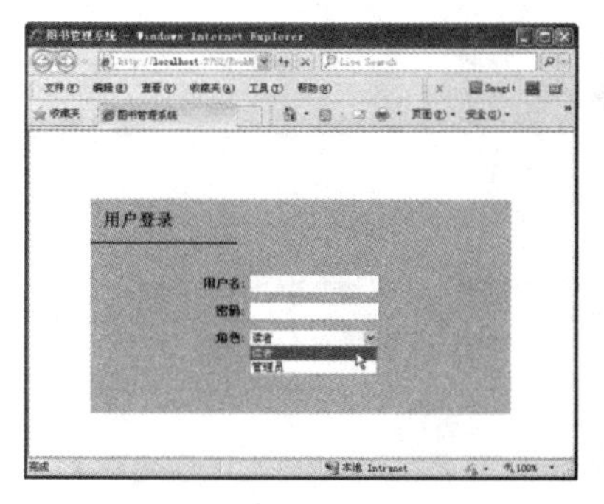

(a)用户登录初始页面

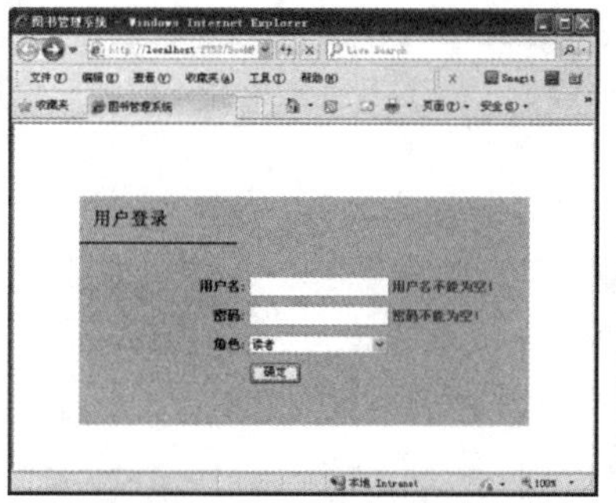

(b)用户名密码为空时页面

(b)用户名密码有误码

图 8-41 用户登录页

任务实施

1. 创建“用户登录页”

(1) 在“解决方案资源管理器”面板中，右击“F:\BookMS\”项目，创建 “login. aspx”网页。

(2) 为了实现管理员登录效果，在“解决方案资源管理器”面板中，右击“F:\BookMS\”项目，创建名为“manageAdmin. aspx”的管理员主页。实现管理员登录后跳转至该页。该页的界面及功能代码将在子任务 4.8 中详细介绍。

2. 创建“用户登录页”外部样式表

(1) 在“解决方案资源管理器”面板的“webStyle”文件夹中，创建“loginStyle. css”样式表文件。

（2）“loginStyle.css”文件内容见代码 8-17。

```
/*代码 8-17 */
loginStyle.css
    body{
    margin:0px;
    padding:0px;
    text-align:center;
    font-size:14px;
    overflow:hidden;
}
#container{
    margin:180px auto;
    padding:0px;
    width:500px;
    height:250px;
    background-color:Silver;/*设置背景色*/
    text-align:left;/*设置元素中文本的水平对齐方式为居左*/
}
#header{
    margin:0px;
    padding:0px;
    border-bottom:solid 2px Blue;
    width:175px;
    height:50px;
    line-height:50px;
    font-size:20px;
    font-weight:bold;
}
#content{
    margin:30px 80px;
    padding:0px;
    width:430px;
}
#content li {
    padding:5px 0px 5px 15px;
    list-style-type:none;
    font-weight: bold;
}
```

3. 实现用户登录页界面代码同时应用外部样式表

用户登录页界面代码见代码 8-18。

```
    /*代码 8-18 */
    login.aspx
    < html xmlns= "http://www.w3.org/1999/xhtml" >
    < head runat= "server">
        < title> 图书管理系统< /title>
        < link rel= "stylesheet" type= "text/css" href= "webStyle/loginStyle.
css"/>
    < /head>
    < body>
        < form id= "form1" runat= "server" style= "width:500px;margin:0 auto;
display:block">
        < div id= "container">
        < div id= "header">   用户登录< /div>
        < div id= "content">
        < ul>
            < li> 用户名:
            < asp:TextBox ID= "txtName" runat= "server" Width= "150px"> < /asp:
TextBox>
    < asp:RequiredFieldValidator ID= "valrName" runat= "server" ControlToValidate= "
txtName" ErrorMessage= "用户名不能为空!"> < /asp:RequiredFieldValidator>
            < /li>
            < li style= "padding-left:30px;"> 密码:
            < asp:TextBox ID= "txtPwd" runat= "server" TextMode= "Password" Width
= "150px"> < /asp:TextBox>
                < asp: RequiredFieldValidator ID = " valrPwd " runat = " server "
ControlToValidate = " txtPwd " ErrorMessage = " 密 码 不 能 为 空!" > < /asp:
RequiredFieldValidator>
            < /li>
                    < li style= "padding-left:30px;"> 角色:
                        < asp:DropDownList ID= "ddlRole" runat= "server" Width
= "155px">
                        < /asp:DropDownList>
                    < /li>
                  < li style= "padding-left:70px;"> < asp:Button ID= "btnOk"
runat= "server" Text= "确定" Width= "60px" OnClick= "btnOk_Click" /> < /li>
                    < li style = " padding-left: 70px;" > < asp: Label ID = "
lblError" runat= "server" ForeColor= "Red"> < /asp:Label> < /li>
                < /ul>
```

```
            </div>
        </div>
    </form>
</body>
</html>
```

分析代码 8-18，服务器控件标签属性设置如表 8-20 所示。

表 8-20　服务器控件属性设置

功能说明	服务器控件类型	属性名	属性值
用户名文本框	TextBox	ID	txtName
		Width	150px
用户名必填验证	RequiredFieldValidator	ID	valrName
		ControlToValidate	txtName
		ErrorMessage	用户名不能为空！
密码文本框	TextBox	ID	txtPwd
		TextMode	Password
		Width	150px
密码必填验证	RequiredFieldValidator	ID	valrPwd
		ControlToValidate	txtPwd
		ErrorMessage	密码不能为空！
角色下拉列表	DropDownList	ID	ddlRole
		Width	155px
确定命令按钮	Button	ID	btnOk
		Text	确定
		Width	60px
错误信息标签	Label	ID	lblError
		ForeColor（文字颜色）	Red

4. 实现用户登录页功能代码

因为所有访问数据库的操作都通过数据库操作类来实现，所以无须引入“using System. Data. SqlClient;”命名空间，后面的任务也是如此，用户登录页功能代码见代码 8-19。

```
/* 代码 8-19*/
login.aspx.cs
public partial class login : System.Web.UI.Page{
    protected void Page_Load(object sender,EventArgs e){
        if (! IsPostBack)
```

```
            SetDDL();//调用 SetDDL 方法,加载下拉列表项
        }
        protected void btnOk_Click(object sender,EventArgs e){
            string userName= txtName.Text.Trim();
            string userPwd= txtPwd.Text.Trim();
            string strSQL= "";
            string fileName= "";
            if (ddlRole.SelectedIndex = = 0){
                strSQL= "SELECT readerID,readerPwd FROM readerInfo WHERE readerID
= '"+ userName+ "' and readerPwd= '"+ userPwd+ "'";
                fileName= "manageReader.aspx";//登录成功后,跳转至读者主页
            }
            elseif (ddlRole.SelectedIndex = =  1){
                strSQL= "SELECT userName,userPwd FROM UserInfo WHERE userName= '"
+ userName+ "' anduserPwd= '"+ userPwd+ "'";
                fileName= "manageAdmin.aspx";//登录成功后,跳转至管理员主页
            }
            try{
                DataTable dt= DBServer.ExecuteQuery(strSQL);
                if (dt.Rows.Count >  0){
                Session["userName"]= userName;
                Response.Redirect(fileName);
            }
                else
                      Response.Write("< script> alert('用户名或密码错误! ')< /
script> ");
            }
            catch (Exception ex){
                lblError.Text= ex.Message;//显示捕捉到的异常信息
            }
        }
        private void SetDDL(){
            ddlRole.Items.Add("读者");
            ddlRole.Items.Add("管理员");
            ddlRole.SelectedIndex= 0;
        }
    }
```

5. 实现管理员主页功能代码

管理员主页功能代码见代码 8-20。当以管理员用户身份登录成功时,显示效果如图 8-42 所示,图中“admin”即为管理员用户的用户名,不同用户名登录,该值都会相应发生变化。

图 8-42　管理员主页

```
/* 代码 8-20*/
manageAdmin.aspx.cs
public partial class manageAdmin : System.Web.UI.Page{
    protected void Page_Load(object sender,EventArgs e){
        string userName= Convert.ToString(Session["userName"]);
        if (userName.Length = =  0)
            Response.Redirect("login.aspx");
        else
            Response.Write("用户："+ userName+ " 你好!");
    }
}
```

子任务 4.2　实现添加图书信息

知识梳理

form(表单)是 asp. net 开发中重要的组成部分，对于 asp. net 页面，Form 可以提交自身，并且 asp. net 模型提供了控件状态管理和 postback 事件。

form 表单的通常用法如下。

```
< form action= "GetUserInfo.aspx" method= "get">
```

form 表单有两个重要的属性：action 和 method。其中，action 属性指明当前表单提交之后由哪个程序来处理，在 asp. net 里面一般都使用 aspx 页面来处理；method 属性指明 form 表单的提交方式，其值可为 get 和 post，二者的区别如下。

(1) get 方式提交的表单在地址栏会显示参数名和参数值，而 post 方式不会。用 post 提交参数相对来说更隐蔽，更安全。假设有如下 sql 语句。

```
string sql = " select *  from users where username = '"+ username + "' and
password= '"+ password+ "'";
```

username 和 password 变量从表单提交的数据中获取，若用户名和密码为“zhoufoxcn”和“123456”，如果用 get 方式提交，地址栏显示为：

```
http://localhost/GetUserInfo.aspx? username= zhoufoxcn&pwd= 123456
```

（2）由于浏览器地址栏对输入的最大字符数有限制，所以用 get 方式提交不能处理参数值更大的表单，而 post 方式则没有这个限制。

任务描述

按照如图 8-43 所示创建添加图书信息页。当部分输入项为空时，将显示警告信息如图 8-43(b)所示，当全部项内容及格式输入正确后，单击“添加新书”按钮，将弹出如图 8-43(c)所示的“添加成功”对话框；单击“重置”按钮，页面将恢复初始页面状态如图 8-43(a)所示。

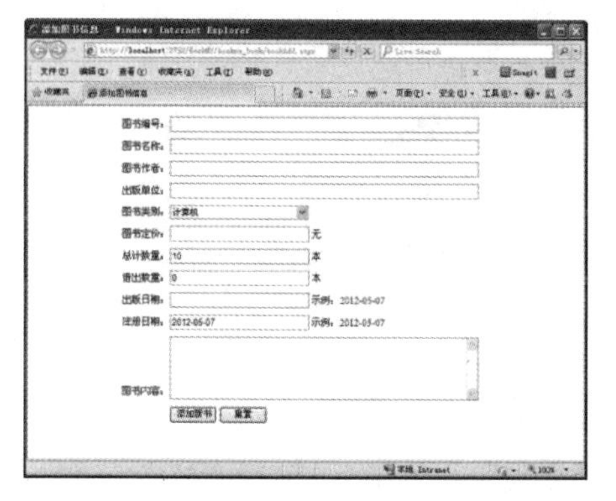

(a)添加图书初始页面

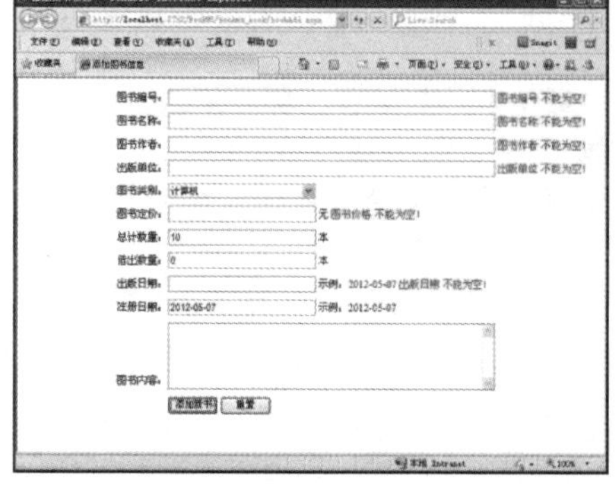

(b)添加信息为空时页面

(c)添加成功

图 8-43　添加图书信息页

任务实施

1. 创建“添加图书信息”页

在“解决方案资源管理器”面板中的“bookms_book”文件夹中，创建 “bookAdd. aspx”网页。

2. 创建“添加图书信息”页外部样式表

（1）在“解决方案资源管理器”面板中的“webStyle”文件夹中，创建“singlePage. css”样式表文件。

（2）“singlePage. css”文件内容见代码 8-21。

```
/*代码 8-21 */
singlePage.css
body{
    margin:0px;
    padding:0px;
    text-align:center;
    font-size:14px;
```

```
        overflow:hidden;
    }
    #content{
        margin:10px 130px;/* 设置上、下外边距 是 10px* ,设置左、右外边距 是 130px*/
        padding:0px;
        width:750px;
        text-align:left;
    }
    #content ul{
        margin:0px;
        padding:0px;
    }
    #content li{
        margin:0px;
        padding:5px 0px 5px 0px;
        list-style-type:none;
    }
```

3. 实现“添加图书信息”页界面代码同时应用外部样式表

“添加图书信息”页界面完整代码见代码 8-22。

```
    /* 代码 8-22*/
    bookAdd.aspx
    < html xmlns= "http://www.w3.org/1999/xhtml" >
    < head runat= "server">
        < title> 添加图书信息< /title>
        < link rel= "stylesheet" type= "text/css" href= "../webStyle/singlePage.
css"/>
    < /head>
    < body>
    < form id = " form1" runat = " server" style = " width: 800px; margin: 0 auto;
display:block">
    < div id= "content">
    < ul>
    < li> 图书编号:< asp:TextBox ID= "txtBookID" runat= "server" Width= "450px">
< /asp:TextBox>
    < asp: RequiredFieldValidator ID = " valrBookID " runat = " server "
ControlToValidate= " txtBookID" ErrorMessage = " 图 书 编 号 不 能 为空!" > < /asp:
RequiredFieldValidator>
    < /li>
    < li> 图书名称:< asp:TextBox ID= "txtBookName" runat= "server" Width= "450px"
> < /asp:TextBox>
```

```
    < asp: RequiredFieldValidator ID = " valrBookName " runat = " server " ControlToValidate= "txtBookName" ErrorMessage= "图书名称 不能为空!"> < /asp:RequiredFieldValidator>
    < /li>
    < li> 图书作者:< asp:TextBox ID= "txtAuthor" runat= "server" Width= "450px" > < /asp:TextBox>
    < asp: RequiredFieldValidator ID = " valrAuthor " runat = " server " ControlToValidate= "txtAuthor" ErrorMessage= "图书作者 不能为空!"> < /asp:RequiredFieldValidator>
    < /li>
    < li> 出版单位:< asp:TextBox ID= "txtPublish" runat= "server" Width= "450px"> < /asp:TextBox>
    < asp: RequiredFieldValidator ID = " valrPublish " runat = " server " ControlToValidate= "txtPublish" ErrorMessage= "出版单位 不能为空!"> < /asp:RequiredFieldValidator>
    < /li>
    < li> 图书类别:< asp:DropDownList ID= "ddlSortID" runat= "server" Width= "205px">
    < /asp:DropDownList>
    < /li>
    < li> 图书定价:< asp:TextBox ID= "txtPrice" runat= "server" Width= "200px"> < /asp:TextBox> 元
    < asp: RequiredFieldValidator ID = " valrPrice " runat = " server " ControlToValidate= "txtPrice" ErrorMessage= "图书价格 不能为空!"> < /asp:RequiredFieldValidator>
    < /li>
    < li> 总计数量:< asp:TextBox ID= "txtTotal" runat= "server" Width= "200px"> < /asp:TextBox> 本
    < asp: RequiredFieldValidator ID = " valrTotal " runat = " server " ControlToValidate= "txtTotal" ErrorMessage= "总计数量 不能为空!"> < /asp:RequiredFieldValidator>
    < /li>
    < li> 借出数量:< asp:TextBox ID= "txtLendNum" runat= "server" Width= "200px"> < /asp:TextBox> 本
    < asp: RequiredFieldValidator ID =, " valrLendNum " runat = " server " ControlToValidate= "txtLendNum" ErrorMessage= "借出数量 不能为空!"> < /asp:RequiredFieldValidator>
    < /li>
    < li> 出版日期:< asp:TextBox ID= "txtPubDate" runat= "server" Width= "200px"> < /asp:TextBox>
    示例:2012-05-07
```

```
    < asp: RequiredFieldValidator ID = " valrPubDate " runat = " server " ControlToValidate= "txtPubDate" ErrorMessage= "出版日期 不能为空!"> < /asp:RequiredFieldValidator>
    < /li>
    < li> 注册日期:< asp:TextBox ID= "txtRegDate" runat= "server" Width= "200px"> < /asp:TextBox>
    示例:2012-05-07
    < asp: RequiredFieldValidator ID = " valrRegDate " runat = " server " ControlToValidate= "txtRegDate" ErrorMessage= "注册日期 不能为空!"> < /asp:RequiredFieldValidator>
    < /li>
    < li> 图书内容:< asp:TextBox ID= "txtSummary" runat= "server" Height= "85px" TextMode= "MultiLine" Width= "450px"> < /asp:TextBox>
    < /li>
                < li style= " padding-left:70px;">
                    < asp:Button ID= "btnSubmit" runat= "server" Text= "添加新书" OnClick= "btnSubmit_Click" Width= "70px" />
                    < asp:Button ID= "btnReset" runat= "server" Text= "重置" OnClick= "btnReset_Click" Width= "70px" />
                < /li>
                    < li style = " padding-left: 70px;" > < asp: Label ID = "lblError" runat= "server" ForeColor= "Red"> < /asp:Label>
                < /li>
            < /ul>
        < /div>
      < /form>
    < /body>
    < /html>
```

分析代码 8-22，服务器控件标签属性设置如表 8-21 所示。

表 8-21　服务器控件属性设置

功能说明	服务器控件类型	属性名	属性值
图书编号文本框	TextBox	ID	txtBookID
		Width	450px
图书编号必填验证	RequiredFieldValidator	ID	valrBookID
		ControlToValidate	txtBookID
		ErrorMessage	图书编号 不能为空！

续表

功能说明	服务器控件类型	属性名	属性值
图书名称文本框	TextBox	ID	txtBookName
		Width	450px
图书名称必填验证	RequiredFieldValidator	ID	valrBookName
		ControlToValidate	txtBookName
		ErrorMessage	图书名称 不能为空!
图书作者文本框	TextBox	ID	txtAuthor
		Width	450px
图书作者必填验证	RequiredFieldValidator	ID	valrAuthor
		ControlToValidate	txtAuthor
		ErrorMessage	图书作者 不能为空!
出版单位文本框	TextBox	ID	txtPublish
		Width	450px
出版单位必填验证	RequiredFieldValidator	ID	valrPublish
		ControlToValidate	txtPublish
		ErrorMessage	出版单位 不能为空!
图书类别下拉列表	DropDownList	ID	ddlSortID
		Width	205px
图书定价文本框	TextBox	ID	txtPrice
		Width	200px
图书定价必填验证	RequiredFieldValidator	ID	valrPrice
		ControlToValidate	txtPrice
		ErrorMessage	图书价格 不能为空!
总计数量文本框	TextBox	ID	txtTotal
		Width	200px
总计数量必填验证	RequiredFieldValidator	ID	valrTotal
		ControlToValidate	txtTotal
		ErrorMessage	总计数量 不能为空!
借出数量文本框	TextBox	ID	txtLendNum
		Width	200px

续表

功能说明	服务器控件类型	属性名	属性值
借出数量必填验证	RequiredFieldValidator	ID	valrLendNum
		ControlToValidate	txtLendNum
		ErrorMessage	借出数量 不能为空!
出版日期文本框	TextBox	ID	txtPubDate
		Width	200px
出版日期必填验证	RequiredFieldValidator	ID	valrPubDate
		ControlToValidate	txtPubDate
		ErrorMessage	出版日期 不能为空!
注册日期文本框	TextBox	ID	txtRegDate
		Width	200px
注册日期必填验证	RequiredFieldValidator	ID	valrRegDate
		ControlToValidate	txtRegDate
		ErrorMessage	注册日期 不能为空!
图书内容文本框	TextBox	ID	txtSummary
		TextMode	MultiLine
		Width	450px
		Height	85px
添加新书命令按钮	Button	ID	btnSubmit
		Text	添加新书
		Width	70px
重置命令按钮	Button	ID	btnReset
		Text	重置
		Width	70px
错误信息标签	Label	ID	lblError
		ForeColor	Red

4. 实现“添加图书信息”页功能代码

“添加图书信息”页功能代码见代码 8-23。

```
/*代码 8-23 */
bookAdd.aspx.cs
public partial class bookms_book_bookAdd : System.Web.UI.Page{
    protected void Page_Load(object sender,EventArgs e){
```

```
            if (! IsPostBack){
                SetDDL();//调用 SetDDL 方法,加载下拉列表项
                SetInit();//调用 SetInit 方法,设置界面各控件初始值
            }
        }
        protected void btnSubmit_Click(object sender,EventArgs e){
            try{
                string bookID= txtBookID.Text.Trim();//获取"图书编号"
                if (CheckBookID(bookID))//调用 CheckBookID 方法,判断图书编号是否存在
                    return;
                string bookName= txtBookName.Text.Trim();//获取"图书名称"
                string author= txtAuthor.Text.Trim();//获取"图书作者"
                string publish= txtPublish.Text.Trim();//获取"出版单位"
                string sortID= ddlSortID.SelectedItem.Value.ToString();
                decimal price= 0;
                int total= 10;
                int lendNum= 0;
                price= Convert.ToDecimal(txtPrice.Text.Trim());
    total= Convert.ToInt32(txtTotal.Text.Trim());
                lendNum= Convert.ToInt32(txtLendNum.Text.Trim());
                string pubDate= txtPubDate.Text.Trim();//获取"出版日期"
                string regDate= txtRegDate.Text.Trim();//获取"注册日期"
                string summary= txtSummary.Text.Trim();//获取"图书内容"
    DateTime dtPubDate=  Convert.ToDateTime(pubDate);
                DateTime dtRegDate= Convert.ToDateTime(regDate);
                if (DateTime.Compare(dtRegDate,dtPubDate) <  0){
    Response.Write("< script> alert('注册日期 应大于 出版日期! ')< /script> ");
                    return;
                }
                 string strSQL= "INSERT INTO bookInfo(bookID,bookName,author,
publish,sortID,price,total,lendNum,pubDate,regDate,summary) VALUES ('"+ bookID
+ "','"+ bookName+ "','"+ author+ "','"+ publish+ "','"+ sortID+ "',"+ price
+ ","+ total+ ","+ lendNum+ ",'"+ pubDate+ "','"+ regDate+ "','"+ summary+ "')";
    int rows= DBServer.ExecuteNonQuery(strSQL);
                if (rows >  0)
                    Response.Write("< script> alert('添加成功! ')< /script> ");
                else
                    Response.Write("< script> alert('添加失败! ')< /scipt> ");
            }
            catch (Exception ex){
                lblError.Text= ex.Message;//显示捕捉到的异常信息
```

```
            }
        }
        protected void btnReset_Click(object sender,EventArgs e){
            SetInit();
        }
        private void SetDDL()//设置“图书类别”下拉列表框各数据项
        {
             string strSQL= "SELECT sortID, sortName FROM bookSortInfo ORDER BY
sortID";
            try{
                DataTable dt= DBServer.ExecuteQuery(strSQL);
             if (dt.Rows.Count >  0){
                ddlSortID.DataSource=dt;//下拉列表从对象 dt 中检索其数据项列表
                ddlSortID.DataTextField="sortName";
                ddlSortID.DataValueField="sortID";
                ddlSortID.DataBind();
                }
                else
                Response.Write("<script>alert('图书类别 加载有误！')</script>");
            }
            catch (Exception ex){
                lblError.Text= ex.Message;//显示捕捉到的异常信息
            }
        }
        private void SetInit() //设置界面各控件初始值
        {
            txtBookID.Text= "";
            txtBookName.Text= "";
            txtAuthor.Text= "";
            txtPublish.Text= "";
            ddlSortID.SelectedIndex= 0;
            txtPrice.Text= "";
            txtTotal.Text= "10";
            txtLendNum.Text= "0";
            txtPubDate.Text= "";
            txtRegDate.Text= string.Format("{0:yyyy-MM-dd}",DateTime.Now);
            txtSummary.Text= "";
            lblError.Text= "";
        }
        private bool CheckBookID(string bookID) //判断图书编号是否存在
        {
```

```
            bool flag= false;
             string strSQL= "SELECT bookID,bookName FROM bookInfo,bookSortInfo
WHERE bookID= '"+ bookID+ "' ORDER BY bookID";
            if (DBServer.ExecuteQuery(strSQL).Rows.Count > 0){
                Response.Write("< script> alert('图书编号 已经被占用! ')< /script
> ");
                flag= true;
            }
            return flag;
        }
    }
```

子任务 4.3 实现图书管理页

知识梳理

一、HyperLink 控件

又称链接按钮控件，其 NavigateUrl 属性用于设置链接的 URL。这里我们用此控件来实现分页浏览图书信息。

二、Request. FilePath 属性的含义与使用

Request. FilePath 可以获取当前网页的路径。如："管理图书信息"页首次加载时，地址栏显示信息如①所示。单击"下一页"链接后，地址栏显示信息如②所示，可以看到当前页码 page=2，即显示第 2 页信息。

```
①http://localhost:2752/BookMS/bookms_book/bookManage.aspx
②http://localhost:2752/BookMS/bookms_book/bookManage.aspx? page=2
```

任务描述

按照图 8-44 所示"创建管理图书信息"页。当首次加载该页时，显示"图书信息"表的所有记录信息，并且以每页 5 条，分页显示，效果如图 8-44(a)所示；当设置查询条件后，如查询图书编号为 0001 的记录信息，显示效果如图 8-44(b)所示；当 TextBox 文本框中无任何信息时，单击"搜索"按钮，将显示"图书信息"表中的所有记录信息。

(1) 查询条件说明：当查询条件为图书编号时，根据 TextBox 文本框内输入内容精确查询；当查询条件为图书名称时，根据 TextBox 文本框内输入内容模糊查询。

(2) 链接说明：当单击图 8-44 所示的链接"修改"时，将当前要修改的记录进行修改；当

单击图 8-44 所示的链接“删除”时，将当前要删除的记录进行删除。

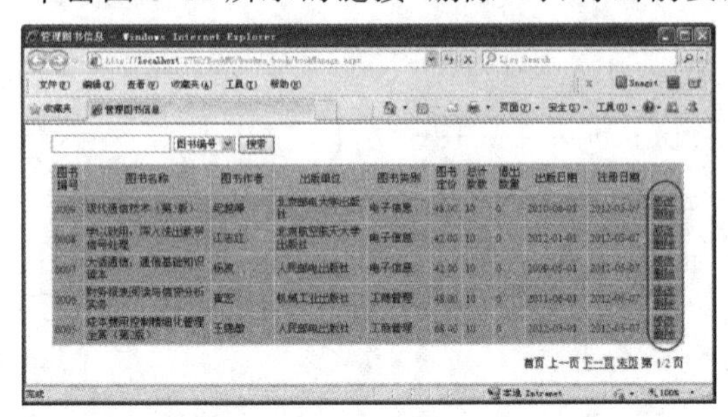

(a)管理图书信息页初始页面

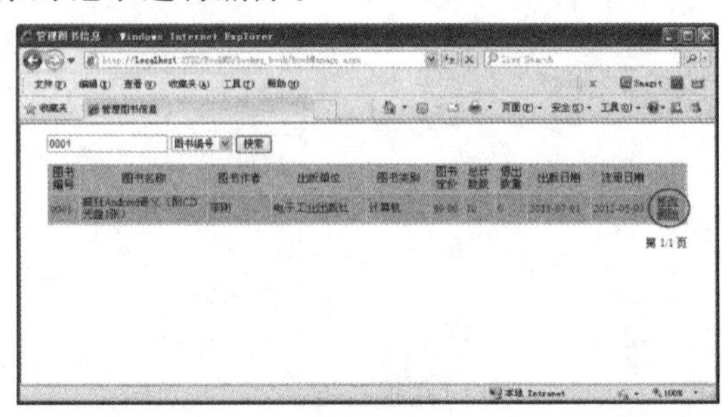

(b)设置查询条件页面

图 8-44　管理图书信息页

任务实施

1. 创建“管理图书信息”页

在“解决方案资源管理器”面板的“bookms_book”文件夹中，创建 “bookManage. aspx”网页。

2. 创建“管理图书信息”页外部样式表

（1）在“解决方案资源管理器”面板的“webStyle”文件夹中，创建 “listStyle. css”样式表文件。

（2）“listStyle. css”文件内容见代码 8-24。

```
/*代码 8-24 */
listStyle.css
body{
    margin:0px;
    padding:0px;
    text-align:center;
    font-size:14px;
    overflow:hidden;
}
#container{
    margin:0px;
    padding:0px;
    width:830px;
    text-align:left;
}
#header{
    margin:0px;
    padding:0px;
width:830px;
    height:50px;
```

```
        line-height:50px;
    }
    #content{
        margin:0px;
        padding:0px;
        width:830px;
    }
    #page{
        margin:0px;
        padding:0px;
        width:830px;
        height:50px;
        line-height:50px;
        text-align:right;
    }
    #footer{
        margin:0px;
        padding:0px;
        width:830px;
        height:50px;
        line-height:50px;
    }
```

3. 实现“管理图书信息”页界面代码同时应用外部样式表

“管理图书信息”页界面代码见代码 8-25。

```
    /* 代码 8-25*/
    bookManage.aspx
    < html xmlns= "http://www.w3.org/1999/xhtml" >
    < head runat= "server">
        < title> 管理图书信息< /title>
        < link rel= "stylesheet" type= "text/css" href= "../webStyle/listStyle.
css"/>
    < /head>
    < body>
    < form id = " form1" runat = " server" style = " width: 830px; margin: 0 auto;
display:block">
    < div id= "container">
    < div id= "header">
    < asp:TextBox ID= "txtSearch" runat= "server" Width= "150px"> < /asp:TextBox>
    < asp:DropDownList ID= "ddlSearchKey" runat= "server" Width= "80px"> < /asp:
DropDownList>
```

```
    < asp:Button ID= "btnSearch" runat= "server" Text= "搜索" OnClick= "btnSearch
_Click"/>
    < /div>
    < div id= "content">
    < asp:Repeater ID= "Repeater1" runat= "server">
    < HeaderTemplate>
    < table border= "1" cellspacing= "0" cellpadding= "2px" style= "text-align:
center;width:100% ">
                            < tr style= "background-color:Silver">
                                < td> 图书编号< /td>
                                < td> 图书名称< /td>
                                < td> 图书作者< /td>
                                < td> 出版单位< /td>
                                < td> 图书类别< /td>
                                < td> 图书定价< /td>
                                < td> 总计数数< /td>
                                < td> 借出数量< /td>
                                < td> 出版日期< /td>
                                < td> 注册日期< /td>
                                < td> < /td>
                            < /tr>
                    < /HeaderTemplate>
                    < ItemTemplate>
                        < tr style= "background-color:Aqua";align= "left">
                        < td style= "width:5% "> < % # Eval("bookID")%> < /td>
                        < td style= "width:20% "> < % # Eval("bookName")%> < /td>
                        < td style= "width:10% "> < % # Eval("author")%> < /td>
                        < td style= "width:15% "> < % # Eval("publish")%> < /td>
                        < td style= "width:10% "> < % # Eval("sortName")%> < /td>
                        < td style= "width:5% "> < % # Eval("price")%> < /td>
                        < td style= "width:5% "> < % # Eval("total")%> < /td>
                        < td style= "width:5% "> < % # Eval("lendNum")%> < /td>
                        < td style= "width:10% "> < % # Eval("pubDate")%> < /td>
                        < td style= "width:10% "> < % # Eval("regDate")%> < /td>
                        < td style= "width:5% ">
    < a href= "bookEdit.aspx? bookID= < % # Eval("bookID")%> "> 修改< /a> < /br>
    < a href= "bookDel.aspx? bookID= < % # Eval("bookID") %> "> 删除< /a>
                                    < /td>
                                    < /tr>
                            < /ItemTemplate>
                            < FooterTemplate>
```

```
                    < /table>
                </FooterTemplate>
            < /asp:Repeater>
        < /div>
        < div id= "page">
            < asp:HyperLink ID= "hlnkFirst" runat= "server"> 首页< /asp:
HyperLink>
            < asp:HyperLink ID= "hlnkPre" runat= "server"> 上一页< /asp:
HyperLink>
            < asp:HyperLink ID= "hlnkNext" runat= "server"> 下一页< /asp:
HyperLink>
            < asp:HyperLink ID= "hlnkLast" runat= "server"> 末页< /asp:
HyperLink>
            < asp:Label ID= "lblPage" runat= "server" Text= "/"> < /asp:
Label>
        < /div>
        < div id= "footer">
            < asp:Label ID= "lblError" runat= "server" ForeColor= "Red">
< /asp:Label>
        < /div>
      < /div>
    < /form>
  < /body>
  < /html>
```

分析代码 8-25,服务器控件标签属性设置如表 8-22 所示。

表 8-22　服务器控件属性设置

功能说明	服务器控件类型	属性名	属性值
查询内容文本框	TextBox	ID	txtSearch
		Width	150px
查询条件下拉列表	DropDownList	ID	ddlSearchKey
		Width	80px
搜索命令按钮	Button	ID	btnSearch
		Text	搜索
显示查询结果	Repeater	ID	Repeater1
首页	HyperLink	ID	hlnkFirst
上一页	HyperLink	ID	hlnkPre

续表

功能说明	服务器控件类型	属性名	属性值
下一页	HyperLink	ID	hlnkNext
末页	HyperLink	ID	hlnkLast
当前页 总数数	Label	ID	lblPage
		Text	/
错误信息 标签	Label	ID	lblError
		ForeColor	Red

4. 实现“管理图书信息”页功能代码

“管理图书信息”页功能代码见代码 8-26。

```
/* 代码 8-26*/
bookManage.aspx.cs
public partial class bookms_book_bookManage : System.Web.UI.Page{
    protected void Page_Load(object sender,EventArgs e){
        if (! IsPostBack){
            SetDDL();
            PageList();//调用 PageList 方法,显示分页后图书信息
        }
    }
    protected void btnSearch_Click(object sender,EventArgs e){
        PageList();//调用 PageList 方法,显示分页后图书信息
    }
    private void SetDDL()//设置“查询类别”下拉列表框各数据项及显示项
    {
        ddlSearchKey.Items.Add("图书编号");
        ddlSearchKey.Items.Add("图书名称");
        ddlSearchKey.SelectedIndex= 0;
    }
    private DataTable GetData()//按照查询条件设置,查询结果为 DataTable 对象类型
    {
        DataTable dt= null;
        //设置查询 SQL 语句,由于 SQL 语句较长,采用字符串拼接处理
string strSQL= "SELECT
bookInfo.bookID,bookName,author,publish,sortName,price";
strSQL+ = ",total,lendNum,convert(varchar(10),pubDate,120) as pubDate";
strSQL+ = ",convert(varchar(10),regDate,120) as regDate";
strSQL+ = " FROM bookInfo,bookSortInfo";
strSQL+ = " WHERE bookInfo.sortID= bookSortInfo.sortID";
```

```
        if (txtSearch.Text.Trim().Length ! = 0){
            if (ddlSearchKey.SelectedIndex = = 0)
                strSQL+ = " AND bookID= '"+ txtSearch.Text+ "'";
            else//设置查询条件,若选择"图书名称"按照文本框内容模糊查询
                strSQL+ = " AND bookName LIKE '% "+ txtSearch.Text+ "% '";
        }
        strSQL+ = " ORDER BY bookID DESC";//降序排列
        try{
            dt= DBServer.ExecuteQuery(strSQL);
        }
        catch (Exception ex){
            lblError.Text= ex.Message;//显示捕捉到的异常信息
        }
        return dt;
    }
    private void PageList()//设置"查询结果"分页,并显示在 Repeater1 控件内
    {
        int iRowCount;                //总记录数
        int iPageSize= 5;            //一页显示的记录数
        int iPageCount;               //总页码
        int iPageIndex;               //当前页码
        string strPage= Request.QueryString["page"];//获取网页传递参数"page"
        if (strPage = = null)
            iPageIndex= 1;
        else{
            iPageIndex= Convert.ToInt32(strPage);
            if (iPageIndex <  1)
                iPageIndex= 1;
        }
        DataTable dt= GetData();//求总记录数
        iRowCount= dt.Rows.Count;//查询结果行数
if (iRowCount = = 0){
            Repeater1.DataSource= null;
            Repeater1.DataBind();
            SetHyperLink(false);//分页导航不显示
            lblPage.Text= "第 0 页/共 0 页";
        }
        else{
            if (iRowCount %  iPageSize = = 0)
                iPageCount= iRowCount / iPageSize;
            else
```

```
            iPageCount= iRowCount / iPageSize+ 1;
        if (iPageIndex >  iPageCount)
    iPageIndex= iPageCount;
        PagedDataSource pds= new PagedDataSource();//实例化分页对象 pds
        pds.DataSource= dt.DefaultView;//设置分页对象 dt
        pds.AllowPaging= true;//设置允许分页
        pds.PageSize= iPageSize;//设置每页显示记录数
        pds.CurrentPageIndex= iPageIndex-1;//设置当前页码
        //分页对象作为数据源绑定到 Repeater1 控件,显示分页后查询结果
        Repeater1.DataSource= pds;
       Repeater1.DataBind();
         lblPage.Text= "第 "+ iPageIndex.ToString()+ "/"+ iPageCount.
ToString()+ " 页";
        if (iPageIndex ! = 1) //设置分页导航,以参数“page”传递要显示的页码
        {
  hlnkFirst.NavigateUrl= Request.FilePath+ "? page= 1";
  hlnkPre.NavigateUrl= Request.FilePath+ "? page= "+ (iPageIndex - 1);
        }
   if (iPageIndex ! = iPageCount){
  hlnkNext.NavigateUrl= Request.FilePath+ "? page= "+ (iPageIndex+ 1);
  hlnkLast.NavigateUrl= Request.FilePath+ "? page= "+ iPageCount;
       }
        //若显示记录数小于每页记录数,不显示分页导航,否则显示分页导航
        if (iRowCount < = iPageSize)
            SetHyperLink(false);
        else
            SetHyperLink(true);
      }
    }
  private void SetHyperLink(bool flag) //设置分页导航 HyperLink 控件是否可见
    {
        hlnkFirst.Visible= flag;
        hlnkPre.Visible= flag;
        hlnkNext.Visible= flag;
        hlnkLast.Visible= flag;
    }
  }
```

子任务 4.4 实现修改图书信息

任务描述

在"管理图书信息"页中,单击某条记录的链接"修改"时,网页跳转至修改图书信息页,并将当前要修改记录的各项数值显示在"修改图书信息"页界面各控件上,如图 8-45(a)所示;填写修改信息,当全部项内容及格式校验正确后,单击"修改"按钮,将弹出如图 8-45(b)所示的"修改成功"对话框;单击"重置"按钮,页面将恢复初始页面状态如图 8-45(a)所示。

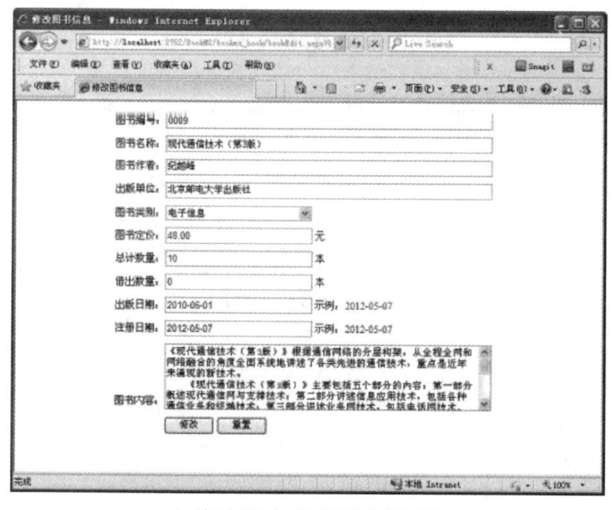

(a) 修改图书信息页初始页面

(b) 修改成功

图 8-45 修改图书信息页

任务实施

1. 创建"修改图书信息"页

在"解决方案资源管理器"面板中"bookms_book"文件夹中,创建"bookEdit.aspx"的网页。

2. 创建"修改图书信息"页外部样式表

该网页所需外部样式表与"添加图书信息"页外部样式表相同,见代码 8-21。

3. 实现"修改图书信息"页界面代码同时应用外部样式表

该网页界面代码与"添加图书信息"页界面代码雷同,只是标题栏显示信息、Button 命令按钮的显示文本不一样，其余部分一致，可以参考代码 8-22 中“bookAdd. aspx”文件。

现将该网页界面代码在“bookAdd. aspx”文件基础上，需要更改部分显示如下，读者按照如下代码稍做更改即可实现“修改图书信息”页。

```
< title> 修改图书信息< /title>
< asp:Button ID= "btnSubmit" runat= "server" Text= "修改" OnClick= "btnSubmit
_Click" Width= "70px" />
```

4. 实现“修改图书信息”页功能代码

“修改图书信息”页功能代码见代码 8-27。

```
/* 代码 8-27*/
bookEdit.aspx.cs
public partial class bookms_book_bookEdit : System.Web.UI.Page{
    private string bookIDKey= "";
    protected void Page_Load(object sender,EventArgs e){
        bookIDKey= Request.QueryString["bookID"];//接收网页传递参数“bookID”值
        if (! IsPostBack){
            SetDDL();
            GetData();
        }
    }
    protected void btnSubmit_Click(object sender,EventArgs e){
        try{
            string bookID= txtBookID.Text.Trim();//获取“图书编号”
            string bookName= txtBookName.Text.Trim();//获取“图书名称”
            string author= txtAuthor.Text.Trim();//获取“图书作者”
            string publish= txtPublish.Text.Trim();//获取“出版单位”
            string sortID= ddlSortID.SelectedItem.Value.ToString();
            decimal price= 0;
            int total= 10;
            int lendNum= 0;
            price= Convert.ToDecimal(txtPrice.Text.Trim());
total= Convert.ToInt32(txtTotal.Text.Trim());
            lendNum= Convert.ToInt32(txtLendNum.Text.Trim());
            string pubDate= txtPubDate.Text.Trim();//获取“出版日期”
            string regDate= txtRegDate.Text.Trim();//获取“注册日期”
            string summary= txtSummary.Text.Trim();//获取“图书内容”
DateTime dtPubDate= Convert.ToDateTime(pubDate);
            DateTime dtRegDate= Convert.ToDateTime(regDate);
            if (DateTime.Compare(dtRegDate,dtPubDate) < 0){
Response.Write("< script> alert('注册日期 应大于 出版日期! ')< /script> ");
                return;
```

```
                }
                string strSQL= "UPDATE bookInfo  SET";
                strSQL+ = " bookID= '"+ bookID+ "',bookName= '"+ bookName+ "'";
                strSQL+ = ",author= '"+ author+ "',publish= '"+ publish+ "'";
      strSQL+ = ",sortID= '"+ sortID+ "',price= "+ price;
                strSQL+ = ",total= "+ total+ ",lendNum= "+ lendNum;
                strSQL+ = ",pubDate = '"+ pubDate+ "',regDate= '"+ regDate+ "'";
                strSQL+ = ",summary= '"+ summary+ "'";
                strSQL+ = " WHERE bookID= '"+ bookIDKey+ "'";
                int rows= DBServer.ExecuteNonQuery(strSQL);
                if (rows >  0)
                    Response.Write("< script> alert('修改成功！ ')< /script> ");
            else
                    Response.Write("< script> alert('修改失败！ ')< /scipt> ");
            }
            catch (Exception ex){
                lblError.Text= ex.Message;//显示捕捉到的异常信息
            }
        }
        protected void btnReset_Click(object sender,EventArgs e)
        {
            GetData();
        }
        private void SetDDL()//设置"图书类别"下拉列表框各数据项
        {
             string strSQL= "SELECT sortID, sortName FROM bookSortInfo ORDER BY
sortID";
            try{
                DataTable dt= DBServer.ExecuteQuery(strSQL);
            if (dt.Rows.Count >  0){
              ddlSortID.DataSource= dt;//下拉列表从对象 dt 中检索其数据项列表
              ddlSortID.DataTextField= "sortName";
    ddlSortID.DataValueField= "sortID";//设置为各列表项提供值的数据源字段
              ddlSortID.DataBind();
            }
    else
                Response.Write("< script> alert('图书类别 加载有误！ ')< /script> ");
            }
            catch (Exception ex){
                lblError.Text= ex.Message;//显示捕捉到的异常信息
            }
```

```
    }
    private void GetData()//根据 bookIDKey 值,获取相关记录各数据项信息,并显示
    {
  string strSQL= "SELECT bookID,bookName,author,publish,sortID,price,total";
        strSQL+ = ",lendNum,convert(varchar(10),pubDate,120) as pubDate";
        strSQL+ = ",convert(varchar(10),regDate,120) as regDate,summary";
        strSQL+ = " FROM bookInfo";
        strSQL+ = " WHERE bookID= '"+ bookIDKey+ "' ";
        strSQL+ = " ORDER BY bookID";
  try{
            DataTable dt= DBServer.ExecuteQuery(strSQL);
        if (dt.Rows.Count >  0){
                txtBookID.Text= dt.Rows[0]["bookID"].ToString();
                txtBookName.Text= dt.Rows[0]["bookName"].ToString();
                txtAuthor.Text= dt.Rows[0]["author"].ToString();
                txtPublish.Text= dt.Rows[0]["publish"].ToString();
                ddlSortID.SelectedValue= dt.Rows[0]["sortID"].ToString();
                txtPrice.Text= dt.Rows[0]["price"].ToString();
                txtTotal.Text= dt.Rows[0]["total"].ToString();
                txtLendNum.Text= dt.Rows[0]["lendNum"].ToString();
                txtPubDate.Text= dt.Rows[0]["pubDate"].ToString();
                txtRegDate.Text= dt.Rows[0]["regDate"].ToString();
                txtSummary.Text= dt.Rows[0]["summary"].ToString();
            }
        }
        catch (Exception ex){
            lblError.Text= ex.Message;//显示捕捉到的异常信息
        }
    }
}
```

子任务 4.5 实现删除图书信息

任务描述

当在“管理图书信息”页中，单击某条记录的链接“删除”时，网页跳转至删除图书信息页，将记录删除后，弹出如图 8-46 所示的删除成功对话框，单击“确定”按钮后，返回“管理图书信息”页。

图 8-46 删除成功

任务实施

1. 创建"删除图书信息"页

在"解决方案资源管理器"面板的"bookms_book"文件夹中,创建 "bookDel.aspx"网页。

2. 实现"删除图书信息"页界面代码,见代码 8-28。

```
/* 代码 8-28*/
bookDel.aspx
< html xmlns= "http://www.w3.org/1999/xhtml" >
< head runat= "server">
    < title> 无标题页< /title>
< /head>
< body>
    < form id= "form1" runat= "server">
        < div>
          < asp:Label ID="lblError" runat="server" ForeColor="Red">< /asp:Label>
        < /div>
    < /form>
< /body>
< /html>
```

分析代码 8-28,"删除图书信息"页无须外部样式表,只需要一个 Label 控件,用于显示程序执行过程中的异常信息。

3. 实现"删除图书信息"页功能代码

"删除图书信息"页功能代码见代码 8-29。

```
/* 代码 8-29*/
bookDel.aspx.cs
public partial class bookms_book_bookDel : System.Web.UI.Page{
    protected void Page_Load(object sender,EventArgs e){
        string bookID= Request.QueryString["bookID"];
        string strSQL= "DELETE FROM bookInfo WHERE bookID= '"+ bookID+ "'";
        try{
```

```
                int rows= DBServer.ExecuteNonQuery(strSQL);
                if (rows > 0)
                    Response.Write("< script> alert('删除成功! ')< /script> ");
                else
                    Response.Write("< script> alert('删除失败! ')< /script> ");
                Response.Write("< script> location.assign('bookManage.aspx')< /
script> ");
            }
            catch (Exception ex){
                lblError.Text= ex.Message;//显示捕捉到的异常信息
            }
        }
    }
```

子任务 4.6 实现读者借阅图书

任务描述

按照如图 8-46 所示创建“图书借阅”页。当读者编号或图书编号为空时,显示如图 8-47(b)所示;当输入的读者编号及图书编号在相应表中存在,显示如图 8-47(c)所示;当所借图书可借数量大于零时,单击“借阅”按钮,弹出如图 8-47(d)所示的“借阅成功”对话框,然后跳转至图书归还管理页;单击“重置”按钮,页面将恢复初始页面状态如图 8-47(a)所示。

(1) 读者编号输入说明:当结束读者编号输入时,将自动显示读者姓名。

(2) 图书编号输入说明:当结束图书编号输入时,将自动显示图书名称、出版单位等。

(3) 借阅数量说明:默认借阅数量为 1,最大为 2,即同一本书每位读者只能借阅 2 本。

(4) 借阅日期说明:该日期为系统当前日期。

(5) 应还日期说明:为借阅日期 30 天后。

任务实施

1. 创建“图书借阅”页

(1) 在“解决方案资源管理器”面板中,右击“F:\BookMS\”项目,创建名为“bookms_bookLend”文件夹。

(2) 在“解决方案资源管理器”面板的“bookms_bookLend”文件夹中,创建名为“bookLend.aspx”的网页。

(a)图书借阅初始页面

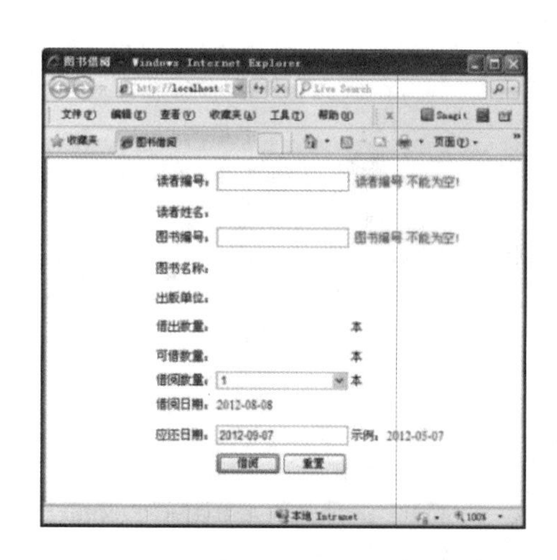

(b)借阅信息为空时页面

(c)借阅信息正确页面

(d)借阅成功

图 8-47　图书借阅页

2. 创建“图书借阅”页外部样式表

该网页所需外部样式表与“添加图书信息”页外部样式表相同，见代码 8-21 中“singlePage. css”文件所示，无须另外创建。

3. 实现“图书借阅”页界面代码同时应用外部样式表

“图书借阅”页界面完整代码见代码 8-30。

```
/* 代码 8-30*/
bookLend.aspx
```

```
< html xmlns= "http://www.w3.org/1999/xhtml" >
< head runat= "server">
    < title> 图书借阅< /title>
    < link rel= "stylesheet" type= "text/css" href= "../webStyle/singlePage.css"/>
< /head>
< body>
< form id = " form1" runat = " server" style = " width: 800px; margin: 0 auto;
display:block">
< div id= "content">
< ul>
< li> 读者编号:< asp:TextBox ID= "txtReaderID" runat= "server" AutoPostBack
= " True " OnTextChanged = " txtReaderID _ TextChanged" Width = " 150px " > < /asp:
TextBox>  
<  asp: RequiredFieldValidator  ID =  " valrReadID "  runat =  " server "
ControlToValidate= " txtReaderID" ErrorMessage= "读者编号 不能为空!"> < /asp:
RequiredFieldValidator>
< /li>
< li> 读者姓名:< asp:Label ID= "lblReaderName" runat= "server" ForeColor= "
Blue" Width= "155px" Height= "20px"> < /asp:Label>
< /li>
< li> 图书编号:< asp:TextBox ID= "txtBookID" runat= "server" AutoPostBack= "
True" OnTextChanged= "txtBookID_TextChanged" Width= "150px"> < /asp:TextBox>  
<  asp: RequiredFieldValidator  ID =  " valrBookID "  runat =  " server "
ControlToValidate= " txtBookID" ErrorMessage = "图书编号 不能为空!" > < /asp:
RequiredFieldValidator>
< /li>
< li> 图书名称:< asp:Label ID= "lblBookName" runat= "server" ForeColor= "
Blue" Width= "450px" Height= "20px"> < /asp:Label>
< /li>
< li> 出版单位:< asp:Label ID= "lblPublish" runat= "server" ForeColor= "Blue"
Width= "450px" Height= "20px"> < /asp:Label>
< /li>
< li> 借出数量:< asp:Label ID= "lblLendNum" runat= "server" ForeColor= "Blue"
Width= "155px" Height= "20px"> < /asp:Label> 本
< /li>
< li> 可借数量:< asp:Label ID= "lblRemainNum" runat= "server" ForeColor= "
Blue" Width= "155px" Height= "20px"> < /asp:Label> 本
< /li>
< li> 借阅数量:< asp:DropDownList ID= "ddlRemainNum" runat= "server" Width= "
155px">
< /asp:DropDownList> 本
```

```
    < /li>
    < li> 借阅日期:< asp:Label ID= "lblLendDate" runat= "server" Height= "22px"
Width= "155px"> < /asp:Label>
    < /li>
    < li> 应还日期:< asp:TextBox ID= "txtReturnDate" runat= "server" Width= "
150px"> < /asp:TextBox>
    示例:2012- 05- 07
    < asp: RequiredFieldValidator ID = " valrReturnDate " runat = " server "
ControlToValidate= "txtReturnDate" ErrorMessage= "应归日期 不能为空!"> < /asp:
RequiredFieldValidator>
    < /li>
    < li style= " padding- left:70px;"> < asp:Button ID= "btnSubmit" runat= "
server" OnClick= "btnSubmit_Click" Text= "借阅" Width= "75px" />
    < asp:Button ID= "btnReset" runat= "server" OnClick= "btnReset_Click" Text
= "重置" Width= "75px" />
    < /li>
    < li style= " padding- left: 70px;"> < asp:Label ID= "lblError" runat= "
server" ForeColor= "Red"> < /asp:Label>
    < /li>
    < /ul>
    < /div>
    < /form>
    < /body>
    < /html>
```

分析代码 8-30,服务器控件标签属性设置如表 8-23 所示。

表 8-23　服务器控件属性设置

功能说明	服务器控件类型	属性名	属性值
读者编号文本框	TextBox	ID	txtReaderID
		AutoPostBack	True
		Width	150px
读者编号必填验证	RequiredFieldValidator	ID	valrReadID
		ControlToValidate	txtReaderID
		ErrorMessage	读者编号 不能为空!
读者姓名标签	Label	ID	lblReaderName
		ForeColor	Blue
		Width	155px
		Height	20px

续表

功能说明	服务器控件类型	属性名	属性值
图书编号文本框	TextBox	ID	txtBookID
		AutoPostBack	True
		Width	150px
图书编号必填验证	RequiredFieldValidator	ID	valrBookID
		ControlToValidate	txtBookID
		ErrorMessage	图书编号 不能为空！
图书名称标签	Label	ID	lblBookName
		ForeColor	Blue
		Width	450px
		Height	20px
出版单位标签	Label	ID	lblPublish
		ForeColor	Blue
		Width	450px
		Height	20px
借出数量标签	Label	ID	lblLendNum
		ForeColor	Blue
		Width	155px
		Height	20px
可借数量标签	Label	ID	lblRemainNum
		ForeColor	Blue
		Width	155px
		Height	20px
借阅数量下拉列表	DropDownList	ID	ddlRemainNum
		Width	155px
借阅日期标签	Label	ID	lblLendDate
		Width	155px
		Height	20px
应还日期文本框	TextBox	ID	txtReturnDate
		Width	150px
应还日期必填验证	RequiredFieldValidator	ID	valrReturnDate
		ControlToValidate	txtReturnDate
		ErrorMessage	应归日期 不能为空！
借阅命令按钮	Button	ID	btnSubmit
		Text	借阅
		Width	75px

续表

功能说明	服务器控件类型	属性名	属性值
重置命令按钮	Button	ID	btnReset
		Text	重置
		Width	75px
错误信息标签	Label	ID	lblError
		ForeColor	Red

4. 实现图书借阅页功能代码

1）图书借阅过程详细说明

（1）读者姓名或图书相关信息的自动显示。

当读者编号或图书编号输入结束后，将自动显示相关信息。这里采用 TextBox 文本框控件的 TextChanged 事件（即在 TextBox 文本框控件的“Text”属性值更改后，触发该事件）。

（2）图书借阅过程与图书借阅表、图书信息表关系。

无论读者如何借阅图书，包括借阅相同图书（最多 2 本）情况，都要执行以下过程。

① 每借一本图书就在图书借阅表内添加一条记录，记录信息包括 ID 字段（主键，每添加一条，该值自动加 1）、图书编号字段、读者编号字段、借阅日期字段、应还日期字段，如果借阅 2 本相同图书就应在图书借阅表产生 2 条记录。

② 更改图书信息表的相关图书“借出数量”字段的值为“原借出数量＋新借阅数量”。

（3）由于步骤（2）中①②过程属于一个事务，要么都执行，要么都不执行，若只执行其中的一个过程，就将导致数据不一致情况发生，有兴趣的读者可以将上述过程做成事务再来执行。以下“图书借阅”页功能代码不包含此功能。

2）“图书借阅页”功能

“图书借阅”页功能代码见代码 8-31。

```
/* 代码 8-31*/
bookLend.aspx.cs
public partial class bookms_bookLend_bookLend : System.Web.UI.Page{
    protected void Page_Load(object sender,EventArgs e){
        if (! IsPostBack){
            SetDDL();
            SetInit();
        }
    }
    //读者编号更改,触发 txtReaderID_TextChanged 事件
    protected void txtReaderID_TextChanged(object sender,EventArgs e){
        string readerName=GetReaderName(txtReaderID.Text.Trim());
        if (readerName.Length !=0)
            lblReaderName.Text=readerName;
```

```
        else
            Response.Write("< script> alert('读者编号 不存在! ')</scipt> ");
    }
    //图书编号更改,触发 txtBookID_TextChanged 事件
    protected void txtBookID_TextChanged(object sender,EventArgs e){
        DataRow dr=GetBookInfo(txtBookID.Text.Trim());
        if (dr !=null){
            lblBookName.Text=dr["bookName"].ToString();
            lblPublish.Text=dr["publish"].ToString();
            lblLendNum.Text=dr["lendNum"].ToString();
            string total=dr["total"].ToString();
            string lendNum=dr["lendNum"].ToString();
            if (total.Length ! =0 && lendNum.Length ! = 0){
                //"可借数量"="总计数量"-"借出数量"
            int remainNum=Convert.ToInt32(total)-Convert.ToInt32(lendNum);
            lblRemainNum.Text=remainNum.ToString();
            }
        }
        else
            Response.Write("<script> alert('图书编号不存在! ')</scipt> ");
    }
    protected void btnSubmit_Click(object sender,EventArgs e){
        try{
            string readerID=txtReaderID.Text.Trim();      //获取"读者编号"
            string bookID=txtBookID.Text.Trim();          //获取"图书编号"
            string needLendNum=ddlRemainNum.SelectedItem.Text;//获取"借阅数量"
            string lendNum=lblLendNum.Text;               //获取"借出数量"
            string remainNum=lblRemainNum.Text;           //获取"可借数量"
            string lendDate=lblLendDate.Text.Trim();      //获取"借阅日期"
            string returnDate=txtReturnDate.Text.Trim();//获取"应还日期"
            /定义整型变量如下,分别存放"借出数量","可借数量","借阅数量"
            int iLendNum,ineedLendNum,iRemainNum;
            iLendNum=Convert.ToInt32(lendNum);
            iRemainNum=Convert.ToInt32(remainNum);
            ineedLendNum=Convert.ToInt32(needLendNum);
            if (ineedLendNum <=iRemainNum)//判断借阅数量应小于可借数量
            {
                //①设置将借阅信息添加至"借阅信息"表的添加 SQL 语句
                string strInsertLend="INSERT INTO LendInfo";
                    strInsertLend + =" (bookID, readerID, lendDate, returnDate,
returnFlag)";
```

```
                    strInsertLend+=" VALUES('"+bookID+"','"+readerID+"','"+
lendDate+"','"+returnDate+"','False')";
                    int rowInsertLend=0;
                    for (int i=1;i <=ineedLendNum;i++){
        rowInsertLend=rowInsertLend+DBServer.ExecuteNonQuery(strInsertLend);
                    }
                    //②设置更改"图书信息"表相关图书借出数量的修改 SQL 语句
                    iLendNum=iLendNum+ineedLendNum;//借出数量=原借出数量+新借阅数量
                    string strUpdateBook="UPDATE bookInfo";
                    strUpdateBook+=" SET lendNum="+iLendNum;
                    strUpdateBook+=" WHERE bookID='"+bookID+"'";
                    int rowUpdateBook=DBServer.ExecuteNonQuery(strUpdateBook);
                    if (rowInsertLend > 0 && rowUpdateBook > 0){
    Response.Write("<script>alert('成功借阅 "+rowInsertLend+" 本书! ')</script
> ");
    Response.Write("< script > location.assign('bookReturnManage.aspx')< /
script> ");
                    }
                    else
                        Response.Write("< script> alert('借阅失败! ')< /scipt> ");
                }
                else
    Response.Write("< script> alert('借阅数量不能 大于 可借数量')< /script> ");
            }
            catch (Exception ex){
                lblError.Text= ex.Message;//显示捕捉到的异常信息
            }
        }
        protected void btnReset_Click(object sender,EventArgs e){
            SetInit();
        }
        private void SetDDL()//设置"借阅数量"下拉列表框各数据项及显示项
        {
            ddlRemainNum.Items.Add("1");
            ddlRemainNum.Items.Add("2");
            ddlRemainNum.SelectedIndex= 0;
        }
        private void SetInit() //设置界面各控件初始值
        {
            txtReaderID.Text= "";
            txtBookID.Text= "";
```

```
        lblReaderName.Text= "";
        lblBookName.Text= "";
        lblPublish.Text= "";
        lblLendNum.Text= "";
        lblRemainNum.Text= "";
        ddlRemainNum.SelectedIndex= 0;
        //设置“借阅日期”,通过获取当前系统日期,并按指定格式显示
        lblLendDate.Text= string.Format("{0:yyyy-MM-dd}",DateTime.Now);
        //设置“应还日期”为“借阅日期”开始 30 天后
txtReturnDate.Text= string.Format("{0:yyyy-MM-dd}",DateTime.Now.AddDays(30));
    }
    //根据 readerID 值,查询读者信息表,返回读者姓名
    private string GetReaderName(string readerID){
        string readerName= "";//定义存放读者姓名的字符串变量“readerName”
        string strSQL= "SELECT readerID,readerName";
        strSQL+ = " FROM ReaderInfo";
        strSQL+ = " WHERE readerID= '"+ readerID+ "'";
        strSQL+ = " ORDER BY readerID";
        try{
            DataTable dt= DBServer.ExecuteQuery(strSQL);
            if (dt.Rows.Count >  0)
                readerName= dt.Rows[0]["readerName"].ToString();
            else
                Response.Write("< script> alert('读者编号 不存在! ')< /script> ");
        }
        catch (Exception ex){
            lblError.Text= ex.Message;//显示捕捉到的异常信息
        }
        return readerName;//返回读者姓名
    }
    //根据 bookID 值,查询图书信息表,以 DataRow 类型返回相关图书信息
    private DataRow GetBookInfo(string bookID){
       DataRow bookInfo= null;//定义存放图书信息的“DataRow”类型
        string strSQL= "SELECT bookID,bookName,publish,total,lendNum";
        strSQL+ = " FROM bookInfo";
        strSQL+ = " WHERE bookID= '"+ bookID+ "'";
        strSQL+ = " ORDER BY bookID";
        try{
            DataTable dt= DBServer.ExecuteQuery(strSQL);
            if (dt.Rows.Count >  0)
                bookInfo= dt.Rows[0];
```

```
            else
                Response.Write("< script> alert('图书编号 不存在! ')< /script> ");
        }
        catch (Exception ex){
            lblError.Text= ex.Message;//显示捕捉到的异常信息
        }
        return bookInfo;//返回图书信息
    }
}
```

子任务 4.7 实现读者归还图书

知识梳理

一、精确查询

查询条件完全匹配的查询,例如:

```
SELECTbookName FROM bookInfo WHERE bookID=1
```

二、模糊查询

模糊查询的语法格式如下。

SELECT 字段 FROM 表 WHERE 某字段 Like 条件

条件部分,SQL 提供了以下四种匹配模式。

(1) %:表示任意 0 个或多个字符。可匹配任意类型和长度的字符,有些情况下若是中文,应使用两个百分号(%%)表示。

(2) _: 表示任意单个字符。匹配单个任意字符,常用于限制表达式的字符长度语句。

(3) [ ]:表示括号内所列字符中的一个(类似正则表达式)。指定一个字符、字符串或范围,要求所匹配对象为它们中的任一个。

(4) [^]:表示不在括号所列之内的单个字符。其取值和 [] 相同,但它要求所匹配对象为指定字符以外的任一个字符。

任务描述

按照如图 8-48 所示创建“图书归还管理”页。当首次加载该页时,显示“图书借阅”表的所有记录信息,并且以每页 5 条,分页显示,效果如图 8-48(a)所示;当设置查询条件后,如查询图书编号为 0001 的记录信息,显示效果如图 8-48(b)所示。

查询条件说明如下。

(1) 当查询条件为图书编号时，根据 TextBox 文本框内输入的内容精确查询。

(2) 查询条件为图书名称时，根据 TextBox 文本框内输入的内容模糊查询。

(3) 当查询条件为读者编号时，根据 TextBox 文本框内输入的内容精确查询。

(4) 查询条件为读者姓名时，根据 TextBox 文本框内输入的内容模糊查询。

链接说明：当单击图 8-48 所示的“归还”按钮时，将当前要归还的借阅记录进行归还处理。

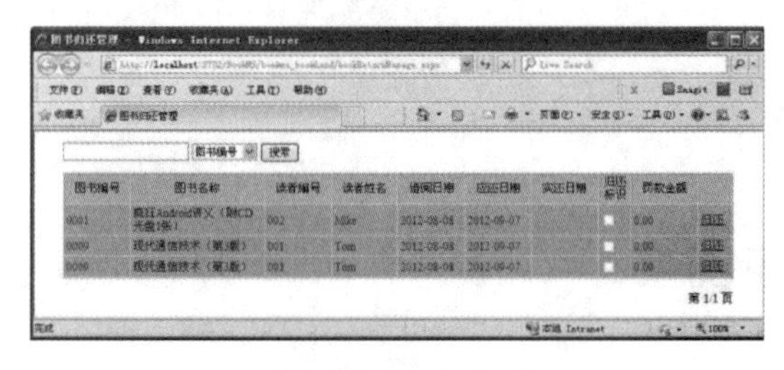

(a)图书归还管理页初始页面

(b)设置查询条件时页面

(c)归还成功

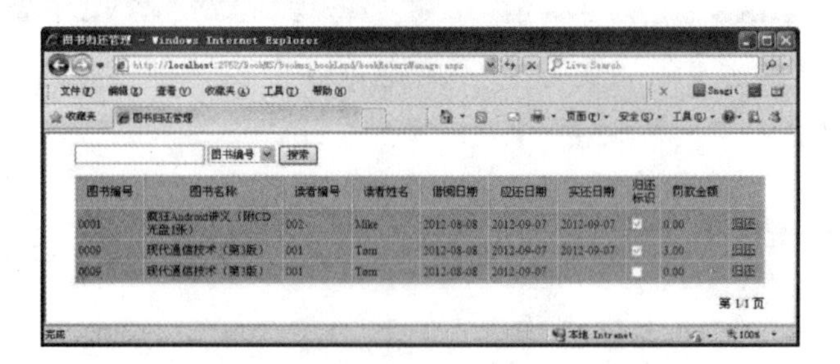

(d)处理完成图书归还页面

图 8-48　图书归还管理页

任务实施

1. 创建“图书归还管理”页

在“解决方案资源管理器”面板的“bookms _ bookLend”文件夹中，创建名为“bookReturnManage. aspx”的网页。

2. 创建“图书归还管理”页外部样式表

该网页所需外部样式表与“管理图书信息”页外部样式表相同，见代码 8-24 中，“istStyle. css”文件所示，无须另外创建。

3. 实现“图书归还管理”页界面代码同时应用外部样式表

“图书归还管理”页界面代码见代码 8-32。

```
/* 代码 8-32*/
bookReturnManage.aspx
< html xmlns= "http://www.w3.org/1999/xhtml" >
< head runat= "server">
    < title> 图书归还管理< /title>
    < link rel= "stylesheet" type= "text/css" href= "../webStyle/listStyle.
css"/>
< /head>
< body>
    < form id= "form1" runat= "server" style= "width:830px;margin:0 auto;
display:block">
    < div id= "container">
    < div id= "header">
    < asp:TextBox ID= "txtSearch" runat= "server" Width= "150px"> < /asp:TextBox>
    < asp:DropDownList ID= "ddlSearchKey" runat= "server" Width= "80px"> < /
asp:DropDownList>
    < asp:Button ID= "btnSearch" runat= "server" Text= "搜索" OnClick= "
btnSearch_Click"/>
     < /div>
     < div id= "content">
     < asp:Repeater ID= "Repeater1" runat= "server">
< HeaderTemplate>
                        < table border= "1" cellspacing= "0" cellpadding
= "2px" style= "text- align:center;width:100% ">
                         < tr style= "background- color:Silver">
                             < td> 图书编号< /td>
                             < td> 图书名称< /td>
                             < td> 读者编号< /td>
                             < td> 读者姓名< /td>
                             < td> 借阅日期< /td>
                             < td> 应还日期< /td>
                             < td> 实还日期< /td>
                             < td> 归还标识< /td>
                             < td> 罚款金额< /td>
                             < td> < /td>
                         < /tr>
                 < /HeaderTemplate>
                 < ItemTemplate>
             < tr style= "background- color:Aqua";align= "left">
             < td style= "width:10% "> < % # Eval("bookID")%> < /td>
             < td style= "width:20% "> < % # Eval("bookName")%> < /td>
```

```
                    < td style= "width:10% "> < % # Eval("readerID")%> < /td>
                    < td style= "width:10% "> < % # Eval("readerName")%> < /td>
                    < td style= "width:10% "> < % # Eval("lendDate")%> < /td>
                    < td style= "width:10% "> < % # Eval("returnDate")%> < /td>
                    < td style= "width:10% "> < % # Eval("actualDate")%> < /td>
                    < td style= "width: 5% ">
                          < asp:CheckBox ID= "chkReturnFlag" runat= "server"
Enabled= "false" Checked= '< % # Eval("returnFlag")%> '/>
                              < /td>
                              < td style= "width:10% "> < % # Eval("fine")%>
< /td>
                              < td style= "width: 5% ">
    < a href= "bookReturn.aspx? IDKey= < % # Eval("ID")%> &bookID= < % # Eval("
bookID")%> &returnDate= < % # Eval("returnDate")%> "> 归还< /a>
    < /td>
                            < /tr>
                        < /ItemTemplate>
                        < FooterTemplate>
                            < /table>
                        < /FooterTemplate>
                    < /asp:Repeater>
                < /div>
                < div id= "page">
                    < asp:HyperLink ID= "hlnkFirst" runat= "server"> 首页< /asp:
HyperLink>
                    < asp:HyperLink ID= "hlnkPre" runat= "server"> 上一页< /asp:
HyperLink>
                    < asp:HyperLink ID= "hlnkNext" runat= "server"> 下一页< /asp:
HyperLink>
                    < asp:HyperLink ID= "hlnkLast" runat= "server"> 末页< /asp:
HyperLink>
                    < asp:Label ID= "lblPage" runat= "server" Text= "/"> < /asp:Label>
                < /div>
                < div id= "footer">
                    < asp:Label ID= "lblError" runat= "server" ForeColor= "Red">
< /asp:Label>
                < /div>
            < /div>
        < /form>
    < /body>
    < /html>
```

4. 实现“图书归还管理”页功能代码

“图书归还管理”页的功能代码见代码 8-33。

```
/* 代码 8-33*/
bookManage.aspx.cs
public partial class bookms_bookLend_bookReturnManage : System.Web.UI.Page{
    protected void Page_Load(object sender,EventArgs e){
        if (! IsPostBack){
            SetDDL();
            PageList();
        }
    }
    protected void btnSearch_Click(object sender,EventArgs e){
        PageList();//调用 PageList 方法,显示分页后借阅图书信息
    }
    private void SetDDL()//设置“查询类别”下拉列表框各数据项及显示项
    {
        ddlSearchKey.Items.Add("图书编号");
        ddlSearchKey.Items.Add("图书名称");
        ddlSearchKey.Items.Add("读者编号");
        ddlSearchKey.Items.Add("读者姓名");
        ddlSearchKey.SelectedIndex= 0;
    }

private DataTable GetData()//按照查询条件设置,查询结果为 DataTable 对象
{
        DataTable dt= null;
        string strSQL= "SELECT ID,lendInfo.bookID,bookName";
        strSQL+ = ",lendInfo.readerID,readerName";
        strSQL+ = ",convert(varchar(10),lendDate,120) as lendDate";
        strSQL+ = ",convert(varchar(10),returnDate,120) as returnDate";
strSQL+ = ",convert(varchar(10),actualDate,120) as actualDate,returnFlag,fine";
        strSQL+ = " FROM bookInfo,readerInfo,lendInfo";
        strSQL+ = " WHERE bookInfo.bookID= lendInfo.bookID";
        strSQL+ = " AND readerInfo.readerID= lendInfo.readerID";
        if (txtSearch.Text.Trim().Length ! = 0){
            if (ddlSearchKey.SelectedIndex = = 0){
                strSQL+ = " AND lendInfo.bookID= '"+ txtSearch.Text+ "'";
                strSQL+ = " ORDER BY ID DESC,bookID ASC";
            }
            else if (ddlSearchKey.SelectedIndex = = 1){
```

```
                strSQL+ = " AND bookName LIKE '% "+ txtSearch.Text+ "% '";
                strSQL+ = " ORDER BY ID DESC,bookID ASC";
            }
            else if (ddlSearchKey.SelectedIndex = = 2){
                strSQL+ = " AND lendInfo.readerID= '"+ txtSearch.Text+ "'";
                strSQL+ = " ORDER BY ID DESC,readerID ASC";
            }
            else if (ddlSearchKey.SelectedIndex = = 3){
                strSQL+ = " AND readerName LIKE '% "+ txtSearch.Text+ "% '";
                strSQL+ = " ORDER BY ID DESC,readerID ASC";
            }
        }
        else
strSQL+ = " ORDER BY ID DESC";
        try{
            dt= DBServer.ExecuteQuery(strSQL);
        }
        catch (Exception ex){
            lblError.Text= ex.Message;//显示捕捉到的异常信息
        }
        return dt;
    }
    //设置“查询结果”分页,并显示在 Repeater1 控件内
    private void PageList(){
        int iRowCount;              //总记录数
        int iPageSize= 5;          //一页显示的记录数
        int iPageCount;             //总页码
        int iPageIndex;             //当前页码
        string strPage= Request.QueryString["page"];
        if (strPage = = null)
            iPageIndex= 1;
        else{
            iPageIndex= Convert.ToInt32(strPage);
            if (iPageIndex <  1)
                iPageIndex= 1;
        }
        DataTable dt= GetData();//求总记录数
        iRowCount= dt.Rows.Count;//查询结果行数
     if (iRowCount = = 0){
            Repeater1.DataSource= null;
            Repeater1.DataBind();
```

```
                SetHyperLink(false);//分页导航不显示
                lblPage.Text= "第 0 页/共 0 页";
            }
            else{
                if (iRowCount %  iPageSize = = 0)
                    iPageCount= iRowCount / iPageSize;
                else
                    iPageCount= iRowCount / iPageSize+ 1;
                if (iPageIndex >  iPageCount)
                    iPageIndex= iPageCount;
                PagedDataSource pds= new PagedDataSource();
                pds.DataSource= dt.DefaultView;//设置分页对象 dt
                pds.AllowPaging= true;//设置允许分页
                pds.PageSize= iPageSize;//设置每页显示记录数
                pds.CurrentPageIndex= iPageIndex- 1;//设置当前页码
                //分页对象作为数据源绑定到 Repeater1 控件,显示分页后查询结果
                Repeater1.DataSource= pds;
                Repeater1.DataBind();
                 lblPage.Text= "第 "+ iPageIndex.ToString()+ "/"+ iPageCount.
ToString()+ " 页";
                if (iPageIndex ! = 1) //以网页传递参数“ page” 传递将要显示的页码
                {
    hlnkFirst.NavigateUrl= Request.FilePath+ "? page= 1";
    hlnkPre.NavigateUrl= Request.FilePath+ "? page= "+ (iPageIndex-1);
                }
      if (iPageIndex ! = iPageCount){
    hlnkNext.NavigateUrl= Request.FilePath+ "? page= "+ (iPageIndex+1);
    hlnkLast.NavigateUrl= Request.FilePath+ "? page= "+ iPageCount;
                }
                if (iRowCount < = iPageSize)
                    SetHyperLink(false);
                else
                    SetHyperLink(true);
            }
        }
    private void SetHyperLink(bool flag){
            hlnkFirst.Visible= flag;
            hlnkPre.Visible= flag;
            hlnkNext.Visible= flag;
            hlnkLast.Visible= flag;
        }
    }
```

5. 实现“图书归还处理”页

(1) 在“解决方案资源管理器”面板的“bookms _ bookLend”文件夹中，创建名为“bookReturn. aspx”的网页。

(2) “bookReturn. aspx”的网页上创建一个 ID 值为“lblError”的 Label 控件，用于显示程序执行过程中出现的异常信息。

(3) 图书归还过程与图书借阅表、图书信息表关系。

每还一本图书，都要执行如下过程，该过程属于一个事务，要么都执行，要么都不执行，若只执行其中一个过程，就将导致数据不一致情况发生，有兴趣的读者可以将下面的过程做成事务再来执行。以下“图书归还处理”页功能代码不包含此功能。具体过程如下。

① 更改图书借阅表内相关记录的实还日期字段、归还标识字段、罚款金额字段。

② 更改图书信息表的相关图书“借出数量”字段的值为原借出数量－1。

(4) “图书归还处理”页功能代码见代码 8-34。

“图书归还处理”页执行完成后，将跳转至“bookReturnManage. aspx”页即“图书归还管理”页。

```
/* 代码 8-34*/
bookReturn.aspx.cs
public partial class bookms_bookLend_bookReturn : System.Web.UI.Page{
    protected void Page_Load(object sender,EventArgs e){
        try{
            int IDKey= Convert.ToInt32(Request.QueryString["IDKey"]);
            string bookID= Request.QueryString["bookID"];
            string returnDate= Request.QueryString["returnDate"];
    TimeSpan  dayTimeSpan  =  DateTime. Now. Subtract  ( Convert. ToDateTime
(returnDate));
            int day= dayTimeSpan.Days;//实还日期与应还日期间隔天数
            double fine= 0.0;//定义存放罚款金额变量
            if (day > = 0)
                fine= day * 0.1;//每超过 1 天,罚金 0.1 元
            //根据 IDKey 值,设置更改“借阅信息”表的实还日期等的修改 SQL 语句
            string strUpdateLend= "UPDATE lendInfo";
                strUpdateLend + = " SET actualDate = '" + DateTime. Now.
ToShortDateString()+ "'";
            //strUpdateLend+ = " SET actualDate= '"+ "2012- 09- 07"+ "'";
            strUpdateLend+= ",returnFlag= 'True'";
            strUpdateLend+= ",fine= "+ fine;
            strUpdateLend+= " WHERE ID= "+ IDKey;
            int rowUpdateLend= DBServer.ExecuteNonQuery(strUpdateLend);
            string strUpdateBook= "UPDATE bookInfo SET lendNum= lendNum- 1";
            strUpdateBook+ = " WHERE bookID= '"+ bookID+ "'";
            int rowUpdateBook= DBServer.ExecuteNonQuery(strUpdateBook);
```

```
            if (rowUpdateBook >  0 && rowUpdateLend >  0){
                //若 2 条修改 SQL 语句影响行数> 0
                Response.Write("< script> alert('归还成功! ')< /script> ");
Response.Write("< script> location.assign('bookReturnManage.aspx')< /script> ");
            }
            else
                Response.Write("< script> alert('归还失败! ')< /scipt> ");
        }
        catch (Exception ex){
            lblError.Text= ex.Message;//显示捕捉到的异常信息
        }
    }
}
```

子任务 4.8 实现管理员主页

知识梳理

一、页面内加入 iframe

<iframe>是一种 html 标签，是框架的一种形式。其属性如表 8-24 所示。

```
< iframe width= 420 height= 330 frameborder= 0 scrolling= auto src= URL> < /iframe>
```

scrolling 表示是否显示页面滚动条，可选的参数为 auto、yes、no，如果省略这个参数，则默认为 auto。

表 8-24 iframe 常用属性及管理员主页内嵌框架属性设置

属性	值	描述
align	left right top middle bottom	不赞成使用。请使用样式代替 规定如何根据周围的元素来对齐此框架
frameborder	1 0	规定是否显示框架周围的边框
height	pixels %	规定 iframe 的高度
longdesc	URL	规定一个页面，该页面包含了有关 iframe 的较长描述

续表

属　性	值	描　述
marginheight	pixels	定义 iframe 的顶部和底部的边距
marginwidth	pixels	定义 iframe 的左侧和右侧的边距
name	frame_name	规定 iframe 的名称
scrolling	yes no auto	规定是否在 iframe 中显示滚动条
src	URL	规定在 iframe 中显示的文档的 URL
width	pixels %	定义 iframe 的宽度

二、超链接指向嵌入的网页

当超链接指向内嵌的网页时只要给这个 iframe 命名就可以了，方法为

```
<iframe name= **>
```

例如，命名为 aa，写入下面的 HTML 语言中

```
<iframe width= 420 height= 330 name= aa frameborder= 0 src= http://www.cctv.
com></iframe>
```

然后，网页上的超链接语句应该写为

```
<a href= URL target= aa>
```

任务描述

按照如图 8-49 创建管理员主页。当以管理员身份登录时，若用户名及密码输入正确，将跳转至管理员主页。管理员主页初始页面如图 8-49(a)所示，当单击左侧导航链接时，如单击“添加图书”按钮，在管理员主页右侧将显示“添加图书信息”页，如图 8-49(b)所示。

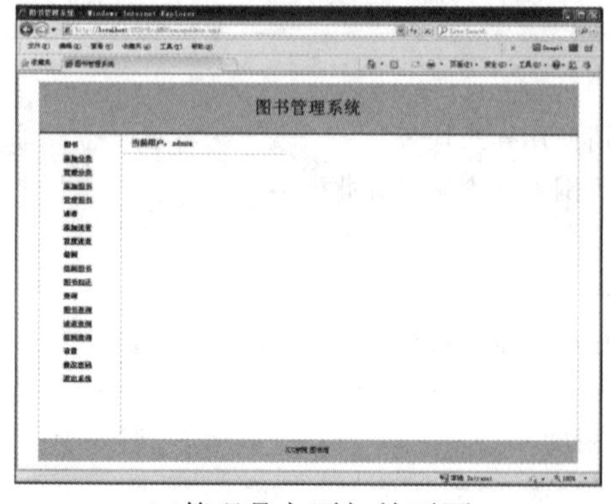

(a)管理员主页初始页面

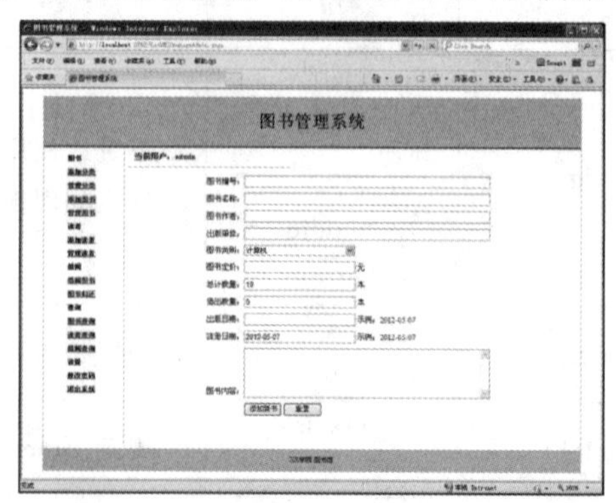

(b)链接“添加图书信息页”后的页面

图 8-49　管理员主页

任务实施

1. 创建管理员主页

找到本项目任务1中创建的名为"manageAdmin.aspx"的网页。

2. 创建管理员主页外部样式表

(1)在"解决方案资源管理器"面板的"webStyle"文件夹中，创建名为"indexStyle.css"的样式表文件。

(2)"indexStyle.css"文件内容见代码8-35。

```
/*代码 8-35 */
indexStyle.css
body{
    margin:0px;
    padding:0px;
    text-align:center;
    font-size:12px;
    overflow:hidden;
}
#container{
    margin:15px auto;
    padding:0px;
    border:solid 1px Silver;
    width:1000px;
    text-align:center;
}
#header{
    margin:0px;
    padding:0px;
    border-bottom:solid 2px Blue;
    width:1000px;    height:90px;
    line-height:90px;
    background-color:Silver;
    font-size:32px;
    font-weight:bold;
}
#left{
    margin:0px;
    padding:0px;
    border-right:solid 1px Silver;
```

```
    width:150px;
    height:550px;
    font-weight:bold;
    float:left;/* 定义元素浮动方向 向左浮动*/
}
#left ul{
    margin:10px 30px;
    padding:0px;
    text-align:left;
}
#left li {
    margin:0px;
    padding:5px 0px 5px 15px;
    list-style-type:none;
    font-weight:bold;
}
#userName{
    margin:0px;
    padding:0px 15px;
    border-bottom:solid 1px Silver;
    width:275px;
    height:35px;
    line-height:35px;
    text-align:left;
    font-size:14px;
    font-weight:bold;
    color:Blue;
}
#content{
    margin-left:155px;
    margin-right:0px;
    margin-top:0px;
    padding:0px;
    width:840px;
    height:555px;
}
#footer{
    margin:0px;
    padding:0px;
    width:1000px;
    height:40px;
```

```
        line-height:40px;
        background-color:Silver;
        clear:both;/* 在左右两侧均不允许浮动元素* /
    }
```

3. 实现管理员主页界面代码同时应用外部样式表

管理员主页界面代码见代码 8-36。

```
    /* 代码 8-36*/
    manageAdmin.aspx
    < html xmlns= "http://www.w3.org/1999/xhtml" >
    < head id= "Head1" runat= "server">
        < title> 图书管理系统< /title>
        < link rel= "stylesheet" type= "text/css" href= "webStyle/indexStyle.
css"/>
    < /head>
    < body>
        < form id= "form1" runat= "server" style= "width:1000px;margin:0 auto;
display:block;">
            < div id= "container">
            < div id= "header"> 图书管理系统< /div>
            < div id= "left">
            < ul>
    < li> 图书< /li>
            < li> < a href= "# "> 添加分类< /a> < /li>
            < li> < a href= "# "> 管理分类< /a> < /li>
            < li> < a href= "bookms_book/bookAdd.aspx" target= "right"> 添加图书
< /a> < /li>
            < li> < a href= "bookms_book/bookManage.aspx" target= "right"> 管理图
书< /a> < /li>
            < li> 读者< /li>
            < li> < a href= "# "> 添加读者< /a> < /li>
            < li> < a href= "# "> 管理读者< /a> < /li>
            < li> 借阅< /li>
             < li> < a href= "bookms_bookLend/bookLend.aspx" target= "right"> 借
阅图书< /a> < /li>
          .  < li> < a href= "bookms_bookLend/bookReturnManage.aspx" target= "
right"> 图书归还< /a> < /li>
             < li> 查询< /li>
             < li> < a href= "# "> 图书查询< /a> < /li>
             < li> < a href= "# "> 读者查询< /a> < /li>
             < li> < a href= "# "> 借阅查询< /a> < /li>
```

```
            < li> 设置< /li>
            < li> < a href= "# "> 修改密码< /a> < /li>
            < li> < a href= "logout.aspx"> 退出系统< /a> < /li>
            < /ul>
            < /div>
            < div id= "content">
            < div id= "userName"> 当前用户:< asp:Label ID= "lblUserName" runat= "
server"> < /asp:Label> < /div>
    < iframe name= "right" id= "right" frameborder= "0" width= "830px" height= "
500px" scrolling= "no"> < /iframe>
              < /div>
              < div id= "footer"> XX 学院 图书馆< /div>
            < /div>
        < /form>
    < /body>
    < /html>
```

4. 实现"管理员主页"功能代码

"管理员主页"功能代码见代码 8-37。

```
    /* 代码 8-37*/
    manageAdmin.aspx.cs
    public partial class adminManage : System.Web.UI.Page{
        protected void Page_Load(object sender,EventArgs e){
            string userName= Convert.ToString(Session["userName"]);
            if (userName.Length = = 0) //Session["userName"]值为空,重定向至登录页
                Response.Redirect("login.aspx");
            else //Session["userName"]值不为空,在 Label 标签内显示登录用户名
                lblUserName.Text= userName;
        }
    }
```

为了防止子任务 4.2 至子任务 4.7 所完成的网页不经过登录页面,直接进行系统,在子任务 4.2 至子任务 4.7 每个网页的功能代码中"页面加载"事件开始位置添加代码 8-38 中的内容,即可防止用户不经过登录直接进入系统。

```
    /* 代码 8-38/*
    protected void Page_Load(object sender,EventArgs e){
            string userName= Convert.ToString(Session["userName"]);
          if (userName.Length = = 0){
              //Session["userName"]值为空,重定向至登录页
              Response.Redirect("../login.aspx");
            }
    }
```

5. 实现管理员主页中的“退出系统”功能

当已登录用户选择如图 8-48 所示左侧导航中的“设置”→“退出系统”命令时，当前用户退出系统，返回至系统登录页面。

（1）在“解决方案资源管理器”面板中，右击“F:\BookMS\”项目，创建名为“logout.aspx”的网页，用于处理用户的退出。

（2）“logout.aspx”功能代码见代码 8-39。

```
/* 代码 8-39*/
logout.aspx.cs
public partial class logout : System.Web.UI.Page{
    protected void Page_Load(object sender,EventArgs e){
        Session["userName"]= null;
        Session.Abandon();//Abandon方法，不管会话超不超时，结束会话
         Response.Write("< script> top.window.location= 'login.aspx'< /
script> ");
    }
}
```

单元习题 8

（1）完善管理员模块，实现管理员用户密码的修改。

（2）完善管理员模块，参考“图书信息”的添加、修改、删除功能，实现“读者信息”的添加、修改、删除功能。

（3）完善管理员模块，参考“管理图书信息”页及“图书归还管理”页来实现“图书”、“读者”、“借阅”查询。

（4）参考管理员模块，实现读者用户模块。

REFERENCES 参考文献

[1] 王雨竹,张玉花,张星. SQL Server 2008 数据库管理与开发教程[M]. 2 版. 北京:人民邮电出版社,2012.

[2] 卫琳. SQL Server 2008 数据库应用与开发教程[M]. 2 版. 北京:清华大学出版社,2011.

[3] 梁爽. SQL Server 2008 数据库应用技术(项目教学版)[M]. 北京:清华大学出版社,2013.

[4] 张建伟,梁树军,金松河,等. 数据库技术与应用——SQL Server 2008[M]. 北京:人民邮电出版社,2012.